基于熔盐体系电解法和萃取法提取铈的研究

张萌　著

北　京
冶 金 工 业 出 版 社
2019

内 容 提 要

本书主要介绍在高温熔盐体系中三价铈的电化学行为及采用电解法提取铈制备含铈合金；室温熔盐体系中三价铈的电化学行为及采用电解法提取铈制备含铈镀层；三价铝的电化学行为和制备铝箔及颗粒；以室温熔盐作为稀释剂在硝酸介质中三价铈的萃取行为。此外，还介绍循环伏安法实验数据处理软件。

本书可供化工领域研究人员和从事熔盐电解工作的科研院所科技人员阅读，也可供高校相关专业师生参考。

图书在版编目(CIP)数据

基于熔盐体系电解法和萃取法提取铈的研究/张萌著. —北京：冶金工业出版社，2019. 1
ISBN 978-7-5024-7972-5

Ⅰ. ①基… Ⅱ. ①张… Ⅲ. ①铈—电解冶金—熔盐电解—研究 Ⅳ. ①TF845

中国版本图书馆 CIP 数据核字(2018)第 297330 号

出 版 人 谭学余
地　　址 北京市东城区嵩祝院北巷 39 号 邮编 100009 电话 (010)64027926
网　　址 www. cnmip. com. cn 电子信箱 yjcbs@ cnmip. com. cn
责任编辑 杨盈园 美术编辑 彭子赫 版式设计 孙跃红 禹 蕊
责任校对 王永欣 责任印制 李玉山
ISBN 978-7-5024-7972-5
冶金工业出版社出版发行；各地新华书店经销；北京建宏印刷有限公司印刷
2019 年 1 月第 1 版，2019 年 1 月第 1 次印刷
169mm×239mm；12. 25 印张；239 千字；186 页
59. 00 元

冶金工业出版社 投稿电话 (010)64027932 投稿信箱 tougao@cnmip.com.cn
冶金工业出版社营销中心 电话 (010)64044283 传真 (010)64027893
冶金工业出版社天猫旗舰店 yjgycbs. tmall. com
(本书如有印装质量问题，本社营销中心负责退换)

前　　言

核燃料循环是核能系统的“大动脉”。为确保我国核能的安全和可持续发展，就必须建立起一个适合中国国情且独立完整的先进核燃料循环科研和工业化体系。乏燃料后处理是核燃料循环后段中最关键的一个环节，也是目前已知的最具复杂性和最具挑战性的化学处理过程之一。柴之芳院士指出，与工业发达国家相比，我国核燃料循环后段研究相对滞后，是核能体系中最薄弱的环节，尚未形成工业能力。2009 年，时任中国科学院院长路甬祥批示：“核燃料循环及乏燃料处理对我国核能发展至关重要，要充分重视，加强研究，明确路线图，并在国家支持下付诸实施。”辐照过的乏燃料后处理的工艺方法可分为水法和干法两大类，以溶剂萃取法为代表的水法已在工业上得到广泛应用；干法后处理还处于研究开发阶段，如熔盐电解法。

本书主要介绍高温熔盐电解法、室温熔盐电解法和以室温熔盐为稀释剂萃取法提取铈，其中包括介绍电化学行为研究，如循环伏安法、方波法、计时电流法、计时电位法和开路电位法，扩散系数、活化能和反应速率的计算，活性和惰性电极上电解产物组成、结构及微观形貌研究，电解和萃取实验条件的影响及优化，萃取行为以及萃合物结构的研究。此外，还介绍了作者研发的循环伏安法数据处理软件。

本书可供化工研究人员和从事熔盐电解工作的科研院所科技人员以及高校相关专业师生参考。

本书是作者在多年从事熔盐电解和萃取研究的基础上的总结，书中的许多内容是作者公开发表的研究成果。研究工作得到了下述基金的资助和支持：国家自然科学基金面上项目基金（No. 21876035）、国家自然科学基金青年基金（No. 51104050）、装备预研项目、中核装备预研核基础技术项目、中国博士后基金（No. 20110491029）、黑龙江省留学回国人员择优资助（No. 159150130002）、黑龙江省自然科学基金（No. E201413）、黑龙江省博士后资助经费和科研启动基金（LBH-Z10208）、哈尔滨市创新人才基金（No. 2012RFQXS102）和黑龙江省教育厅项目（No. 12513045）等。除此以外，作者对本书引用文献资料的作者们表示感谢。

由于作者水平有限，书中不足之处，敬请读者批评指正。

作 者

2018 年 9 月

主 要 符 号

下面列出的是在各章中或某一章中使用较多的符号。在大部分情况下，这些符号的用法都遵循国际纯粹和应用化学联合会（IUPAC）电化学委员会的建议[R. Parsons et al.，Pure Appl. Chem.，37，503（1974）]；但也有例外。

标 准 下 标

a	阳极的	D	圆盘
c	（a）阴极的	d	扩散
	（b）荷电的	eq	平衡
0	特指 $0+ne \rightleftharpoons R$ 中的 0	p	峰

罗 马 符 号

符 号	意 义	常用单位
E	相对于参比电极的电极电势	V
E_{eq}	电极的平衡电势	V
E_p	峰电势	V
$E_{p/2}$	线性扫描伏安法 $i=i_{p/2}$ 处的电势	V
E_{pa}	阳极峰电势	V
E_{pc}	阴极峰电势	V
$E^{\ominus *}_{Ce^{3+}/Ce^0}$	表观标准电位	V
G	吉布斯自由能	kJ，kJ/mol
ΔG	化学过程的吉布斯自由能变化	kJ，kJ/mol
H	焓	kJ，kJ/mol
i	电流	A
i_p	峰电流	A
i_{pa}	阳极峰电流	A

目　录

1 绪　　论

1.1 乏燃料后处理技术

1.1.1 乏燃料后处理的意义

随着化石能源的日益枯竭，和平利用核能是世界各国寻求下一代能源的重要战略目标。因此，为了保障核电的可持续发展，必须建设配套的铀浓缩、燃料制造、乏燃料后处理等核燃料循环设施，同时也要对核电站运行后的核废料处理处置等问题进行有效的资源和技术储备。

积极发展核能，不但可以缓解我国近、中期能源供应紧张的压力，而且对我国能源长期稳定供应乃至社会经济可持续发展具有极其重要的战略意义。乏燃料后处理是我国早已确定的技术路线。1983 年，国务院科技领导小组确定了“发展核电必须相应发展后处理”的战略，并在 1987 年日内瓦国际会议上对外公布了这一决定。2007 年颁布的《核电中长期发展规划（2002—2020 年）》，再次指出乏燃料后处理的重要意义。积极发展核能，不仅可以缓解我国近、中期能源供应紧张的压力，而且对我国能源的长期稳定供应乃至社会经济可持续发展具有极其重要的战略意义。目前，我国核电发展步伐明显加快，预计到 2020 年核电装机容量有望接近 80GW。据此测算，届时我国核电站乏燃料累积贮存量将超过 10000t，每年从核电站卸出的乏燃料接近 1700t。从铀资源有效利用和核环境保护的角度来看，对乏燃料进行后处理意义重大。

1.1.2 乏燃料的组成

核反应堆的核燃料不是一次性耗尽，而是在链式反应的过程中产生了大量的裂变产物。为了维持核燃料的循环使用，反应堆中核燃料的裂变物质必须在临界质量之上，不然无法维持链式反应。当燃料燃耗深度达到某一程度后，随着反应堆的运行和燃料的裂变消耗，裂变产物累积量产生毒化作用，阻碍了反应堆的正常工作，不得不更换燃料棒，并移除堆内。换下来的燃料元（组）件就是乏燃料，由于毒化作用燃料利用率很低，但还有很多裂变物质在其中，包括一开始加入未燃耗的和运行中链式反应过程产生的，这些元素都是珍贵的能源资源。通过后处理，分离裂变产物，回收裂变物质，重新将其投入反应堆使用，实现了核燃料的循环利用。不同于其他反应堆使用固体燃料元件，处理乏燃料需要整个卸除燃料元件，熔盐堆的燃料与冷却剂均匀的混合成熔盐混合物，使其有条件可以在线处理乏燃料，这比将乏燃料运到专门的处理部门，节约了时间和资源，这种乏燃料处理方法，是先进核燃料循环方式的一种，即分离、回收乏燃料中的核燃料元素，重新投入反应堆多次循环利用，分离嬗变次要的锕系核素（MA）。

乏燃料是包含了几十种化学元素的复杂混合物。以轻水堆核燃料为例，假设初始核燃料中含有（质量分数）4.5%^{235}U，燃耗为45GWd/t，冷却时间为5年，1t核燃料裂变后产生的乏燃料的组成和质量列于表1.1。可以看出，乏燃料中主要成分是铀和钚等可回收再利用的核燃料，有害的裂变产物只占3%左右。因此，需要对乏燃料进行化学处理，提取并回收铀和钚；同时综合处理放射性裂变产物和后处理过程产生的核废物，使其适合于长期安全贮存，形成核燃料循环体系。如果将回收的铀和钚重新制造成核燃料供给快中子反应堆（简称快堆），铀资源的利用率可以提高50~60倍；将分离出的长寿命放射性核素在加速器或快堆中焚烧，则能够将需要永久地质埋藏的高放废物数量和长期毒性降低1~2个数量级。

表1.1 1t轻水堆核燃料燃烧后生成的乏燃料的组成和质量

元素名称	质量/kg	元素名称	质量/kg	元素名称	质量/kg	元素名称	质量/kg	元素名称	质量/kg	元素名称	质量/kg
U	941	La	1.67	Sm	1.06	Cs	3.69	Mo	4.60	Rh	0.60
Pu	11.2	Ce	3.21	Eu	0.19	Sr	1.11	Ru	2.96	Ag	0.09
Np	0.57	Pr	1.54	Gd	0.15	Ba	2.23	Zr	4.82	Nb	0.03
Am	0.51	Nd	5.57	Y	0.64	Xe	7.12	Pd	1.68	Se	0.09
Cm	0.033	Pm	0.063	I	0.26	Kr	0.50	Tc	1.07	Rb	0.33

这些核素的主要部分是镧系和锕系元素，因此，分离镧系和锕系核素将是乏燃料后处理的主要工作。

乏燃料后处理除了回收铀、钚、钍等核燃料外，还需要将次锕元素（Ac）和裂变产物元素分离、去污，其中的一个难点就是分离镧系和锕系元素。镧系、锕系元素分离难度很大，主要原因是它们很多元素存在多个价态，如图1.1所示，而且不同价态的离子还原成单质金属时的自由能差别很大。

稀土元素的主要部分是La系元素，电子层结构是［La］$4f^{0\sim14}5d^{0\sim10}6s^2$，在失去两个6s电子和一个5d或4f电子后，就形成了最普遍的Ln^{3+}，同时在总趋势上镧系元素原子和Ln^{3+}的半径都随着原子序数的增加而减小，这种现象也因此被称为镧系收缩现象，这就导致稀土元素的化学性质十分接近。同时根据洪特规则，一些Ln^{3+}趋于继续失去电子来达到$4f^0$或$4f^7$，形成4价；也有Ln^{3+}趋于获得

La	Ce	Pr	Nd	Pm	Sm	Eu	Gd	Tb	Dy	Ho	Er	Tm	Yb	Lu
			2		2	2			2	2		2	2	
3	3	3	3	3	3	3	3	3	3	3	3	3	3	3
	4	4	4					4	4					

Ac	Th	Pa	U	Np	Pu	Am	Cm	Bk	Cf	Es	Fm	Md	No	Lr
						2	2		2	2	2	2	2	
3	3	3	3	3	3	3	3	3	3	3	3	3	3	3
	4	4	4	4	4	4	4	4	4	4				
		5	5	5	5	5								
			6	6	6	6								
				7	7									

图 1.1 镧系和锕系元素离子的不同价态

电子来接近 $4f^7$ 或 $4f^{14}$ 从而达到 2 价，因此如图 1.1 所示，15 个镧系元素有 10 个元素具有非+3 价离子。相同道理，锕系元素具有与镧系元素类似的电子结构，也具有多种价态的分布。

不同元素相同价态下，具有类似的化学性质，同种元素，不同价态下还原为零价的自由能差别也很大，正是由于这个原因，造成了镧系稀土元素和锕系元素的分离难度。研究影响镧系元素性质差异的因素，可以帮助提高镧系稀土元素的分离效果。

1.1.3 乏燃料后处理技术的研究现状

乏燃料后处理技术根据使用介质和化学过程可分为水法后处理和干法后处理两种技术。

1.1.3.1 水法后处理

目前，工业化的乏燃料后处理生产均采用 Purex 流程的水法后处理技术，该流程用硝酸溶解乏燃料，基于钚的氧化还原性质经多次萃取/反萃循环实现钚与铀、裂片元素间的分离纯化。乏燃料溶解是指将铀和钚等元素溶解到硝酸溶液中，使其与包壳材料分离。首先将反应堆中取出的辐照后的燃料棒在乏燃料储存水池中冷却 5 年以上。冷却后的燃料棒剪成长度约为 5cm 的小元件。将剪切后的燃料棒置于多孔的篮子中，使其与硝酸溶液充分接触。乏燃料中的锕系元素或活泼裂变产物都会溶解到硝酸溶液中，而包壳材料和一些贵重的惰性裂变产物则保留在篮子中。同时，易挥发元素例如碘、氪和氙会挥发变成尾气。尾气中包含了大量具有放射性的同位素，这些同位素需要经过尾气处理装置进行严格的处理。

溶解了乏燃料的硝酸溶液需要进一步调节浓度和酸度以及钚的化合价等使其适合进行化学分离。调节好的溶液可以作为原料进行化学分离。萃取剂一般为含有20%~40%（体积比）磷酸三丁酯的煤油或其他碳氢化合物。将硝酸溶液与有机萃取剂逆向接触。萃取过程中，4价钚离子和6价铀离子将共同进入有机相，3价态以及更低价态元素例如稀土元素保留在水溶液中。有机相中的铀和钚的分离可以通过降低钚的化合价实现，将4价钚还原成不易萃取的3价钚。还原剂通常为铀（Ⅳ）—肼或者氨基磺酸亚铁。最后通过低酸度的水溶液，例如0.01mol/L硝酸，对铀离子进行反萃取，使得铀离子脱离有机相，进入水溶液中。通过上述3个步骤，就可以得到含有纯铀和纯钚的水溶液。如果想进一步提高铀和钚的纯度，可以重复上述流程两次。然后通过脱硝流程，可以得到氧化铀，即黄饼；通过草酸沉淀及煅烧法可以获得氧化钚。

PUREX流程产生的高放废液需要进一步处理。首先通过蒸馏流程来减少高放废液的体积，然后通过煅烧和玻璃化流程得到最终进行地质处置的放射性废物。同时，不溶产物也被玻璃化为最终处置的放射性废物。

1.1.3.2 干法后处理

干法后处理又称为非水后处理或高温化学后处理，是利用在高温下铀钚化合物与裂片元素化合物间挥发性差异、熔盐中高温萃取行为差异和电化学性质差异分离出铀、钚等物质的化学过程。尽管Purex流程是唯一实现工业化的后处理流程，但随着反应堆技术的进步和核能经济性要求的提高，核燃料燃耗进一步提高（快堆乏燃料的燃耗将达到150~200GWd/t HM），比放射性将更强，释热率更高（高于25kW/t HM），裂片元素含量增多，使得水法后处理过程中存在溶剂辐解严重、不溶残渣增多、萃取时易出现三相等诸多问题，使以溶剂萃取为基础的水法后处理技术难以胜任而不得不转向干法后处理。由于干法后处理不使用辐解严重的硝酸溶液和有机试剂，特别适合于处理冷却时间短、燃耗深的热堆乏燃料、快堆乏燃料和ADS嬗变靶的后处理。主要核能国家均对干法后处理技术进行了深入的研究，其中熔盐电化学分离技术是近年来各国研究的热点，又以美国针对金属乏燃料开发的电解精炼流程，如图1.2所示，和俄罗斯针对氧化物乏燃料开发的氧化物电沉积流程最有发展前景，如图1.3所示。

在金属电解精炼流程中，采用碱金属氯化物熔盐体系，阳极电化学熔解乏燃料，以双阴极法回收铀和混合锕系元素，利用不同金属离子在阴极上的析出电位差，通过控制阴极电位来实现铀和超铀元素的回收。在氧化物电沉积流程中，同样采用碱金属氯化物熔盐体系，利用铀钚的变价特性，通入氧化性气体熔解乏燃料，在大量铀回收之后，进一步回收铀钚混合氧化物（MOX），实现铀、钚和其他元素间的有效分离。

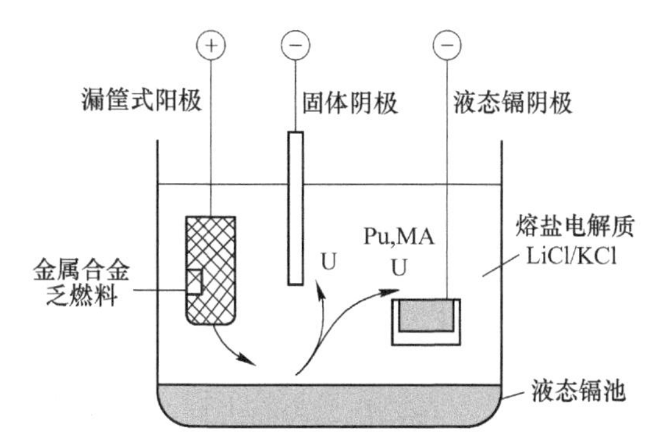

图 1.2 美国 ANL 开发的 U-Pu-Zr 合金乏燃料的电解精炼示意图

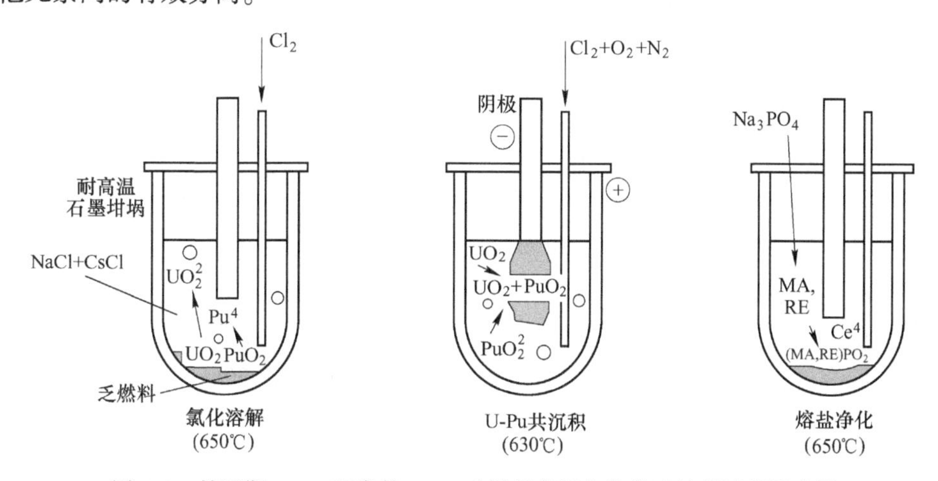

图 1.3 俄罗斯 RIAR 开发的 MOX 乏燃料高温电化学后处理过程示意图

目前，大多数国家在干法后处理方面尚处于实验室研究阶段，对于高温熔盐电解法，所选的熔盐介质一般分为氯化物和氟化物两种。分离行为虽然氯化物熔体对氧化物的溶解度小，但鉴于该体系对设备的腐蚀性相对较低，所以，国外选用氯化物熔盐的研究报道较多。西班牙 Castrillejo 等人在 LiCl-KCl-$RECl_3$熔盐体系中采用固态 Al 作阴极，电沉积出镧系金属与之形成铝稀土合金，在得到高附加值的铝稀土合金的同时，成功地从核废料中分离出具有放射性的元素。法国 Lambertin 等人在 800℃时，在 $CaCl_2$和 NaCl-KCl 体系中用液态 Ga 作阴极研究了 Ce 和 Pu 的电化学行为，并测定了 Ce 和 Pu 在 Ga 阴极中的活度系数。

中国的干法后处理研究起步较晚，且没有形成连续和系统的研究。20 世纪 70 年代，中国原子能科学研究院和清华大学分别开展了氟化挥发技术和金属还原萃取技术的基础研究，初步验证了两种方法的原理可行性，但因设备腐蚀严重、工程放大方面存在较多问题，所以研究工作未能继续。90 年代初期，原子能院开展了熔盐电解 U-Pu-Zr 合金燃料的基础研究，获得了铀、锆在液态镉中的溶解数据。近年来，我国大力发展先进核裂变能的燃料增殖与嬗变方面的研究，有关“乏燃料干法后处理过程的重要理论基础和关键技术问题”已经列入国家重大研究计划。2011 年，由中国科学院牵头开展了熔盐堆的相关研究。中科院上海应用物理研究所、上海原子核研究所等研究院所在 Th-U 燃料循环领域作了大量的工作。中国原子能科学研究院、中科院高能物理研究所、中国工程院“物理研究所”、清华大学、北京大学、上海交通大学、兰州大学、四川大学、苏州大学、华北电力大学和哈尔滨工程大学等研究院所和高校在乏燃料后处理研究中做了大量工作。原子能研究院对锕系离子的价态调节、价态与萃取效率的关系等进行了大量系统的研究工作。

1.2　高温熔盐电解技术

1.2.1　熔盐电解研究现状

熔盐也称为熔融盐，它是盐熔融态的液体，通常分为高温熔盐和室温熔盐。一般来说，熔盐都是指高温熔盐，是由一种或多种无机盐构成的熔融体，如金属的碳酸盐、硫酸盐、硝酸盐或卤化物等。能构成熔盐的阳离子有 80 余种，阴离子有 300 多种，因此组合后形成熔盐可达 2400 余种。近年来，随着电解冶金的进展和熔盐在原子反应堆中的应用，有力地推动了熔盐基础理论的研究。熔盐有如下共同性质：(1) 熔盐熔化后体积增加，一般增加 5%～30%；(2) 熔盐具有较高的电导率；(3) 熔盐熔化后离子排布近程有序；(4) 熔盐熔化后配位数减少。

熔盐电化学是研究直流电通过熔盐而引起的化学变化以及因化学变化而在熔盐中产生电流的一门科学。熔盐电化学是因熔盐电解的出现而诞生的。

1807 年，英国化学家戴维（H. Davy）首先电解氢氧化钠而制取金属钠，电解氢氧化钾而制取金属钾；1808 年，戴维电解石灰和氧化汞，制取钙汞齐；并以汞为阴极，电解重晶石制得钡汞齐；1818 年，戴维试图电解氧化铝制备金属铝，但没有成功。他把想象中的金属命名为 Alumium，此名一直沿用至今。到 1886 年，美国的霍尔（C. M. Hall）和法国的埃鲁（P. L. T. Heroult）成功采用冰晶石-氧化铝熔盐电解制备金属铝，并申请专利。直到现在，此法一直是炼铝的基本方法。

从理论上说，任何活泼的金属或元素都可以采用熔盐电解法制取，但是由于种种原因，如盐的结构、电导率熔点、沸点以及升华等原因，目前只有 60 余种金属可以采用熔盐电解的方法得到。表 1.2 和表 1.3 分别列出与水溶液电解相比熔盐电解的优缺点和熔盐电解法生产金属的概况。

采用熔盐电解制备合金是常用的制备方法，尤其是活泼金属或元素，因此了解金属离子在熔盐中的性质是非常必要的，对电化学沉积制备合金有明确的指导意义。研究金属离子在熔盐中的性质的电化学方法有循环伏安法、计时电流法、计时电位法、方波伏安法等。

表1.2 熔盐电解的优缺点

优　　点	缺　点
分解电压范围较宽	高温操作，能耗高
离子电导率高	蒸气压高
扩散系数大	电解质腐蚀性强
黏度较低	电流效率较低
对某些盐有较高的溶解度	如停电，电解质固化
电极反应迅速，可采用较高的电流密度，产量高	
过电压一般较小	
得到的液态金属可直接铸锭	

表1.3 熔盐电解法生产金属概况

规　模	金属	被电解的盐	电解质
工业规模	Al	氧化物	氟化物
	Mg	氯化物	氯化物
	Li	氯化物	氯化物
	Na	氯化物	氯化物
	Ca	氯化物	氯化物
	Ta	氟化物或氧化物	氟化物或氯氟化物
	K	氢氧化物或氯化物	氢氧化物或碳酸盐
	RE	氯化物或氧化物	氯化物或氟化物
半工业规模	Al	氯化物	氯化物
	Ti	氯化物或氧化物	氯化物
	Pb	氯化物	氯化物
	Zn	氯化物	氯化物
	Pb	硫化物	氯化物
	Ca	碳酸盐	氯化物
	Li	碳酸盐	氯氟化物
	Nb，Hf，Zr	氧化物或氯化物	氯氟化物
实验室研究	Al，B，Ba，Be Ce，Cr，Cs，La Mg，Mn，Mo，Rb Sb，Si，Sr，Sc Ti，U，V，W	硫化物或氧化物或氯化物	氯化物 氟化物

Castrillejo 等人在等摩尔比的 $CaCl_2$-NaCl 熔盐中研究了 Mg(Ⅱ) 离子的电化学性质，采用不同的方法计算了 Mg(Ⅱ) 离子在该熔盐中的扩散系数。Martinez 等人在不同的研究电极上（Mo、W 和玻碳）氯化物熔盐研究了铬离子电化学性质。许多科研工作者研究了 3 价稀土元素等在熔盐中的电化学行为，并应用电化学方法计算了每种离子的扩散系数。有人还研究了锕系元素 Th、Np 和 Cm 离子在 LiCl-KCl 熔盐中的电化学行为，并计算了它们的离子在熔盐中的扩散系数。

熔盐中金属离子电化学行为的确定和动力学参数的计算，为电沉积该离子奠定了理论基础。

1.2.2 熔盐电解原理

高温熔盐电解提取金属或合金的方法主要有三种：共电沉积法、阴极合金化法和液态阴极法。

1.2.2.1 共电沉积法

顾名思义，共电沉积法就是熔盐体系中两种或者两种以上的金属离子同时在阴极上被还原为金属。若实现不同的金属离子同时在阴极上析出，通过以下几种方法可以实现：(1) 改变金属离子的活度。根据能斯特方程，离子的活度越大，离子的析出电位就越正。(2) 析出的金属与阴极相互作用生成合金化合物，产生去极化作用，使金属离子的析出电位变得更正些。

采用共电沉积法制备金属合金的应用是非常广泛的。Ueda 等人在 $AlCl_3$-NaCl-KCl 熔盐体系中共沉积制备了 Al-Cr-Ni 合金。Gibilaro 等人在氟化物熔盐体系中制备了 Al-Ce 和 Al-Sm 合金。Ito 研究小组从氯化物熔盐体系中采用共电沉积的方法制备了 Yb-Ni、Dy-Fe 和 Sm-Ni 合金。Ghallali 等人在 LiCl-KCl 熔盐体系共沉积制备 Ni-Sn 合金。

与对掺法制备合金相比，共电沉积法制备合金有很多优点：

首先是操作简单。对掺法是将每种金属制备出来后，再在高温熔炉中制备合金。而熔盐共电沉积制备合金是直接在熔盐中电还原金属离子制备合金，一步完成。

其次是降低金属氧化的可能性。尽管对掺法的操作是在惰性气体的保护下完成的，但也避免不了金属在高温下氧化。而熔盐共电沉积制备合金，合金一般是沉在熔盐的底部，防止金属被氧化。

最后是节省能源。熔盐共电沉积法制备合金本身就是在高温下进行的，直接就能制备出合金。而对掺法是先把做合金的金属制备出来（一般的情况下是在高温的条件下制备的），然后再将制备合金的金属按比例放在高温熔炉中制备合金。两次加热，因此耗费能量。

熔盐共电沉积法制备合金的最大问题是控制合金的组成较难，但是可以通过控制电解工艺尽量实现合金组成可控。

共沉积机理：共沉积是指两种或两种以上的金属离子在同一阴极极化电位下共同沉积并合金化制取合金的方法。以简单的 A-B 二元合金为例，若要两种离子在阴极上共沉积，则发生电极反应如下：

$$M_A^{n_A^+} + n_A e = M_A \tag{1.1}$$

$$M_B^{n_B^+} + n_B e = M_B \tag{1.2}$$

根据能斯特方程，两金属 A 和 B 的沉积电位可表示为：

$$E_A = E_A^\ominus + \frac{RT}{nF}\ln \frac{a_{M_A}^{n_A^+}}{a_{M_A}} \tag{1.3}$$

$$E_B = E_B^\ominus + \frac{RT}{nF}\ln \frac{a_{M_B}^{n_B^+}}{a_{M_B}} \tag{1.4}$$

式中，E_A 和 E_B 分别代表金属离子 A 和 B 的沉积电位；$E_A^\ominus$ 和 $E_B^\ominus$ 代表对应金属离子的标准电位；$a_{M_A}^{n_A^+}$ 和 $a_{M_B}^{n_B^+}$ 代表对应金属离子的活度；a_{M_A} 和 a_{M_B} 代表对应金属的活度。

金属离子 A 和 B 发生共沉积，则在平衡状态下，满足下列关系式：

$$E = E_A^\ominus + \frac{RT}{nF}\ln \frac{a_{M_A}^{n_A^+}}{a_{M_A}} = E_B^\ominus + \frac{RT}{nF}\ln \frac{a_{M_B}^{n_B^+}}{a_{M_B}} \tag{1.5}$$

实际上合金的共沉积是个非平衡过程，考虑到极化作用与去极化作用，金属的沉积电位等于平衡电位与极化电位与去极化电位的代数和，则沉积电位的关系式如下：

$$E = E_A^\ominus + \frac{RT}{nF}\ln \frac{a_{M_A}^{n_A^+}}{a_{M_A}} + \Delta E_A = E_B^\ominus + \frac{RT}{nF}\ln \frac{a_{M_B}^{n_B^+}}{a_{M_B}} + \Delta E_B \tag{1.6}$$

其中，ΔE_A 和 ΔE_B 分别代表金属离子 A 和 B 的去极化值。当金属离子 A 和 B 的标准电位 $E_A^\ominus$ 和 $E_B^\ominus$ 差别较大时，为使两种金属实现共沉积，需改变金属离子的活度 $a_{M_A}^{n_A^+}$ 和 $a_{M_B}^{n_B^+}$ ，即减小电位较正的金属离子活度，使其沉积电位向负方向移动；增大电位较负的金属离子活度，使其沉积电位向正方向移动。

通常在阴极上形成固溶体或化合物时，产生去极化作用。根据形成固溶体或化合物的自由能变化，去极化值可以用以下方程表示：

$$\Delta E = -\frac{\Delta G}{nF} \tag{1.7}$$

1.2.2.2 阴极合金化法

阴极合金化法就是选用一种活性金属作为阴极，另外一种组分欠电位沉积在活性阴极表面生成金属间化合物，如果形成的合金熔点比较低呈液态，则合金就不断从活性阴极上融解下来，阴极不断被消耗，这称为自耗阴极法。由于此种方法能在比平衡电位较正的情况下电沉积出金属（欠电位沉积），因此得到广泛的应用。西班牙的研究人员 Castrillejo 科研小组用 Al 做阴极，成功电沉积法制备了 Al-RE 合金。法国的 Massot 研究团队用 Ni 电极欠电位沉积制备 Ni-Th、Al-Ni 合金、用 Cu 和 Al 电极制备 Cu-Eu 和 Al-Eu 合金。日本的 Nohira 等人用 Ni 做活性阴极制备了一系列的 Ni-RE 合金薄膜。Chen 等人用固态 Mg 做阴极，在 LiCl-KCl-$YbCl_3$熔盐中研究了 Yb(Ⅲ) 离子的电化学行为，并且电沉积制备了 Mg-Yb 合金。Han 等人用固态 Ni 作阴极，恒电位电解制备了 $LaNi_x$薄膜。

阴极合金化机理：以简单的二元合金为例，以金属元素 A 为固态阴极，金属元素 B 为合金化元素。当处于稳态扩散且不存在对流的情况时，单位时间内转化为合金的金属原子 B，决定于电沉积在阴极 A 表面的金属原子 B 通过阴极扩散层的扩散速度，可以用菲克第一扩散定律表述为：

$$\frac{\mathrm{d}m}{\mathrm{d}\tau} = -DS\frac{\mathrm{d}c}{\mathrm{d}x} \tag{1.8}$$

其中，$\frac{\mathrm{d}c}{\mathrm{d}x}$为阴极 A 表面扩散层中金属原子 B 的浓度梯度（克当量/厘米）；D 为金属原子 B 的扩散系数（cm^2/s）；S 为阴极表面积（cm^2）。

为了使在阴极 A 表面电沉积的金属 B 全部合金化，则必须使单位时间内在单位阴极表面上析出的金属 B 的速度（k_B）与沉积金属向阴极伸出扩散形成 A-B 合金的速度（$k_{A\text{-}B}$）相等，即：

$$k_B = k_{A\text{-}B} = -D\frac{\mathrm{d}c}{\mathrm{d}x}q^{-1} \tag{1.9}$$

其中，q 为金属元素 B 的电化学当量。根据式（1.9）可以发现，只有当金属元素 B 的析出速度不大于其向阴极内部扩散形成合金的速度，即 $k_B \leqslant k_{A\text{-}B}$时，合金化过程才能顺利进行。

1.2.2.3 液态阴极法

液态阴极法是采用熔点较低的金属做阴极，在电解过程中呈液态。此种方法的最大优点是将熔点较高的金属在较低温度下在液态阴极上电沉积为熔点较低的合金，然后再分离制备单一金属。Chamelot 等人采用液态 Bi 作为阴极，在 LiF-CaF_2熔盐中欠电位制备 Bi-Th 合金。Castrillejo 等人在 LiCl-KCl 熔盐中在液态 Bi 和 Cd 阴极上制备了 Pr-Bi 和 Pr-Cd 合金。苏明忠等人在 KCl-NaCl-$DyCl_3$熔盐体系中以液态铝为阴极制备 Al-Dy 合金。李义根等人在较低温度下采用液态锌作阴极电解制备了锌-稀土中间合金。

熔盐电化学是因熔盐电解的诞生与发展而发展的一门古老学科。虽然有些熔盐的结构还不确定，有些熔盐理论还不够完善，但仍有很多科研工作者开展熔盐方面的基础研究工作。随着熔盐理论的发展，相信熔盐电解方法依然是活泼金属的制备、合金的表面处理等有效的方法之一。

1.2.3 熔盐电解法提取铈

由于熔盐电解法提取金属钚的政治和军事敏感性，相关信息受到严格的管制，报道稀少，可获取的资料较少；此外，$PuCl_3$和PuO_2具有高放射性和毒性，需要极为严格的安全措施。因此，二者在熔盐体系中的电化学行为研究相对较少。

在核技术发展的早期阶段，使用非放射性的物质替代放射性物质的研究过程是很重要的方法。在熔盐体系电化学行为的研究中，分别用$CeCl_3$和CeO_2模拟$PuCl_3$和PuO_2。在离子半径、配位、熔点、标准生成焓和比热容等方面，CeO_2和PuO_2具有非常相似的物理化学性质。例如，CeO_2、UO_2、PuO_2均为相同的CaF_2型的面心立方结构；CeO_2和PuO_2均能以任意比例与UO_2形成固溶体；U-Ce-O、U-Pu-O系统在相图、氧势、热力学等方面极为相似，所以国内外大多采用CeO_2模拟PuO_2。

本书介绍熔盐电解法处理乏燃料的基础研究。基于$CeCl_3$和CeO_2分别可以替代$PuCl_3$和PuO_2，根据$CeCl_3$和CeO_2在氯化物熔盐中的电化学行为的研究，通过研究稀土铈的熔盐电解过程和机理、氧化还原过程的热力学和动力学，并借鉴稀土电解的电化学过程，可以推测$PuCl_3$和PuO_2在相应熔盐体系中的电化学行为，旨在为乏燃料分离和提取钚元素提供详尽的基础数据和有效的提取方法，为乏燃料干法后处理技术提供可靠的理论基础。

目前，一些学者研究了Ce(Ⅲ)的电沉积行为。2005年，Betancourtt R. 等人通过拉曼光谱确定了在LiCl-KCl熔盐体系中$CeCl_3$以八面体$LnCl_6^{3-}$的形式存在。2002年和2003年，西班牙Y. Castrillejo研究了温度为723K时$CeCl_3$在LiCl-KCl和$CaCl_2$-NaCl熔盐体系中的电化学行为，在Mo和W电极上成功制备金属Ce。结果表明在两种熔盐中Ce以Ce(Ⅲ)或Ce(0)形式存在，Ce(Ⅳ)仅在CeO_2中体现。Ce(Ⅲ)以一步三电子转移反应还原生成零价铈，并研究了还原过程的热力学和动力学常数，确定反应速率常数、电子转移数目、反应机理。通过循环伏安曲线、开路电位和计时电位的方法测定了该反应的扩散系数。1998年，Iizuka计时电位的方法测定了该反应在673~873K的扩散系数。根据开路电位的平衡电位和$CeCl_3$浓度之间的关系，Fusselman等人和Lantelme等人测定了在673~773K和650~880K温度范围内的标准电位。相对于热力学数据，该反应的动力学参数研究较少。2011年美国Pesic等人全面的研究了Ce(Ⅲ)熔盐中的热力学和动力学常数，并且首次测得氧化还原反应的交换电流密度。在动力学方面，Kim 等人通过线性扫描伏安的方法计算了 Ce(Ⅲ)/Ce(0) 氧化还原点电对的标准反应速率常数。

2006 年，印度 Suddhasattwa Ghosh 研究了 CeO_2 在 $MgCl_2$-NaCl-KCl 熔盐体系中的氧化还原行为，认为 $MgCl_2$-NaCl-KCl 是比 CsCl-NaCl 和 NaCl-KCl 更理想的熔盐体系。采用 XPS 分析 Ce 的化合价，确定 Ce 元素为+3 价，以 CeOCl 的形式存在于 $MgCl_2$-NaCl-KCl 熔盐体系中；通过循环伏安曲线分析 Ce 元素氧化还原过程。2007 年，进一步讨论 Ce 元素在 $MgCl_2$-NaCl-KCl 熔盐体系中氧化还原过程，采用方波伏安法，确定反应机理为一步反应：$CeO^+ + e = CeO$。

2009 年，法国 M. Gibilaro 在 LiF-CaF_2 熔盐体系中实现了 Ce 在 W 电极上的沉积。该研究解决了在钨电极上铝与铈的共沉积问题，实现了 CeF_3 与 AlF_3 的共沉积，完成了 Al-Ce 合金、纯铝、纯铈的分别沉积，得到了不同金属间化合物（$AlCe_3$、Al_3Ce、AlCe）。近年来，国内也开展了熔盐体系中稀土元素铈的电化学基础研究，获得一些相关的电化学基础数据。原子能研究院林如山等研究了在氟化物熔盐体系 LiF-BaF_2 和 LiF-CaF_2 中 Ce(Ⅲ) 的电化学行为，哈尔滨工程大学张萌等人在氯化物熔盐体系 LiCl-KCl 中研究了 Ce(Ⅲ) 的电化学行为获得了相关的动力学和热力学参数。

1.3 室温熔盐在电解和萃取中的应用

1.3.1 离子液体简介

离子液体（又称为室温熔盐），是指在室温或近室温下，完全由阴、阳离子组成的液体。它是由有机阳离子和无机或有机阴离子组成的一类新型液体，有机离子结构组成多种多样。离子液体中巨大的阳离子与阴离子具有高度不对称性，呈现出与传统溶剂不同的物理化学特性。由于空间阻碍，使阴、阳离子在微观上难以密堆积，因而阻碍其结晶，使得这种离子化合物的熔点下降，在较低温度下能够以液体的形式存在。离子液体是可设计的，其种类多种多样。据估计，二元离子液体至少可达一百万种，三元离子液体可达 10^{18} 种。如此多的离子液体为提高物质在其中的溶解性和研究方案提供了宽广的选择性。离子液体由于其独特的物理化学性质而逐渐在物理化学电源体系中受到关注。1914 年第一个离子液体硝基乙胺，人们对离子液体开展正式的研究则是在 1934 年。离子液体的分类主要通过阳离子的结构不同，分为季铵类（tetralkylammonium）、季鏻类（phosphonium）、咪唑盐类（imidazolium）、吡咯烷类（pyrrolidium）及哌啶类（piperidinium）等。图 1.4 列出了几种常见阳离子结构式。

离子液体的性质取决于不同阴阳离子的性质结构及其组合，在电解铝体系中

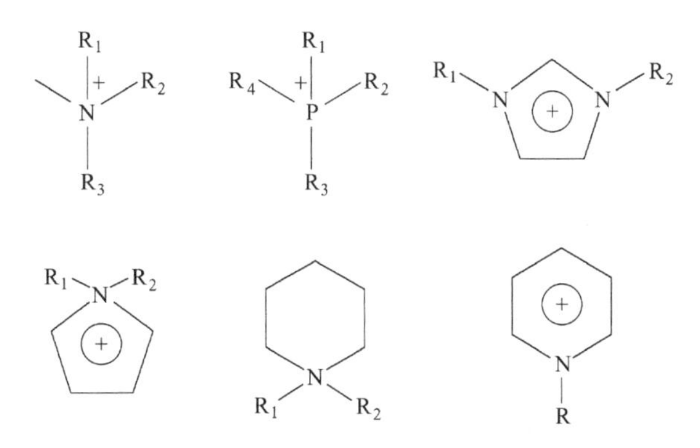

图 1.4 几种常见阳离子结构式

主要用的离子液体是季铵类、咪唑盐类和吡咯烷类阳离子等，这些类离子液体阳离子体积较大。选择电解液的依据主要参考熔点、溶解度等性质。

1.3.1.1 熔点

熔点对室温电解格外重要，低温电解就必须在温度较低的情况下体系是液态，熔点较低是离子液体重要的特性，离子液体的熔点与其阴阳离子组成的键能和分子间的结合能有关，离子之间的键能与阴阳离子对称程度有关，分子间的作用力取决于离子物化性质。阴阳离子大小差距大、对称性弱较容易形成低熔点的离子液体。

1.3.1.2 溶解度

所选的离子液体电解质必须能溶解金属盐（如 $AlCl_3$）并且金属盐在该离子液体中溶解度大。离子液体体系只有阴阳离子，溶解能力强，利用相似相溶离子液体可设计的优点，可实现铝盐很好的在离子液体中溶解。

1.3.1.3 电化学窗口

离子液体电化学窗口是指离子液体自身离子发生氧化反应时电位和还原反应时电位的差值。电化学窗口的大小反映了该离子液体的电化学稳定性。离子液体的电化学稳定性取决于阴阳离子的氧化还原性能。铝的化学性质很活泼，电解过程不能在水体系中进行（因为铝的沉积电位比水的分解电位更负，更难被电解）。因此铝的电解必须在非水体系中进行。所选离子液体应提供 Al(Ⅲ)，在电化学窗口中被还原而使电解质不分解。一般情况下，季铵阳离子和吡咯阳离子的抗还原稳定性要优于咪唑阳离子。离子液体的电化学窗口普遍比一般有机溶剂要宽，为离子液体在低温电解中的应用提供了理论充分的依据。

1.3.1.4　电导率

离子液体的导电性大小与离子液体的黏度、自由离子数、温度以及离子大小有关。黏度越低，离子迁移越快，电导率就会越高。同时温度越高，离子的热运动就会越剧烈，同样离子液体的电导率越好。自由离子数是指可参加氧化还原反应的离子个数，自由离子数越多，电导率越好。

1.3.1.5　热稳定性

在电解过程中，需要沉积反应更快，或者升高温度有利于得到想要的沉积形貌，这时需要升高温度，离子液体的热稳定性显得尤为重要。离子液体的热稳定性分别受杂原子-碳原子之间作用力和杂原子-氢键之间作用力的限制，其与离子液体阴阳离子的结构性质有关。

1.3.1.6　黏度

在电解铝中，黏度的考察是选择离子液体的重要参数。较低的黏度会导致电活性离子的迁移速率很低，物质的扩散将会严重影响反应速率。离子液体的黏度取决于体系中的氢键和范德华力的作用。氢键和范德华力均属于分子间的作用力，一般情况下，随着烷基链的增长，氢键增多增强，分子间的作用力增强，离子液体黏度会明显增加。

离子液体作为一种“绿色友好的理想溶剂”，相比传统有机溶剂，具有突出优点：(1) 离子液体常温下为液体，几乎没有蒸气压；(2) 离子液体无毒，其化学稳定性、辐照稳定性和热稳定性好；(3) 离子液体电化学窗口宽，电导率高；(4) 离子液体溶解能力强，对于很多有机无机分子都具有很好的溶解性；(5) 离子液体对金属的分配比高，选择性好；(6) 离子液体的阴阳离子可调节，可通过设计不同的阴阳离子组合得到不同极性的离子液体。基于以上优点，离子液体在乏燃料后处理方面具有很高应用前景，近年来在乏燃料后处理方面被广泛研究。

1.3.2　离子液体在电解中的应用

1.3.2.1　离子液体中镧系元素的电化学研究进展

镧系元素在离子液体中的电化学行为研究主要集中在氯化咪唑离子液体、三氟甲基硫酰胺（NTf_2）离子液体和 $AlCl_3$ 型离子液体体系。

在国外以低熔点氯化烷基咪唑离子液体代替氯盐作为熔盐电解介质研究镧系元素电化学行为的报道比较多，一方面高温熔盐一般以氯化物为介质，另一方面烷基咪唑类离子液体价格相对低廉。大部分学者研究所用阴极即工作电极主要是铂电极，Jagadeeswara Rao 等人研究了 Eu(Ⅲ)、Sm(Ⅲ)、Ce(Ⅲ) 在氯化1-丁基-3-甲基咪唑（BMIC）离子液体中的电化学和热力学性能，该课题组以铂盘为工作电极，钯为准参比电极，应用循环伏安法报道了3种离子经过一步单电子转移发生了准可逆反应，被还原为相应的二价形式。在循环伏安图中观察到 Sm(Ⅲ)/Sm(Ⅱ)、Ce(Ⅲ)/Ce(Ⅱ) 只有一个阴极还原峰，而 Eu(Ⅲ)/Eu(Ⅱ) 在阴极扫描过程中有一个前置峰和一个后置峰，研究者认为前置峰的出现是由于被还原成的 Eu(Ⅱ) 吸附在铂工作电极上，相比 Sm(Ⅲ) 和 Ce(Ⅲ) 而言，这是 Eu(Ⅲ) 发生电化学反应的独特之处。研究者又结合计时电位法得到了3种3价离子在离子液体中反应扩散系数的数量级（$10^{-8}cm^2/s$），并通过 Nicholson（尼克尔松）公式推断出了不同温度下电子转移速率常数 k_s的数量级（$10^{-5}cm^2/s$），得出 k_s随温度增加而增加的结论，认为这可能是由于高温促进了电极和电解质之间的电子转移。获得的数据对于选择最适合条件从混合物中提取分离这3种元素有重要意义，但是该研究仅停留在电化学行为上，而没有更进一步研究它们的电沉积，缺乏对相应元素沉积工艺条件的分析。为了增加镧系化合物的溶解度，2013年 Ohaion 等人报道了含有镧系元素的新型咪唑类离子液体［BMIM］$_{x-3}$［Ln(NCS)$_x$(H$_2$O)$_{8-x}$］，研究了［BMIM］$_5$［Eu(NCS)$_8$］中 Eu(Ⅲ)/Eu(Ⅱ) 在［BMIM］［SCN］和 NH_4SCN/乙腈中的电化学行为，计算了反应的扩散系数和速率常数并作比较。

以［NTf_2］$^-$为阴离子的离子液体具有黏度低、电导率高、熔点低的特性，尤其该类离子液体的阴阳离子都具有较好的结构辐射稳定性，所以近年来在这类离子液体中研究镧系元素电化学行为的也较多。阴极材料和电解质的变化对同一元素的电化学行为均有很大影响，Jagadeeswara Rao 等人以三氟甲基硫酰胺1-丁基-3-甲基吡啶（$BMPyNTf_2$）离子液体为电解质，分别以 GC 电极和铁电极为工作电极研究了 Eu(Ⅲ) 的循环伏安行为，观察到 Eu(Ⅲ) 发生准可逆还原反应为 Eu(Ⅱ) 以及 Eu(Ⅱ) 发生不可逆还原反应为 Eu(0) 的还原峰，也得到了 Eu(Ⅲ) 在 $BMPyNTf_2$离子液体中反应扩散系数的数量级（$10^{-8}cm^2/s$）和电子转移速率常数的数量级（$10^{-5}cm^2/s$），而结论分析中没有提及因吸附而产生的前置峰。

在不同离子液体电解质中，对于 Eu(Ⅲ) 的报道还有很多，Ryuji 等人研究了 Eu(Ⅲ) 在季铵类离子液体［DEMMA］NTf_2中的光谱和电化学性质，用循环伏安法对比了有水、无水条件下 Eu(Ⅲ) 氧化还原电位的变化，指出还原为的 Eu(Ⅱ) 在无水离子液体中更稳定，并分别得到了 Eu(Ⅲ) 反应的扩散系数。Bhatt 等人研究了 La(Ⅲ)、Sm(Ⅲ)、Eu(Ⅲ) 在离子液体［Me_3NnBu］［NTf_2］中的电沉积，三种稀土阳离子以［Ln(NTf_2)$_3$(H_2O)$_3$］（Ln = La(Ⅲ)、Sm(Ⅲ)、Eu(Ⅲ)）形式存在，被还原为稀土金属。Bhatt 等人还报道过 Eu(Ⅲ) 在［Me_4X］NTf_2（X=N，P，As）中的循环伏安行为，观察到 Eu(Ⅲ) 被还原到 Eu(0)。

Yamagata 等人研究了 Sm(Ⅲ)、Eu(Ⅲ)、Yb(Ⅲ) 在 $BMPyNTf_2$ 和 $EMIMNTf_2$ 离子液体中的电化学行为，以玻碳电极为工作电极，Ag/AgCl 为参比电极，在循环伏安图上观察到了它们发生准可逆反应被还原为相应二价离子的还原峰电位，并且结合计时电流法和计时电位法估算出了反应的扩散系数数量级（$10^{-8}cm^2/s$），与 Jagadeeswara Rao 等人报道的结果一致，并且指出电子迁移率低的原因可能是金属离子与电解质阴离子生成络合物，也可能是库仑力的相互作用。在此基础上，Pan 等人又在 $BMPyNTf_2$ 以及向其中引入了二酰胺和氯离子的混合离子液体中比较了 Sm(Ⅲ)、Eu(Ⅲ)、Yb(Ⅲ) 的电化学行为，分析了还原产物的稳定性。Matsumiya 等人考察了 Eu(Ⅲ) 和 Sm(Ⅲ) 在 $P_{2225}NTf_2$ 和 $N_{2225}NTf_2$ 中的电化学行为，根据其氧化还原电位，得出了膦基离子液体的给电子性能略强于氮基离子液体。

Chou 等人研究了 Ce(Ⅲ) 在 $BMPyNTf_2$ 离子液体中的电化学行为，指出 Ce(Ⅲ) 可以被还原为 Ce(Ⅱ)，进而变为稳定的 Ce。变化阳离子取代基为辛基，Legeai 等人首次在三氟甲基硫酰胺 1-辛基-1-甲基吡啶（$OMPyNTf_2$）离子液体中，在空气氛围下恒压电解 2h 电沉积得到 350nm 厚的镧薄膜镀层。作为电解质的 $OMPyNTf_2$ 离子液体对水和大气环境稳定，电化学窗口高达 4.8V，研究者以 Pt 为工作电极、Ag/AgCl 为参比电极研究了 La(Ⅲ) 在 $OMPyNTf_2$ 中的电化学行为，阴极还原过程为 La(Ⅲ)→La(0)，证明了该还原为不可逆过程。2013 年，Hatchett 等人又研究了将 $Ce_2(CO_3)_3 \cdot xH_2O$ 溶在 $BMIMNTf_2$ 离子液体中，研究了铈元素的电化学行为之后，成功地在电极表面将其电沉积分离出来。像这样对水和空气稳定的离子液体可以作为首选电解液，在其中电沉积出的金属和合金薄膜镀层形貌好且操作工艺简单。

因为无机熔融盐需要较高的温度，所以人们希望能够找到一种在室温下呈液态的熔融盐来作为电解质进行研究，二元的 $AlCl_3$ 型离子液体最早就是用来进行电化学研究的。Schoebrechts 课题组报道过 Sm(Ⅲ)、Yb(Ⅲ)、Tm(Ⅲ) 和 Eu(Ⅲ)在酸性 $AlCl_3$-BuPyCl 离子液体中的电化学行为，用循环伏安法研究报道了它们可以被还原到相应的 2 价形式。Tsuda 等人在加入饱和的 $LaCl_3$、LiCl 及 50mmol/kg $SOCl_2$ 的 $AlCl_3$-BMIC 电解液中，应用循环伏安法观察到 La(Ⅲ) 还原为 La(0) 的不可逆过程，并且在活性铝电极上电沉积出了金属镧。

国内研究选用电解质集中在氯化咪唑和四氟硼酸咪唑离子液体中，中国原子能科学研究院何辉率领团队开展了比较全面的研究工作。该组研究了 Eu(Ⅲ) 在 BMIC 中的电化学行为，使用玻碳电极为工作电极，Ag/AgCl 为参比电极，镀铂钛电极为对电极的三电极体系，得到 Eu(Ⅲ) 在 BMIC 中不同扫描速率下的循环伏安曲线，观察到 Eu(Ⅲ) 在-0.60V 处开始被还原，在玻碳电极表面开始生成 Eu(Ⅱ)，阴极峰电位为-0.92V，此反应是受电荷迁移和物质扩散共同控制的准可逆反应，其中峰电位差值随着扫速增大而增大。此外，通过改变扫速和体系温度，得出随着扫速增大和体系温度降低，电极反应趋于不可逆的结论，并且计算了 Eu^{3+}在 BMIC 中 328～348K 温度范围内的扩散系数 D，结果是由 3.75×10^{-9} cm^2/s 增加为 $1.32\times10^{-8}cm^2/s$，电极反应活化能 E_a 为 62.6kJ/mol。

安茂忠等人以 $LaCl_3$-$CoCl_2$-BMIMOTf 为电解液在铜基体上电沉积出了 La-Co 合金薄膜镀层,文章认为 La^{3+}难以单独阴极还原沉积，但能被 Co^{2+}诱导共沉积，初步提出了 La-Co 合金的电沉积机理，在室温下以含 86g/L $LaCl_3$和 258g/L $CoCl_2$ 的离子液体电解液中得到了 La 质量分数为 7.35%的合金薄膜镀层。该课题组还通过多种离子液体电解液进行对比，选定 $BMIMBF_4$为电解液，采用恒电流方式电沉积出 Sm-Co 合金镀层，采用脉冲技术在铜基体上电沉积出了 Tb-Fe 合金薄膜镀层，采用恒电势法和脉冲方式电沉积得到了结晶致密的 Tb-Fe-Co 合金镀层，并初步提出了电沉积机理。

金炳勋等人在 0.01mol/L $LaCl_3$-0.1mol/L LiCl-$EMIMBF_4$离子液体电解质中用 Pt 工作电极电沉积得到镧。研究采用循环伏安法和恒电位电解法，报道了 La(Ⅲ)的电化学还原是一步不可逆过程还原为 La(0)，电极过程受扩散控制。并且考察了不同电位对金属镧粒径的影响及机理，得出当电解电位提高时，电流密度增大，成核速率会加快同时成核量也增多，因而晶核变小的结论。该课题组又研究了 Dy^{3+}在 $EMIMBF_4$离子液体中的电沉积行为，得到粒径为几百纳米的金属镝，报道了三价镝离子的还原为一步不可逆过程，并且 Dy^{3+}的还原过程受扩散控制。

1.3.2.2 离子液体中锕系元素的电化学研究进展

锕系元素中铀（U）的研究报道较多，日本、印度、法国和美国等国都在不同类型离子液体中研究了 UO_2^{2+}的电化学行为。学者最初在酸性和碱性 $AlCl_3$型离子液体中研究铀元素的电化学行为，但该离子液体的电化学窗口相对较短和阴极的稳定性较差，不能直接电沉积锕系元素，因此近年来不断改进和寻找更适合的离子液体。

日本，2005 年 Noriko ASANUMA 等人提出了在离子液体中实现后处理过程的新方法，包括乏燃料的氧化溶解、回收 UO_2和回收 MOX 燃料的三步骤。在此基础上，2007 年，该课题组在 BMIC、$BMIMBF_4$和 BMIMNfO(九氟丁基磺酸 1-丁基-3-甲基咪唑）三种离子液体中，采用氯气直接氯化的方法将 U_3O_8氧化为可以溶解的 UO_2^{2+}，研究了 UO_2^{2+} 在不同离子液体中的电化学行为，如图 1.5 所示。

通过循环伏安曲线可知，在 BMIC 中 UO_2^{2+}的还原峰和氧化峰电位分别为 -0.80V和-0.72V，说明 UO_2^{2+} 发生一步一电子转移的可逆反应生成 UO_2^{+}（图

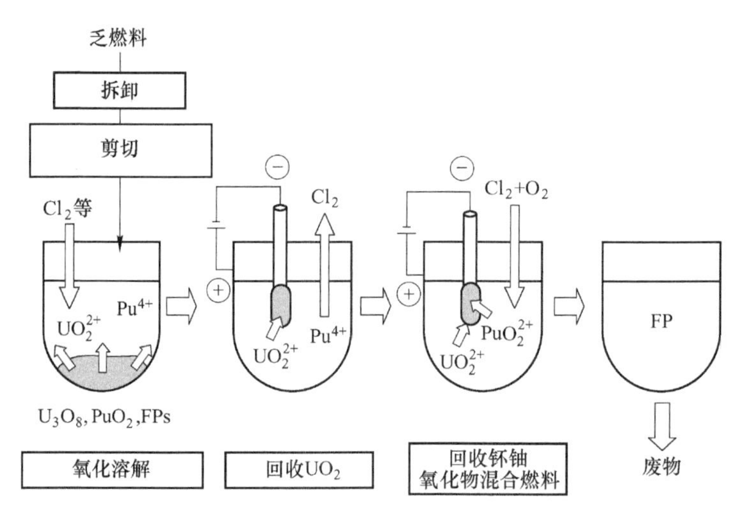

图 1.5 在离子液体中后处理过程的示意图

1.6a)；在 $BMIMBF_4$ 中 UO_2^{2+} 仅在−0.7V 出现还原峰，说明该反应为不可逆电极反应，并且随着扫描次数的增加，还原峰逐渐减小的，这是由于电极表面生成不溶性还原产物（图 1.6b）；在 BMIMNfO 中，UO_2^{2+} 出现多个还原峰和一个尖锐的氧化峰，说明 U(Ⅵ) 经多步还原生成 U(Ⅳ) 并且还原产物 U(Ⅳ) 可以氧化溶解（图 1.6c）。在−1.0V 电位下恒电压电解含 0.3mol/kg UO_2^{2+} 的 BMIMNfO，在碳电极上沉积了二氧化铀和氯氧化铀。

2012 年，该课题组 Takao 等人又研究了 $[UO_2Cl_4]^{2-}$ 在 EMIC-$EMIMBF_4$ 混合离子液体中的电化学行为，以铂盘为工作电极，Ag/AgCl 为参比电极，报道了 $[UO_2Cl_4]^{2-}$ 经过一步电子转移还原为 $[UO_2Cl_4]^{3-}$，又通过测得不同温度和扫速下的循环伏安曲线，结合 Nicholson 公式得出 $[UO_2Cl_4]^{2-}$ 反应的扩散系数和标准速率常数并判断此氧化还原反应为准可逆反应。Ikeda 等人也研究了 $[UO_2Cl_4]^{2-}$ 在 EMIC 离子液体中的电化学行为，测得了 80℃ 时 $[UO_2Cl_4]^{2-}$ 发生氧化还原反应的循环伏安曲线，采用玻碳电极为工作电极，Ag/AgCl 为参比电极，同样报道了 $[UO_2Cl_4]^{2-}$ 经过一步电子转移发生了准可逆还原反应，与 Takao 等人研究结果一致。并且，该课题组还将 UF_4 溶解在 BMIC 中，报道了 U(Ⅳ) 被氧化到 U(Ⅵ)形式，并且认为 UO_2^{2+} 经过两步一电子转移被还原为 UO_2。

印度，Venkatesan 等人做了一系列研究报道，2007 年将氯化铀酰碱金属盐（$M_2UO_2Cl_4$）（M=Na，Cs）溶解在 BMIC 中，研究了 U(Ⅵ) 的电化学行为，并通过循环伏安法得出 U(Ⅵ) 在选定工作电极下可发生单步两电子准可逆还原过程的结论；同年，该课题组又研究了硝酸酰铀直接溶于 BMIC 中的电化学行为，以玻碳电极为工作电极和参比电极，得到了不同温度、不同扫速下的循环伏安曲

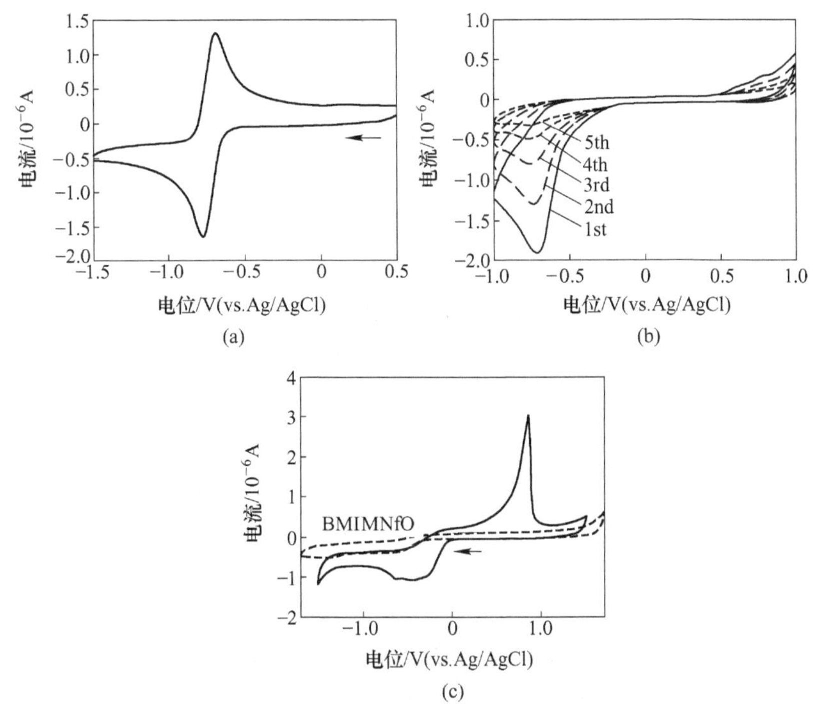

图 1.6　UO_2^{2+} 在离子液体中的循环伏安曲线

（a）BMIC；（b）$BMIMBF_4$；（c）BMIMNfO

线，报道了 U(Ⅵ) 经过一步两电子转移准可逆反应，在玻碳工作电极上恒电位电沉积得到 UO_2，结合方波伏安法和计时电位法得到了 343K 时的扩散系数；该电化学过程控制因素和扩散数量级，与 K. Takao 等人研究结果一致；2008 年，研究了 UO_2、UO_3和 U_3O_8在功能化离子液体［Hbet］［NTf_2］中的溶解行为和 UO_3 的电化学行为，认为 U(Ⅵ) 转移一个电子还原为 U(Ⅴ)，之后不稳定的 U(Ⅴ) 又将变化为 U(Ⅵ) 和 U(Ⅳ)；同年，用含 TBP 的 $BMIMNTf_2$萃取水溶液中的 U(Ⅵ)，并研究了 U(Ⅵ) 在 TBP/$BMIMNTf_2$中的电化学行为，电沉积得到 UO_2；2011 年，在 Li^+辅助下，恒电位电解含 U_3O_8的三氟甲基硫酰胺丙基哌啶（MP-$PiNTf_2$）得到 UO_2；同年，在上述离子液体中分别以铂、玻碳和铁为工作电极研究了 U(Ⅳ) 的电化学行为，认为离子液体 $MPPiNTf_2$作为电解质适合镧系和锕系元素的电沉积得到相应金属；并且，2012 年该课题组对锕系元素和裂变产物在离子液体中的电化学行为做了综述。

法国，Nikitenko 等人研究了 U(Ⅵ) 在 $BMIMNTf_2$中的电化学行为，为离子液体中还原电沉积铀提供了理论依据。2012 年，Sengupta 等人又探讨了 U(Ⅵ) 在阴离子同为 Br^-，而阳离子结构不同的咪唑离子液体（C_nMIMBr）中的电化学行为，应用循环伏安法，观察到 U(Ⅵ) 被还原为 U(Ⅲ) 的同时有可能再被还原到 U，从而得出 U(Ⅵ) 在离子液体中的反应活化能随着烷基链长的增加而增大的结论。

美国，Anderson 等人研究了 UO_2^{2+} 在 EMIC 离子液体中的电化学行为，提出了 UO_2^{2+} 的还原机制，指出 U(Ⅵ) 可以通过不可逆反应还原为 U(Ⅴ)；2013 年，Pemberton 等人将固体 UO_2CO_3 直接溶解在含有水和 HTFSI 的 [Me_3NnBu] [TFSI] 离子液体中，水和 HTFSI 解离的质子与 CO_3^{2-} 反应提高了 UO_2CO_3 的溶解度，紫外光谱分析表明 UO_2^{2+} 可以像溶解在水中一样较好的溶解在离子液体中，电化学分析表明 U(Ⅵ) 可以被分解生成稳定的中间相 U(Ⅴ)，也可以经历一步两电子还原为 UO_2 沉积在金电极表面。该研究提出了在离子液体中增加锕系和镧系元素碳酸盐溶解度的新方法。

Bhatt 等人研究了 293K 时 Th(Ⅳ) 在 [Me_3N_nBu] NTf_2 中的循环伏安行为，报道了 Th(Ⅳ) 经过一步电子转移被还原为 Th(0)，并比较得出该还原过程比在 673K 时 LiCl-KCl 熔盐体系容易发生的结论。Schoebrechts 和 Gilbert 研究了 Np 元素在离子液体 $AlCl_3$-BuPyCl 的电化学行为，无论在酸性和碱性离子液体中 Np(Ⅳ) 都可以在玻碳电极上发生准可逆反应生成 Np(Ⅲ)；但碱性条件下 Np(Ⅲ) 和 Np(Ⅳ) 以 $NpCl_6^{3-}$ 和 $NpCl_6^{2-}$ 形式存在，酸性条件下 Np(Ⅲ) 和 Np(Ⅳ) 以 Np^{3+} 和 $NpCl_x^{(4-x)-}$ ($3 \geqslant x \geqslant 1$) 存在；表明酸性离子液体不利于 Np 的溶解。Nikitenko 和 Moisy 研究了 Np(Ⅳ) 和 Pu(Ⅳ) 在 $BMIMNTf_2$ 中的电化学行为，虽然 [$NpCl_6$]$_{2-}$ 和 [$PuCl_6$]$^{2-}$ 在玻碳电极上电化学性质并不活泼，但在添加 BMIC 并且 Cl^-/An(Ⅳ) 的摩尔比超过 6 时，可以观察到 Np(Ⅳ)/Np(Ⅲ) 和 Pu(Ⅳ)/Pu(Ⅲ) 的氧化还原现象。Costa 等人在 $AlCl_3$ 型离子液体 $AlCl_3$-BMIC 中研究了 U(Ⅵ) 和 Pu(Ⅵ) 的电化学性质，UO_2^{2+} 被还原为 U(Ⅴ) 氯化物，Pu(Ⅵ) 发生可逆还原反应生成 Pu(Ⅲ)，为干法后处理电解精炼回收 U 和 Pu 提供了有价值的指导。

国内学者研究也集中在铀和钚上。由于二氧化铀等燃料元件的化学性质极其稳定，将二氧化铀溶解在离子液体中是一个难题；另外，通过电化学控制沉积电位的方法再将有用的核燃料从离子液体提纯出来也是一个难点。

2008 年，北京大学褚泰伟指出在至少含有一种卤族阴离子的离子液体中，可以利用氧化剂 (Cl_2、MnO_2 和 Na_2O_2 等) 氧化核燃料氧化物 (铀、钚、镎、钍等) 的方法，和将核燃料氧化物粉末与导电胶混合涂于电极表面利用阳极氧化的两种方法，将核燃料氧化物溶解在离子液体中；在此基础上，在惰性电极 (铂、石墨) 可以电沉积溶解后的核燃料得到相应核燃料，从而实现分离提纯核燃料的目的。2013 年，该课题组进一步研究 UO_2 在新型离子液体中的溶解度及离子液体的可回收性，指出140℃时 UO_2 可以直接溶解于 $BMIMFeCl_4$-BMIC 等离子液体，这为离子液体在核燃料干法后处理中的应用提供了非常有益的参考。

2008 年，何辉等人提供了将 UO_2、PuO_2 或乏燃料溶解于含有 N_2O_4 或 NO_2 强氧化剂的离子液体中以备回收处理乏燃料的方法；在此基础上，2011 年该组研究了 UO_2^{2+} 在 BMIC 离子液体中的电化学过程，以玻碳电极为工作电极，Ag/AgCl 为参比电极，在扫描速率 10～100mV/s 时考察了 UO_2^{2+} 的电还原反应，报道了 UO_2^{2+} 经历一步两电子转移的可逆反应还原为 UO_2，并且计算了 353K 时 UO_2^{2+} 扩散系数和反应活化能分别为 $9.01\times10^{-8}cm^2/s$ 和 54.6kJ/mol。同时在温度 343K，浓度为 0.11mol/L 的 UO_2^{2+} BMIC 电解液中，在不锈钢电极上 150μA 恒电流电解 18h 电沉积得到金属黑色的 UO_2 固体。

2013 年，沈兴海等人在离子液体中采用萃取-电沉积的方法实现了铀的反萃，先测试了萃取液中 U(Ⅵ) 的电化学行为，再恒电位电解将铀分离出来。先明确了 U(Ⅵ) 的反应的机理并计算了 U(Ⅵ)-CMPO 配合物的扩散系数（$2.5\times10^{-8}cm^2/s$）和标准速率常数（$1.5\times10^{-4}cm/s$），此反应为准可逆反应，最终采用恒电位法以铂片为工作电极电沉积出只含 U(Ⅵ)、U(Ⅳ) 和氧的电沉积产物。以上研究成果均为电沉积分离乏燃料中的铀提供数据支持。

虽然已经获得了一些镧系元素（La、Ce、Sm、Eu、Tb、Dy、Yb、Tm）和部分锕系元素（U、Th、Np、Pu）在各类离子液体中的电化学行为。然而，离子液体与镧系及锕系元素的作用机理、金属离子反应的机理及规律机理尚不明确。因此，需要选择对水和空气稳定的离子液体作为电解质，提高镧系及锕系元素在离子液体中的溶解度，确定其在离子液体中的电化学行为，通过恒电流或恒电位的方法电沉积金属或合金薄膜镀层，优化电解精炼条件，提高电流效率，实现在离子液体中将镧系元素从乏燃料中电解分离的目标。

1.3.2.3 离子液体中金属铝的电沉积研究

不同类的离子液体对铝沉积的电化学行为和沉积形貌起着至关重要的作用。人们通过改变离子液体种类或多种离子液体的混合作为电解质，研究电解铝过程中不同电化学行为和形貌的机制。

Liao 等人研究了 $AlCl_3$-EMIC 中添加苯体系在铜基体沉积的形貌，在铜基体上可以沉积到致密均一的铝镀层，研究表明适当地增大苯在体系中的浓度可以有效的提高铝镀层表面的平整度。Carlin 等人在 1994 年报道的在氯化二烷基咪唑三氯化铝离子液体体系中电解铝的研究。2011 年 Schaltin 等人考察了 $AlCl_3$-C_2MIMCl 体系的电化学性质。研究发现，电沉积过程的电流密度是由活泼的 $[Al_2Cl_7]^-$ 转化成不活泼的 $[AlCl_4]^-$ 的反应平衡常数决定。以上研究表明，在咪唑体系中铝的电沉积倾向于生长紧密光亮的铝层。

2012年，Giridhar等人研究了［$Py_{1,4}$］Cl-$AlCl_3$和EMIC-$AlCl_3$两体系中Al(Ⅲ)的电化学性质以及铝的电沉积。结果表明，在100℃下，［$Py_{1,4}$］Cl-$AlCl_3$（40或60mol%）体系中电镀可以沉积到纳米级铝颗粒，得到的铝纳米颗粒直径有20nm，细小的颗粒整齐排列形成均匀的铝层。当体系中的［$Py_{1,4}$］-$AlCl_3$-EMIC-$AlCl_3$的体积比为小于70或30（体积分数）时，沉积出微型晶体铝而不是纳米结构，在混合离子液体中吡咯烷基阳离子偏向生长纳米级晶体，而咪唑偏向生长微型晶体。2015年他们研究了相同的［$Py_{1,4}$］Cl-$AlCl_3$体系中的纳米铝颗粒的沉积。研究发现，当［$Py_{1,4}$］Cl-$AlCl_3$的摩尔比为1∶1.2时沉积团块纳米晶体状铝；当［$Py_{1,4}$］Cl-$AlCl_3$的摩尔比大于1∶1.3时可沉积得到纳米晶体铝。

Jiang等人研究了在季铵盐体系$AlCl_3$-TMPAC（三甲基苯基氯化铵）中Al(Ⅲ)的电化学行为，实验发现在60℃下，该体系中Al(Ⅲ)在W基底上发生欠电位沉积，考察表明在W和Al基底上Al(Ⅲ)的还原均是扩散控制瞬时成核过程。相比于在咪唑类离子液体体系中的铝的沉积，在该体系中恒压沉积的铝层不及前者的铝层致密均一。Su等人考察了Al(Ⅲ)在三甲铵盐酸盐-$AlCl_3$离子液体体系中的电化学行为与沉积形貌，结果发现，在该体系中无搅拌低温（30℃）条件下W、GC、Pt电极上都可沉积得到多晶的铝线形貌。他们对线形貌进一步研究，发现只有在特定的条件下才能沉积得到纳米级的铝线。他们推断导致铝只沿单方向生长的主要原因是沉积过程中活性离子［Al_2Cl_7］$^-$被还原生成［$AlCl_4$］$^-$是沉积的铝核表面［Al_2Cl_7］$^-$浓度很低，从而单方向沉积形成铝线。

Moustafa等人通过原位STM和EQCM研究了$AlCl_3$-［EMI］Tf_2N和$AlCl_3$-［$Py_{1,4}$］Tf_2N两种体系在Au(Ⅲ)基体上的电化学行为，在$AlCl_3$-［EMI］Tf_2N体系Al(Ⅲ)发生欠电位沉积，在阴极表面沉积形成薄薄的合金层，随着继续沉积，在合金表面有纳米铝颗粒形成，直径有15nm。而在$AlCl_3$-［$Py_{1,4}$］Tf_2N体系下是发生过电位沉积，同样可以沉积得到纳米颗粒。

因为目前很多的室温离子液体沉积铝体系都是吸水性强，而电解铝对水分控制较为严格，铝极易与氧气反应生成氧化层，所以不能在空气中进行，低温电解铝需要严格的实验条件，目前的大多数离子液体电解铝的研究都是在惰性气氛下进行，这一特性严重地阻碍了低温电沉积铝的工业放大化生产历程。Abedin等人在水氧稳定的$AlCl_3$-［BMP］Tf_2N体系研究其在金阴极上的电化学行为。在100℃下，沉积得到了致密均一纳米级的铝颗粒层。Bakkar等人研究了在空气气氛中$AlCl_3$-EMIC体系铝的电沉积过程行为。提出一种新颖的电沉积方法，手套箱中在$AlCl_3$-EMIC电解液面加入特殊的有机化合物形成非水吸收层来隔绝空气。该有机物稳定与离子液体不发生反应。研究表明，在空气中电沉积行为与惰性气体保护中的无差异，在低碳钢上沉积到致密、均一附着的铝层。这一方法将低温电解铝由实验室条件转化到工业化规模过程。表1.4列出了在低温电解铝中常用的离子液体性质。

表 1.4 在低温电解铝中常用的离子液体性质

离子液体	电化学窗口（V）/工作电极		黏度 /$mm^2 \cdot s^{-1}$	温度/K	熔点/K
	阳离子	阴离子			
BMIC	-2.55/GC	0.52/GC	135	313	343.15
$BMIBF_4$	-2.55/GC	3/GC	43	313	192.15
$EMINTf_2$	-3.12/GC	2.03/GC	14	313	<298.15
$[Py_{1,4}]Cl$	-3.03/GC	0.52/GC	—	—	—
$[P_{14,6,6,6}]NTf_2$	-3.41/GC	2.03/GC	70.0	293	251.5
$[C_4mpyr]NTf_2$	-3.09/GC	2.03/GC	324.1	298	301.3

同样是在阳离子 $[BMP]^+$离子液体体系，Bebensee 等人研究了 $AlCl_3$-$[BMP]Tf_2S$ 在氧气和一氧化碳气氛下的电沉积行为，研究发现分别在不同气氛下纳米晶体铝层之间的相互作用力低，沉积层没有发生显著的改变，抗腐蚀性测试也表明该纳米铝不易腐蚀。

Vaughan 等人研究了在季鏻类离子液体（$[P_{14,6,6,6}]Cl$）中 Al(Ⅲ) 的电化学行为，考察了恒电位下不同电位对沉积铝的形貌、电流效率及沉积物纯度的影响。在该体系中沉积得到的是颗粒状产物，长时间沉积容易发生堆积长出枝晶，研究发现沉积电位越小电流密度越大得到的颗粒尺寸越大，较大电位沉积时间较长容易导致短路。

Fang 等人考察的新型的离子液体中性配体 4-丙基吡啶-$AlCl_3$ 中的电化学行为，将离子液体与 $AlCl_3$ 混合会发生络合生成铝基阳离子 $[AlCl_2(4\text{-}Pr\text{-}Py)_2]^+$和阴离子 $[AlCl_4]^-$，不像传统的氯铝酸生成的电活性 $[Al_2Cl_7]^-$对水分敏感。该反应下生成的电活性阳离子对水分不敏感。该研究发现空气和水分稳定的离子液体体系沉积铝，给电解铝离子液体提供可设计方向，同时加快了低温电解铝的工业化历程。Veder 等人研究考察了在水氧都稳定的离子液体 $[C_4mpyr][NTf_2]$-$AlCl_3$ 体系 Ag 阴极上的电化学行为。在 180℃ 下 -2.3V(vs. Ag) 沉积 2.25C 得到颗粒均一、致密的铝镀层。

1.3.3 离子液体在萃取中的应用

由于离子液体具有高的选择性，国内外对其进行了大量的研究，尤其对于锕系元素和锶、铯两种裂片元素的萃取进行了大量研究。日本九州大学 Masahiro Goto、Fukiko Kubota 等人系统的研究了各种甲基咪唑类离子液体单独对镧系元素的萃取作用，以及各种萃取剂在以甲基咪唑离子液体为稀释剂时对镧系元素的萃取，同时还研究了一些功能性离子液体对镧系和一些常见金属离子的萃取。例如对比了以 1-丁基-3-甲基咪唑六氟磷酸盐（$BMIMPF_6$）和正十二烷为稀释剂时，CMPO 对 Ce^{3+}、Eu^{3+}、Y^{3+}的萃取性能，考察了不同萃取剂浓度在不同的稀释剂中对镧系金属离子的分配比，以及不同反萃剂对离子液体相中的铈、铕、钇的反萃效果，其结果表明使用 0.05mol/L HNO_3作为反萃剂时铈和铕几乎不反萃，而对钇具有一定的反萃效果；使用0.1mol/L 柠檬酸+0.4mol/L 甲酸+0.4mol/L 水合肼的混合物作为反萃剂时对离子液体相中的三种金属离子都具有非常高的反萃效率，但使用0.5mol/L 的 1-丁基-3-甲基咪唑氯盐（BMIC）作为反萃取剂时，其反萃效率却并不理想。有文章报道了 N，N-二辛基二甘醇酰胺酸（DODGAA）分别在 1-丁基-3-甲基咪唑三氟甲基磺酰盐（C_4MIMTf_2N）和在 1-十二烷基-3-甲基咪唑三氟甲基磺酰盐（$C_{12}MIMTf_2N$）作为稀释剂时对 Y^{3+}和 Zn^{2+}的萃取研究，发现在相同萃取剂时 Y^{3+}的分配比比 Zn^{2+}的分配比高，而使用不同萃取剂对同一金属离子萃取时具有短链取代基的甲基咪唑离子液体比具有长链取代基的甲基咪唑子液体作为稀释剂时有更高的萃取率，同时该报道中还通过斜率法推导了萃取机理，导出了平均络合数，并使用负载试验来验证。该团队还研究了 β-二酮，2-亚油酸三氟丙酮（HTTA）和三正辛基膦氧化物（TOPO）为萃取剂时对 Al^{3+}、Fe^{3+}、Mn^{2+}、Co^{2+}、Ni^{2+}和 Zn^{2+}的硫酸溶液中萃取分离 Sc^{3+}，发现 Sc^{3+}能够有效的与 Fe^{3+}分离，并且 Sc^{3+}能够被 1mol/L 的 H_2SO_4很好的反萃。在其他报道中研究了单独的离子液体 1-辛基-3-甲基咪唑三氟甲基磺酰盐（C_8MIMTf_2N）和 1-辛基-3-甲基咪唑六氟磷酸盐（C_8MIMPF_6）对金属离子的萃取和反萃。Alok Rout 等人研究了 C_4MIMTf_2N 和1-丁基-3-甲基咪唑六氟乙酰丙酮酸盐（$C_4MIMhfac$）两种离子液体对多元羧酸中的 3 价镅和 3 价铕的络合作用，并计算了络合焓和络合熵。Sumin Kwon，Jungweon Choi 等人研究了以 C_4MIMTf_2N 和1-乙基-3-甲基咪唑三氟甲基磺酰盐（C_2MIMTf_2N）两种离子液体为稀释剂时 DCH18C6 对 Cs^+的固液萃取及液液萃取机理。R. Rama，Alok Rout，K. A. Venkatesan 等人研究了 TODGA 分别以 C_8MIMTf_2N 和 *n*-DD 为稀释剂，以及纯 C_8MIMTf_2N 在不同初始水相中硝酸浓度下对3价铕的萃取性能；同时还研究了以 C_8MIMTf_2N 为稀释剂，T2EHDGA、TODGA、DEHDODGA 对 3 价铕的萃取性能；并且对比了 TBP+TODGA+C_8MIMTf_2N 为有机相和 DHOA+TODGA+C_8MIMTf_2N 为有机相时对3价铕的萃取能力。

中国长春应用化学研究所李德谦、陈继等人系统的研究了以离子液体为稀释剂时各种萃取剂和以纯离子液体为萃取剂时，对镧系元素以及金属元素和非金属元素的共萃研究。除了对离子液体萃取金属离子的热力学研究以外，还对离子液体萃取金属离子动力学进行了一定的研究，另外还开发了一些对某些金属离子具有特效萃取作用的功能型离子液体。以纯 $BMIMPF_6$作为萃取剂萃取硝酸介质中的 Ce^{4+}和 Th^{4+}，研究了不同初始水相中硝酸浓度与不同的盐析剂以及金属初始浓度对萃取作用的影响，并且研究了不同反萃剂对 Ce 的还原反萃，发现使用纯的 $BMIMPF_6$作为萃取剂时，对 4 价 Ce 和4价钚离子具有很好的选择性，并且萃取机理为阴离子交换，同时也发现氟离子的存在会抑制 4 价 Ce 的萃取。在此之后还研究了以 C_8MIMPF_6作为稀释剂，以 DEHEHP 作为萃取剂对硝酸介质中的 Ce^{4+}和 F^-的共萃取，结果表明在该体系中具有和在正庚烷体系中相似的选择性，即 $Ce^{4+}>Th^{4+}>RE^{3+}$，并且表明 F^-的存在会对 4 价 Ce(Ⅲ) 从水相中分离产生很大的负面影响，可以利用这一点向萃取有机相中加入氟离子定量反萃 Ce。在另一篇报道中使用 Cyanex925 作为萃取剂，C_8MIMPF_6作为稀释剂，研究了对硝酸和硫酸介质中的 Sc^{3+}、Y^{3+}、La^{3+}、Yb^{3+}的萃取作用，发现在该体系中萃取机理为阳离子交换，并且通过负载实验和斜率法得出络合物中平均络合数为 3。在其他报道中研究了功能性离子液体在金属萃取分离中的研究进展，包括［A336］［P507］，［A336］［P204］，［A336］［C272］，［A336］［TTA］，［A336］［TFA］，［A336］［BTA］；以及传统萃取剂在离子液体中的萃取金属离子的动力学过程和双功能离子液体对金属离子萃取时的动力学过程。

另外沈兴海、宋岳、孙涛祥等人研究了 $C_nMIMTf_2N(n=2\sim8)$ 的离子体系中，TOPO、DCH18C6、CMPO、TBP 等做萃取剂，萃取锶、铼、铀、锝、锆、镝、硝酸的萃取机理的研究。

参 考 文 献

［1］中国科学院．中国核燃料循环技术发展战略报告［J］．北京：科学出版社，2018，3.

［2］顾忠茂．核电站［J］. 2001，5.

［3］顾忠茂，黄齐涛．核能在 21 世纪能源可持续发展中的作用［J］. 现代学术研究杂志，2007，6：64.

［4］顾忠茂．中国核能开发的瓶颈［J］. 瞭望新闻周刊，2004，41：58.

［5］唐浩．乏燃料中稀土在熔盐中电沉积过程机理研究［D］. 哈尔滨：哈尔滨工程大学，2014.

［6］颜永得．镁锂基合金电解法制备及机理研究［D］. 哈尔滨：哈尔滨工程大学，2009.

［7］魏树权．多元共电沉积制备 Mg-Li-X(X=Gd，Sb，Bi) 合金及机理研究［D］. 哈尔滨：哈尔滨工程大学，2011.

［8］朱凤艳．Ce(Ⅲ) 在熔盐中的电化学行为及共沉积制备 Mg-Li-Ce、Al-Li-Ce 合金［D］. 哈尔滨：哈尔滨工程大学，2012.

［9］李云娜．Ce(Ⅲ)、Gd(Ⅲ) 和 Nd(Ⅲ) 在离子液体中电化学行为研究［D］. 哈尔滨：哈尔滨工程大学，2015.

［10］涂贤能．离子液体中电沉积铝箔与铝粉的机理研究［D］. 哈尔滨：哈尔滨工程大学，2017.

［11］李云娜，张萌，朱凤艳，等．镧系和锕系元素在离子液体中电化学行为研究．化学通报

[J]. 2014, 77 (2): 115-119.
[12] 杜宇. 离子液体和正辛醇/煤油中 DMDODGA 对硝酸介质中铈（Ⅲ）的萃取行为研究[D]. 哈尔滨：哈尔滨工程大学，2018.
[13] 刘海望，杨涛，陈庆德，等. 离子液体体系的萃取行为及其在乏燃料后处理中的应用前景[J]. 核化学与放射化学，2015，37 (5): 286-309.

2 高温熔盐电解法提取铈

2.1 实验部分

2.1.1 实验试剂及仪器

本次实验所使用的主要实验试剂见表2.1。实验所用主要仪器设备见表2.2。

表2.1 实验试剂

药品名称	简称或分子式	规格	生产厂家
无水氯化锂	LiCl	A. R.	天津市博迪化工有限公司
无水氯化钾	KCl	A. R.	天津市博迪化工有限公司
无水氯化镁	$MgCl_2$	A. R.	天津市光复精细化工研究所
无水氯化铝	$AlCl_3$	A. R.	天津市光复精细化工研究所
氧化铈	CeO_2	A. R.	同济微量元素研究所
氯化铈	$CeCl_3$	A. R.	上海国药有限公司
盐酸	HCl	A. R.	北京试剂二厂
硝酸	HNO_3	A. R.	哈尔滨市新达化工厂
丙酮	CH_3COCH_3	A. R.	天津市富宇精细化工有限公司
乙醇	CH_3CH_2OH	A. R.	天津市天新精细化工有限公司
氩气	Ar	高纯	北京市亚南气体有限公司
硝酸银	$AgNO_3$	A. R.	天津市赢达稀贵化学试剂厂
钼丝	Mo	99%	哈尔滨碘钨丝厂
镍丝	Ni	99%	上海天器合金材料有限公司
铝丝	Al	99%	上海国药有限公司
镁条	Mg	99%	上海国药有限公司
石墨棒	C	G. R.	宜兴市电碳二厂
刚玉坩埚	Al_2O_3	99%	四川德阳耐火材料有限公司
刚玉套管	Al_2O_3	99%	四川德阳耐火材料有限公司

注：A. R. =分析纯，G. R. =光谱纯，实验过程中所用的水均为二次蒸馏水。

表 2.2　实验所用主要仪器设备

仪器与设备	型　号	生 产 厂 家
电化学工作站	IM6ex	德国 Zahner
X 射线衍射仪	TTR-ⅢB	日本理学公司
扫描电子显微镜	JSM-6480	日本电子公司
金相显微镜	DFC320	德国莱卡
坩埚式电阻炉	SG2-1.5-10	哈尔滨龙江电炉厂
PID 控制器	E900	台湾泛达仪控有限公司
箱式电阻炉	SX-4-10	哈尔滨龙江电炉厂
电子天平	FA2004N	上海精密科学仪器有限公司
电感耦合等离子体发射光谱仪	IRIS Intrepid II XSP	美国热电公司
电热恒温鼓风干燥箱	Q/BKYY31-2000	上海跃进医疗器械厂
直流稳压稳流电源	WYK-3010	扬州华泰电子有限公司

2.1.2　实验方法

2.1.2.1　熔盐的预处理

电解质中如果含有结晶水将会对熔盐电解带来很大的危险，对电极材料也有很大的腐蚀性。会妨碍产物对阴极材料的湿润，在电解过程中增加渣量，妨碍金属凝聚，从而使电流效率降低和电耗大。由于氯化钾和氯化锂极易吸水，因此在实验前分别将氯化钾和氯化锂在 300℃ 和 600℃ 的马弗炉中干燥 24h 进行脱水，同时为了除去熔盐中的杂质，在电化学测试实验之前，在电位 -2.0V（vs. Ag/AgCl）对氯化钾和氯化锂熔盐体系进行预电解 2~4h。

2.1.2.2　电极的预处理

本实验研究电化学反应机理时采用的是三电极体系，如图 2.1 所示，即工作电极、参比电极和辅助电极。其中工作电极为惰性电极钼丝（$\phi=1.0$mm）、活性电极镍丝（$\phi=1.0$mm）、铝丝（$\phi=0.8$mm）和活性电极镁丝（1.0mm），参比电极为 Ag/AgCl（1%，质量分数），辅助电极为光谱纯石墨棒（$\phi=6.0$mm）。为了保证有较高的工作表面和电流线分布均匀，在恒电位电解实验时，使用 0.5mm 厚的铝条和镁条。

A　工作电极

钼丝（$\phi=1.0$mm）、镍丝、铝丝（铝条）和镁丝（镁条）在使用前，先用 600 目和 1000 目的碳化硅砂纸进行打磨，除去表面的锈蚀并消除表面的粗糙状

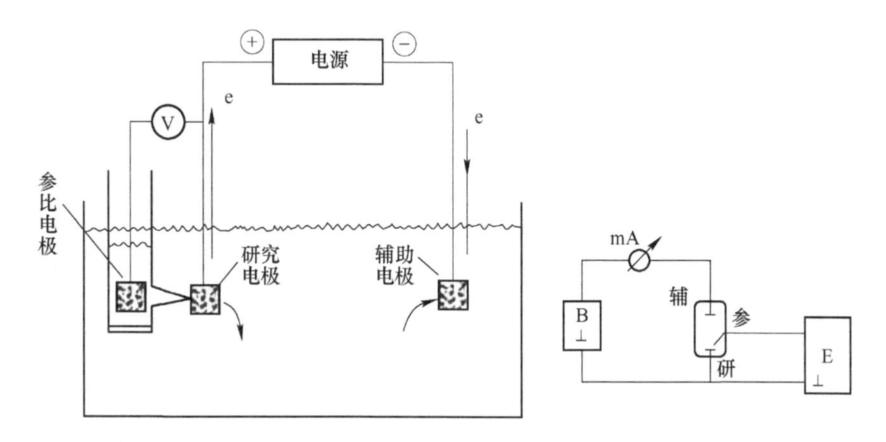

图 2.1 三电极体系示意图

态，获得比较光洁的外观。然后置于稀盐酸中浸泡几分钟，以除去残留的金属杂质，再用丙酮进行超声清洗除去附在电极表面上的油污，烘干备用。

B 辅助电极

光谱纯石墨棒（ϕ=6.0mm，99.99%）在使用之前，首先经5%的稀盐酸煮沸1h后，再用蒸馏水进行清洗，放在鼓风干燥箱中干燥备用。

C 参比电极

本实验在氯化物体系中选择 Ag/AgCl(1%，质量分数）作为参比电极。首先在刚玉管的下端侧面打磨一个小孔（ϕ=1.0~1.5mm)，使用蒸馏水清洁，烘干。然后用少许酸洗后的石棉堵住其下端小孔。银丝一端拧成螺纹状（约1cm)，用丙酮浸泡超声波清洗，蒸馏水洗涤，干燥，深入刚玉管底部。最后，将内参比盐 LiCl：KCl(50：50）（质量比）加入1%AgCl，混合均匀后放入刚玉管中，用高温胶封装其上口部。最后放入真空干燥箱中保存。

2.1.2.3 实验装置

本实验中所用的电解池如图2.2所示。在坩埚式电炉中先放入保护性的刚玉大坩埚，防止电解产生的氯气腐蚀电炉和外界空气进入熔盐中。然后将装有盐的小坩埚（150mL）放到大坩埚内。采用热电偶测量熔盐温度，并留有保护气的进气口和放气口。

2.1.2.4 电化学测试方法

A 循环伏安法

循环伏安法（cyclic voltammetry）就是控制研究电极相对于参比电极的电极电势以不同的速度，一次连续三角波信号为电势控制信号，随时间一次或多次反复扫描，并记录电流-电势曲线。电势的范围是使电极上能够交替的发生不同的氧化还原反应。它的基本原理是在研究电极上加上等腰三角形的脉冲电压，如果前半部分的电位向阴极方向扫描，电活性物质就会在研究电极上还原，出现还原峰；则后半部分电位会向阳极方向扫描，还原产物在研究电极的表面上氧化，产生氧化峰。一次三角波扫描，就完成一个还原和氧化过程的循环。电位信号（三角波信号）和循环伏安法的响应电流对电位曲线如图 2.3 所示。

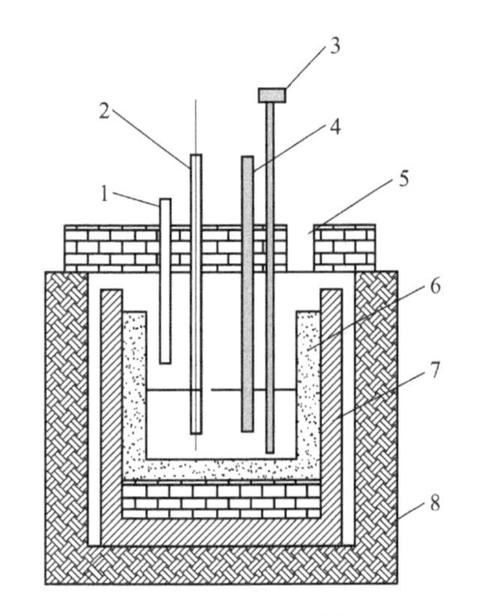

图 2.2　电化学实验装置
1—氩气口；2—工作电极；3—热电偶；4—对电极；5—排气孔；6—坩埚；7—保护套；8—加热炉

采用循环伏安法来研究熔盐体系中的金属阳离子在研究电极上的电还原时，判断在扫描电位范围内可能发生电极反应的数目；并且根据电流峰电位的特性可以推断该反应；根据还原峰电位与扫描速度的关系以及循环伏安曲线中对应的一对氧化还原峰电位之间的距离，可以推断该反应的可逆性。总之，各种因素对电极反应的影响均可以从循环伏安曲线上反映出来，根据循环伏安曲线的扫描结果可以初步判断金属离子的电化学还原过程。

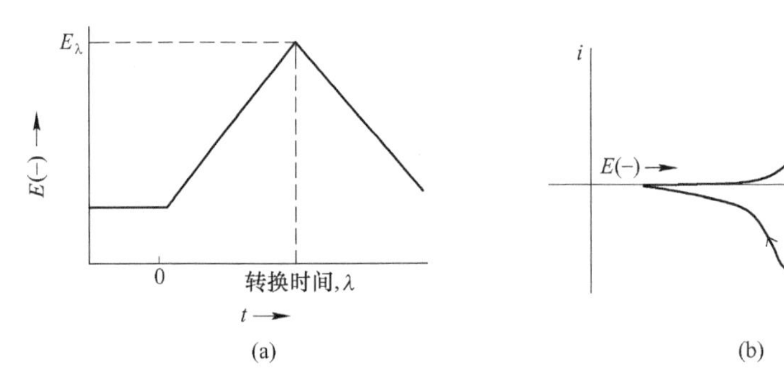

图 2.3　电位信号（三角波信号）和循环伏安法的响应电流对电位曲线
（a）三角波电势扫描信号；（b）循环伏安图

B　方波伏安法

方波伏安法（square wave voltammetry）是在通常的、缓慢改变的直流电压上面，叠加一个低频率、小振幅（≤50mV）的方形波电压，并在方波电压改变方向前的一瞬间记录通过电解池的交流电流成分的伏安法，是电化学分析法之一，广泛用于痕量物质的分析工作中。

方波伏安法的电势波形可以看做是一个阶梯波基准电势和一个双向电势脉冲波形（方波）的叠加，两个波形的周期相等。在正向脉冲结束前和反向脉冲结束前分别采集电流信号，记为 i_1 和 i_2，并将这两个电流信号相减，作为输出的净电流信号 Δi。用 i_1、i_2 及 Δi 对阶梯波电势作图，得到三条伏安曲线，称为方波伏安曲线，如图 2.4 所示。

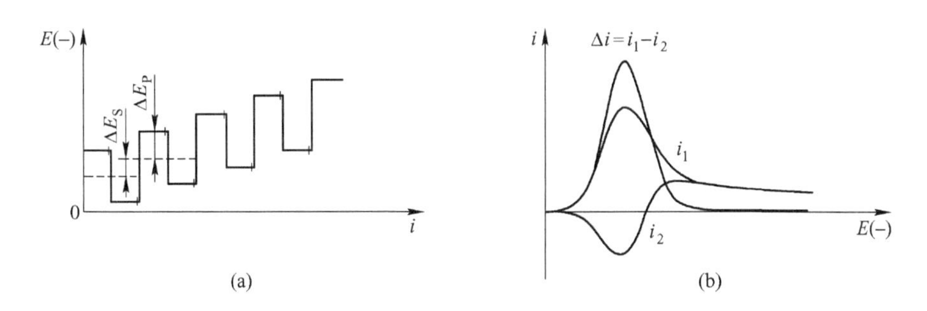

图 2.4 方波伏安曲线

（a）方波伏安法的电势波形；（b）方波伏安曲线

C 计时电位法

计时电位法（Chronopotentiometry）是控制电流阶跃的暂态测量方法，习惯上也称恒电流法。它的基本原理是恒电流电解，电流是恒定的，电极电位是因变量，即在某一固定电流下，测量电解过程中电极电位与时间之间的关系曲线，进而分析电极过程的机理、计算电极的有关参数。在进行实验的过程中，由于给一个恒定的电流，所以电极的表面单位时间内所消耗的离子数是不变的。随着时间的变化，电极表面反应物粒子浓度慢慢降低，溶液本体中的离子向电极表面进行扩散，此时的电极电势基本不变。当离子的扩散速度不足以维持电极表面所消耗的粒子时，电极电势迅速变得更负，直至达到另一个传荷过程发生的电势为止。由开始电解至所测物质在电极表面的浓度下降为零、电极电势发生突跃所经历的时间称过渡时间，用 τ 表示。电流-时间曲线（i-t 曲线）及相应的电势-时间响应曲线（E-t 曲线），如图 2.5 所示。根据不同电流密度下的过渡时间，可以得到离子扩散动力学的相关性质。

D 计时电流法

计时电流法（chronoamperometry）是控制电势阶跃的暂态测量方法，习惯上也称恒电势法，是指控制电极电势按照一定的具有电势阶跃的波形规律变化，同时测量电流随时间的变化，进而分析电极过程的机理、计算电极的有关参数。计时电流法常用于电化学研究，即电子转移动力学研究。电势-时间曲线（E-t 曲线）及相应的电流-时间响应曲线（i-t 曲线）如图 2.6 所示。

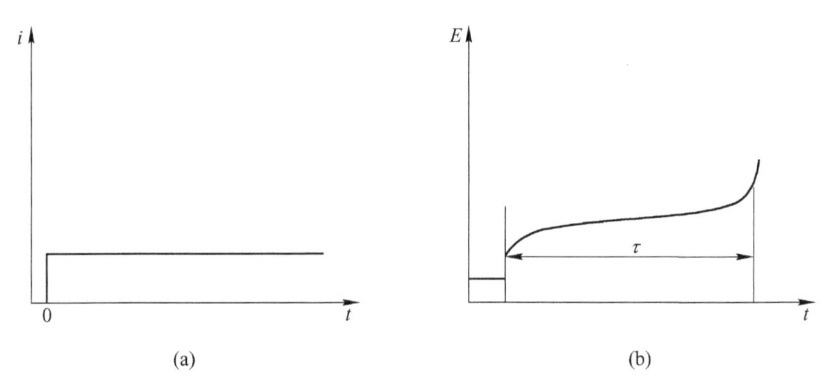

图 2.5　电流-时间曲线及相应的电势-时间曲线

(a) 电流-时间曲线；(b) 电势-时间曲线

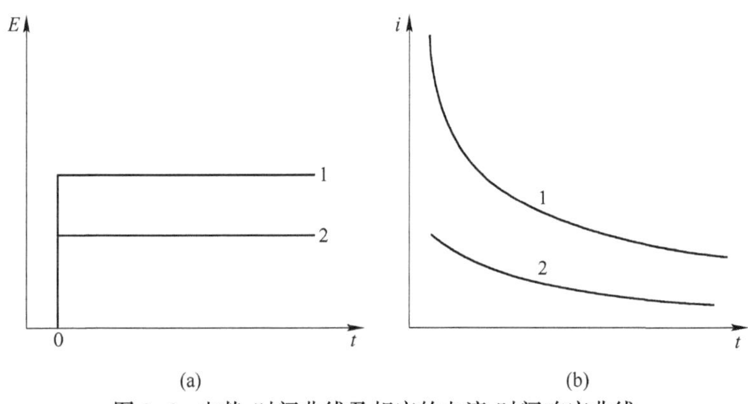

图 2.6　电势-时间曲线及相应的电流-时间响应曲线

(a) 电势-时间曲线；(b) 电流-时间曲线

E　开路计时电位法

开路计时电位法是一种稳态电化学方法，常用于电沉积过程中金属间化合物的分析和相关热力学参数的计算。实验中，首先在一较高电位下经过一个短暂的阴极极化，使得阴极表面发生电沉积，然后测量电极电位随时间的变化关系，得到具有一系列平台的曲线。曲线中的平台对应两种金属间化合物的平衡。

2.1.2.5　合金样品分析和表征

根据电化学实验的研究结果，在相应的电极电位和阴极电流强度下进行恒电位电解或恒电流电解实验，得到合金样品，采用以下方法进行表征。

A　电感耦合等离子体发射光谱仪

合金样品采用美国热电公司生产的 IRIS Intrepid Ⅱ XSP 型电感耦合等离子体

发射光谱仪（Inductively Coupled Plasma Atomic Emission Spectrometer，ICP-AES）进行化学组分分析。

B X射线衍射分析

合金样品采用日本理学公司 TTR-ⅢB 型 X 射线衍射仪进行相组成分析（XRD）。测试时采用 CuKα 辐射，波长 0.15406nm，管电压 40kV，管电流 150mA，扫描角度为 5°~90°。对合金样品进行 XRD 测试前，样品要依次在 800 目、1200 目和 1500 目的砂纸上进行打磨，并在超声波清洗机中清洗以除去磨屑。

C 扫描电子显微镜

合金样品采用日本 JEOL 公司生产的 JSM-6480A 型扫描电子显微镜（Scanning Electron Microscope，SEM）进行显微组织及表面形貌观察，并结合能谱分析仪（Energy Dispersive Spectrometry，EDS）进行微区成分分析，为确定合金相组成提供依据。

对合金样品进行 SEM 和 EDS 分析前，样品要依次进行打磨、抛光和腐蚀实验。

2.2 Ce(Ⅲ) 在惰性电极上电化学行为研究

2.2.1 循环伏安曲线

图 2.7 所示为 833K 时，以钼丝为研究电极在 LiCl-KCl 熔盐体系中加入 1.25×10^{-4}mol/cm^3 $CeCl_3$前后的循环伏安曲线，扫描速度为 0.1V/s。虚线表示没有加入 $CeCl_3$的循环伏安曲线，从这条虚线清楚的观察到一对阴极还原峰 B 和阳极氧

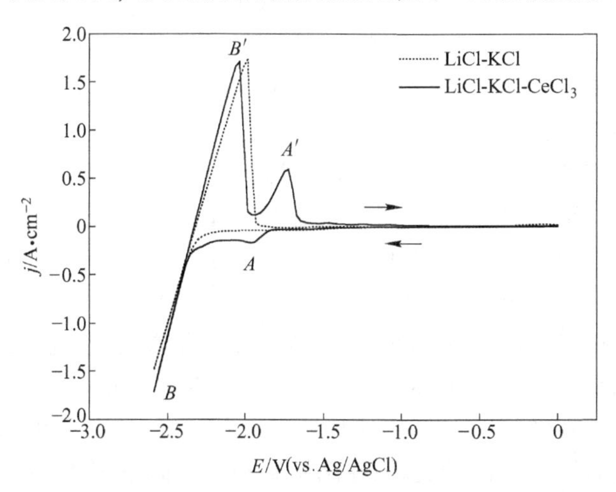

图 2.7 833K 时 $CeCl_3$($C_{Ce(Ⅲ)}=1.25\times10^{-4}$mol/cm^3) 在钼电极上（$S=0.966$cm^2）LiCl-KCl 熔盐体系中的循环伏安曲线（扫描速度 0.1V/s）

化峰 B'，这是液态锂在钼丝上的沉积和溶解。向熔盐中加入 $CeCl_3$ 后（如实线所示），在电位向负扫描的过程中，有两个明显的阴极过程，峰 A 和靠近阴极电压范围的峰 B（锂的沉积电位），阴极还原峰 A 的析出电位大约是-1.83V，峰电位大约是-1.95V。形成峰 A 的升势比较陡峭，降势相对平缓，表示有新相形成，即金属铈的形成。在电位向正扫描的过程中，可以看到两个明显的峰 A' 和 B'，形成峰 A' 的升势相对较缓，降势比较陡峭，是典型的溶解峰特征，即金属铈的溶解。从该循环伏安曲线上可知，Ce(Ⅲ) 离子在 LiCl-KCl 熔盐中的电化学还原过程是由一步电子转移完成的，这与何虎、Y. Castrillejo 等人研究的结果相一致，可表示为：

$$Ce(\text{Ⅲ}) + 3e \longleftrightarrow Ce \tag{2.1}$$

2.2.2　Ce(Ⅲ)/Ce(0) 电化学反应可逆性的判断

图 2.8 所示为温度 833K 时，钼丝做研究电极，在不同的扫描速率（10～800mV/s）下，LiCl-KCl-$CeCl_3$(1.25×10^{-4} mol/cm^3) 熔盐体系的循环伏安曲线（a 为扫速 10～80mV/s，b 为扫速 100～800mV/s）。该曲线记录了与图 2.7 中 A/A' 相一致的一系列伏安曲线，即金属铈的沉积和溶解。可以清晰看到阴极峰电流（I_{pc}）随扫描速率（v）的增加而逐渐增加，阴极峰电位（E_{pc}）随着扫描速率的增加而逐渐负移。

从图 2.8 可知，阴极峰电位与阳极峰电位的差值 ΔE_p（$\Delta E_p = |E_{pa}-E_{pc}|$）比该温度下三个电子转移的 $2.3RT/nF$（0.055V）值要大一些。当扫描速度在 10～80mV/s 范围时，ΔE_p 随着扫描速度增加从 96mV 增加到 110mV，而 $E_{1/2}$ 不随扫描速度增加为常数-1.898V±0.001V，如图 2.8（a）所示。因此，可以认为在 LiCl-KCl 熔盐体系中，$CeCl_3$ 还原到金属铈的过程是准可逆反应，标准电位 $E^{\ominus}$ 约为-1.898V($E^{\ominus} \approx E_{1/2}$)。当扫描速度在 100～800mV/s 范围时，ΔE_p 随着扫描速度增加明显向负电位移动，如图 2.8（b）所示，这是电子转移控制反应的特性。

图 2.9 所示为温度 833K 时，钼丝做研究电极，LiCl-KCl-$CeCl_3$($C_{Ce(\text{Ⅲ})} = 1.25\times10^{-4}$ mol/cm^3) 熔盐体系在不同扫描速度（10～800mV/s）下，阴极峰电流（I_{pc}）和阳极的峰电流（I_{pc}）与扫描速率的平方根（$v^{1/2}$）之间的关系曲线。从曲线上看到，阴极和阳极的峰电流与扫描速率的平方根分别在低扫速（10～80mV/s）和高扫速（100～800mV/s）两个范围内呈现两种线性关系。

图 2.10 所示为 LiCl-KCl-$CeCl_3$（$C_{Ce(\text{Ⅲ})} = 1.25\times10^{-4}$ mol/cm^3）熔盐体系在不同扫描速度（10～800mV/s）下，阴极峰值电位（E_{pc}）与阳极峰值电位（E_{pa}）与扫描速度的对数 lg$v$ 之间的关系。在图中看到，扫描速度从 10～80mV/s 的过程中，阴极峰值电位（E_{pc}）与阳极峰值电位（E_{pa}）没有明显的变化，扫描速度从 100～800mV/s 的过程中，阴极峰值电位（E_{pc}）与阳极峰值电位（E_{pa}）有明显

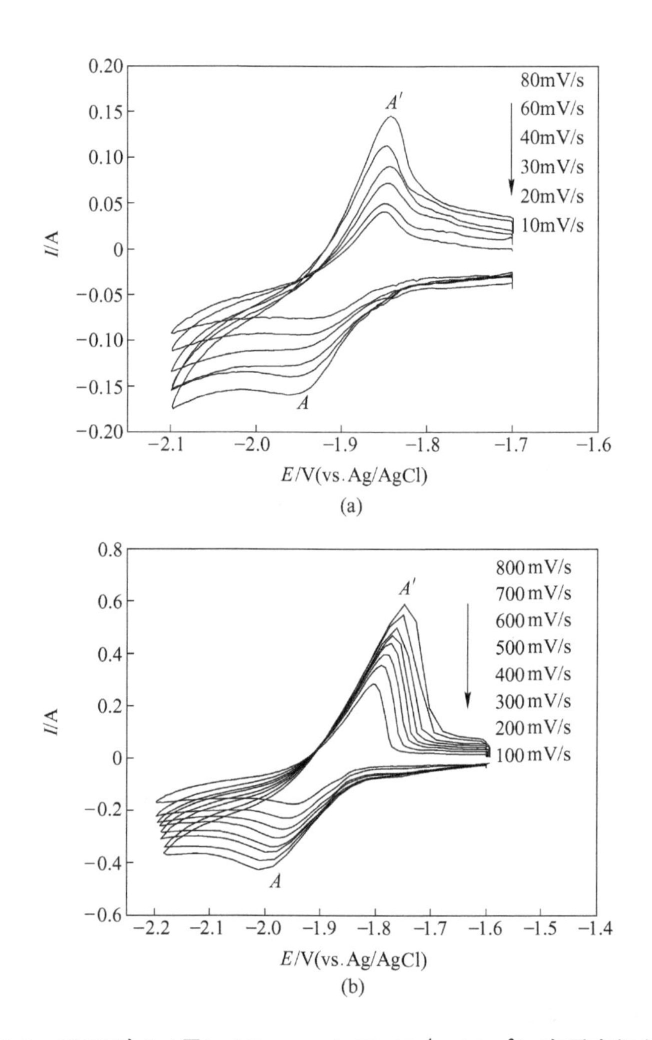

图 2.8 833K 时 Ce(Ⅲ)（$C_{Ce(Ⅲ)}=1.25\times10^{-4}mol/cm^3$）离子在钼电极（$S=0.966cm^2$）上 LiCl-KCl 熔盐中的不同扫速下的循环伏安曲线

（a）扫描速度 10~80mV/s；（b）扫描速度 100~800mV/s

的变化，并随着扫描速度的增大而偏移增大，表明其电化学反应的不可逆性逐渐增大。

根据循环伏安理论，结合图 2.8~图 2.10 可知，在低扫速范围时（10~80mV/s）电极反应为准可逆反应，符合 Nernstian 方程；在高扫速范围时（100~800mV/s）电极反应转为不可逆反应。这与 Pesic 等人的研究结果一致。该实验条件下相关的扫描速度、电流强度和峰电位数据列于表 2.3 中。

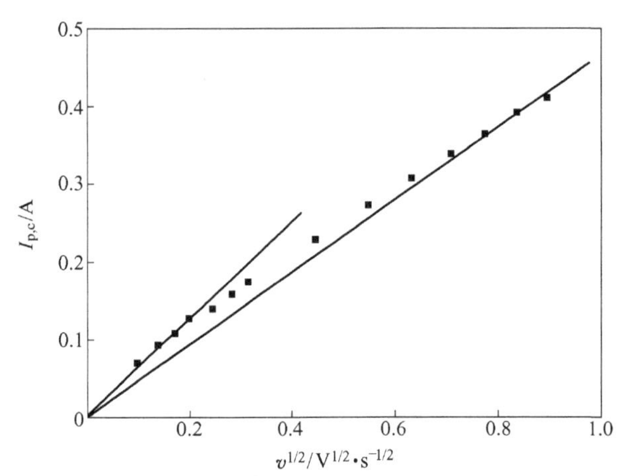

图 2.9　833K 时在 Mo 电极（S=0.966cm^2）上 LiCl-KCl-$CeCl_3$（$C_{Ce(Ⅲ)}$=1.25×10^{-4}mol/cm^3）熔盐体系中阴极峰值电流（I_{pc}）随扫描速度平方根（$v^{1/2}$）之间的关系曲线

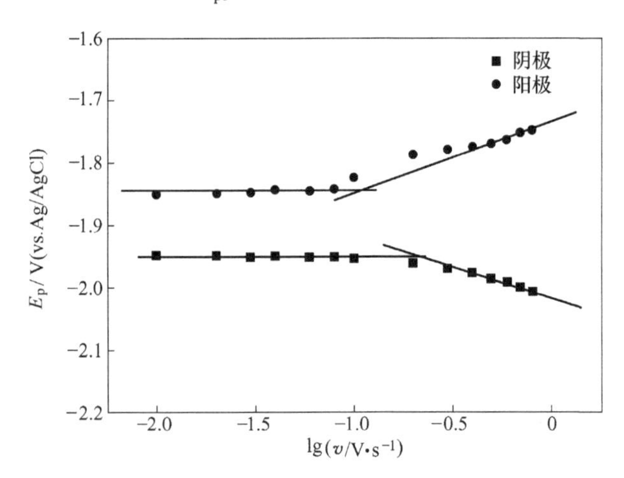

图 2.10　833K 时在钼电极上不同扫速下阴极峰值电位（E_{pc}）与阳极峰值电位（E_{pa}）与 lg$v$ 之间的关系

表 2.3　833K 循环伏安曲线数据表

v/V·s^{-1}	$v^{1/2}$/V$^{1/2}$·s$^{-1/2}$	lg$v$	E_{pc}/V	E_{pa}/V	I_{pc}/A	I_{pa}/A
0.01	0.100	−2.000	−1.948	−1.851	−0.075	0.039
0.02	0.141	−1.699	−1.948	−1.85	−0.093	0.051
0.03	0.173	−1.523	−1.951	−1.848	−0.108	0.073
0.04	0.200	−1.398	−1.950	−1.844	−0.127	0.09
0.06	0.245	−1.222	−1.951	−1.845	−0.139	0.113
0.08	0.283	−1.097	−1.952	−1.842	−0.158	0.145
0.10	0.316	−1.000	−1.804	−1.954	−0.174	0.286

续表 2.3

v/V·s^{-1}	$v^{1/2}$/V$^{1/2}$·s$^{-1/2}$	lg$v$	E_{pc}/V	E_{pa}/V	I_{pc}/A	I_{pa}/A
0.20	0.447	-0.699	-1.788	-1.960	-0.228	0.355
0.30	0.548	-0.523	-1.779	-1.969	-0.272	0.400
0.40	0.632	-0.398	-1.775	-1.976	-0.307	0.439
0.50	0.707	-0.301	-1.770	-1.985	-0.337	0.465
0.60	0.774	-0.222	-1.763	-1.991	-0.362	0.499
0.70	0.837	-0.155	-1.752	-2.000	-0.391	0.544
0.80	0.894	-0.097	-1.748	-2.006	-0.420	0.591

2.2.3 电子转移数的计算

与循环伏安相比，方波伏安法的特点是其信号的检出限低，可以检测微小的电化学信号，根据这种特性，SWV 常常被用于研究 CV 中表现不明显的电化学特征，以及研究电子转移过程。图 2.11 所示为 833K 时，在钼丝上 LiCl-KCl-$CeCl_3$ ($C_{Ce(Ⅲ)}$ = 1.25×10^{-4}mol/cm^3) 熔盐体系中的方波伏安曲线。得到了一个不对称的高斯形状的单峰，这可能是因为新相的形成会导致还原峰的变形，使带电流升高延迟。对于准可逆系统，在不对称峰的情况下，也可以用半峰宽来计算电子转移数。半峰宽 ($w_{1/2}$) 与电子转移数和温度有如下关系：

$$w_{1/2} = 3.52\frac{RT}{nF} \tag{2.2}$$

式中，F 是法拉第常数 (96485C/mol)；R 是气体常数；T 是试验温度 (K)。从图中可以计算出该还原峰的半峰宽为 0.0765V，由式 (2.2) 可以计算出 n = 3.08≈3。所以 Ce(Ⅲ) 离子一步得到3e 被还原为金属 Ce。这与前面的实验反应式 (2.1) 一致。

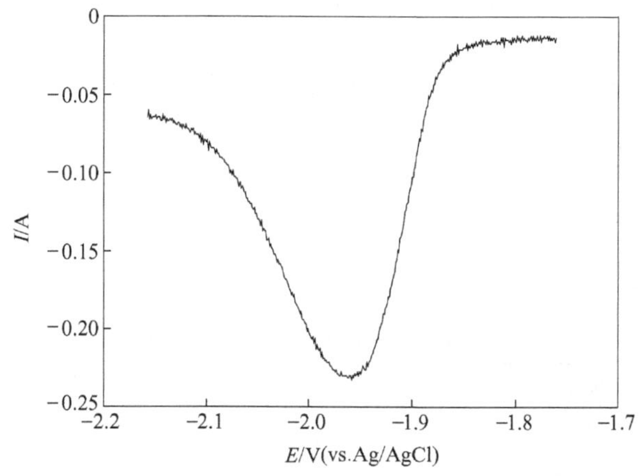

图 2.11 833K 时 $CeCl_3$ ($C_{Ce(Ⅲ)}$ = 1.25×10^{-4}mol/cm^3) 在钼电极上 LiCl-KCl 熔盐体系中的方波伏安曲线 (频率 20Hz)

2.2.4 扩散系数的计算

当溶液中存在着某一组分的浓度差，即在不同区域内某组分的浓度不同时，该组分将自发地从浓度高的区域向浓度低的区域移动，这种液相传质运动称为扩散。扩散系数表示反应粒子在扩散过程中物质传递的能力，是表征反应粒子扩散快慢的最重要参数。对于可逆反应，溶质扩散的快慢决定了电化学反应的速率；即使对于准可逆和不可逆体系，反应粒子扩散的快慢也是电化学反应的重要参数。因此，测定稀土离子在熔盐体系中的扩散系数对于电解过程参数的设定具有指导意义。

测定扩散系数的方法有循环伏安法，计时电流法，计时电位法，方波伏安法和卷积积分法。其中循环伏安法和方波伏安法的适用条件往往是可逆体系或不可逆体系；计时电流法和计时电位法适用条件是扩散控制的电化学反应，且无对流的影响；卷积积分法适用性较强，无论可逆，准可逆还是不可逆体系都可以采用。

当转移电子数一定时，对于准可逆可溶/不可溶体系，可以通过 Berzins-Delahay 方程计算 Ce(Ⅲ) 离子的扩散系数。

对于低扫速、可逆体系，可计算为：

$$I_P = 0.6105SC_0D^{1/2}v^{1/2}(nF)^{3/2}(RT)^{-1/2} \tag{2.3}$$

式中，S 是电极表面积（cm^2）；C_0是溶质摩尔浓度（mol/cm^3）；D 是溶质离子的扩散系数（cm^2/s）；v 是电位扫描速度（V/s）；n 是得失电子数；F 是法拉第常数（96500C/mol）；R 是摩尔气体常数；T 是热力学温度（K）。根据式(2.3)，扫描速度在 10~80mV/s 范围内的低扫速区间，扩散系数可以通过图 2.9 的斜率计算。

对于不可逆体系，可以将 Nernstian 方程的边界条件修正，可得到：

$$I_P = 0.496nFSC_0(\alpha n_\alpha FvD/RT)^{1/2} \tag{2.4}$$

式中，α 为电子转移系数；n_α为电子转移数目。扫描速度在 100~800mV/s 范围内的高扫速区间，不可逆反应的扩散系数也可以通过图 2.9 的斜率计算。αn_α可以计算为：

$$E_p - E_{p/2} = -1.857RT/\alpha n_\alpha F \tag{2.5}$$

式中，E_p是峰电位；$E_{p/2}$是半峰电位。表 2.4 列出了不同温度时测得的 αn_α数值。

表 2.4 不同温度时测得的 αn_α数值

温度/K	αn_α（800mV/s）
833	1.15
863	1.46
893	1.14
923	1.27

表2.5是根据式（2.3）和式（2.4）分别计算不同温度下Ce(Ⅲ)在LiCl-KCl熔盐体系中的扩散系数。

本实验计算的扩散系数D值与文献报道的D值比较接近，相关数据列于图2.12中。

表2.5 不同温度下Ce(Ⅲ)在LiCl-KCl熔盐体系中的扩散系数

温度/K	根据式（2.3）计算的$D/cm^2 \cdot s^{-1}$	根据式（2.4）计算的$D/cm^2 \cdot s^{-1}$
833	2.14×10^{-5}	3.86×10^{-5}
863	2.41×10^{-5}	4.15×10^{-5}
893	2.63×10^{-5}	5.32×10^{-5}
923	3.42×10^{-5}	5.96×10^{-5}

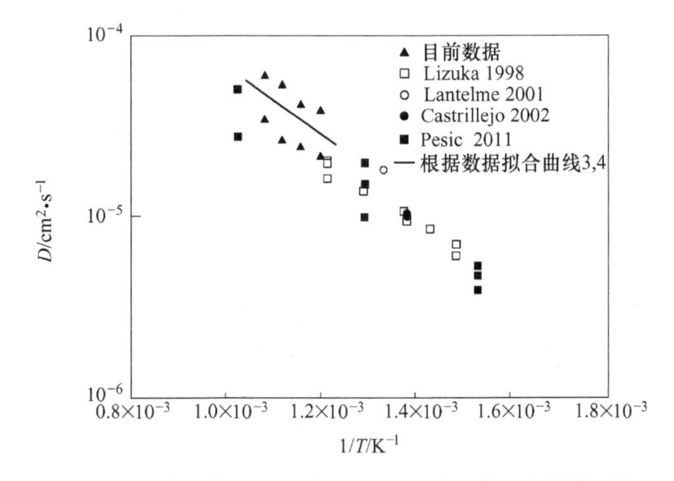

图2.12 不同温度下$CeCl_3$在LiCl-KCl熔盐体系中扩散系数

2.2.5 活化能的计算

扩散系数和温度之间的关系符合阿伦尼乌斯方程：

$$D = D_0\exp(-E_a/RT) \tag{2.6}$$

式中，D为扩散系数；D_0为指前因子，单位与D相同；E_a为扩散活化能；R为气体常数；T为绝对温标下的温度。

从阿伦尼乌斯方程可以看出，$\ln D$随T的变化率与活化能E_a成正比。因此活化能越高，温度升高时扩散速率增加得越快，速率对温度越敏感。

根据本实验结果D，将数据拟合，如图2.12所示。从图中可以看出扩散系数的对数$\lg D$和温度倒数$(1000/T)$之间呈良好的直线关系，由图2.12直线得到如下公式，即Ce(Ⅲ)在LiCl-KCl熔盐中的扩散系数与温度的关系：

$$\lg D_{Ce(Ⅲ)} = -2.49 - 1704/T \tag{2.7}$$

因此在 LiCl-KCl 熔盐体系中 Ce(Ⅲ) 扩散过程的扩散活化能为 $E_{a_{Ce(Ⅲ)}}=$ 32.6kJ/mol。这个数值比文献报道的35.8kJ/mol略小，这是由温度范围不同和拟合直线斜率误差引起的。

2.2.6 计时电位

采用计时电位技术进一步描述了 Ce(Ⅲ) 离子在 Mo 电极上的电化学还原过程，图2.13是在873K，LiCl-KCl-$CeCl_3$（$C_{Ce(Ⅲ)}=2.18\times10^{-4}mol/cm^3$）熔盐体系中，Mo电极上的计时电位曲线，图中的每一条曲线表示在某一阶跃电流时的恒电流暂态曲线。阶跃电流由-50mA逐渐增加至-170mA。当电流超过-50mA时出现了平台 A(-1.95V)，这与图2.7循环伏安曲线中 A 的峰电位（-1.95V）（Ce金属析出）相一致。此平台是Ce金属在Mo电极上开始沉积，随着电流的逐渐增大，平台处的电位迅速下降，平台 A 开始缩小。当电流增加至-140mA时形成平台 B，这与图2.7循环伏安曲线中 B 的析出电位（-2.34V）（Li金属析出）基本一致。此平台是Li金属在Mo电极上的沉积。当电流密度超过0.148A/cm^2并且恒流超过过渡时间时，Li和Ce共沉积。

当阴极电流密度增加时，过渡时间（τ）逐渐减少。取电流强度 I 对 $\tau^{-1/2}$ 作图（见图2.14）。由图可知，电流（I）和过渡时间（τ）呈现良好的线性关系，可以推断出 Ce(Ⅲ) 离子在该体系中的电化学还原是受扩散控制的。Ce(Ⅲ) 离子在 LiCl-KCl 熔盐中的扩散系数可以用 Sand 方程式（2.8）来计算：

$$I\tau^{1/2}=\frac{nFSC_0D^{1/2}\pi^{1/2}}{2} \tag{2.8}$$

其中，τ 是过渡时间，从计时电位曲线中测量得到；S，C_0 和 D 的含义和单位与式（2.3）中的相同。通过式（2.8）计算 Ce(Ⅲ) 离子扩散系数为 8.93×10^{-5} cm^2/s。

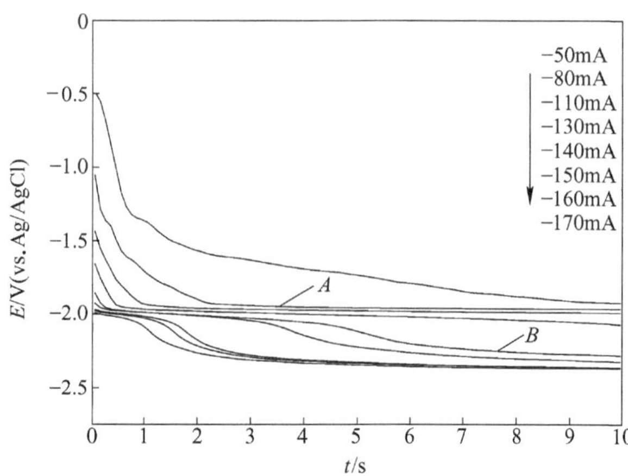

图2.13 873K 时 LiCl-KCl-$CeCl_3$ 熔盐体系在钼电极上不同电流强度下的计时电位曲线

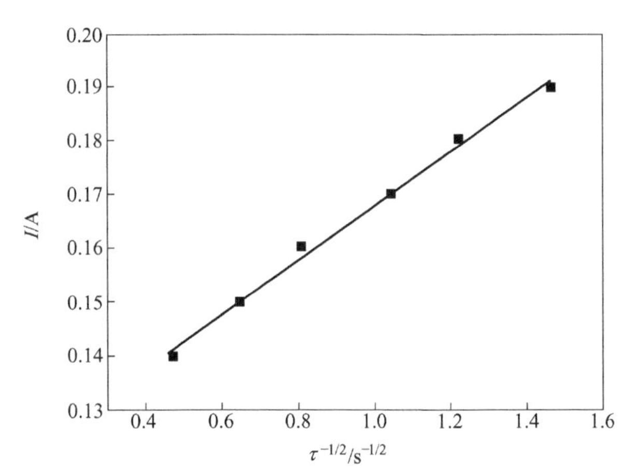

图 2.14　873K 时在 LiCl-KCl-$CeCl_3$（$C_{Ce(Ⅲ)}$ = 2.18×10^{-4}mol/cm^3）熔盐中 Ce(Ⅲ) 离子还原的电流强度 I 对 $\tau^{-1/2}$图

2.2.7　计时电流

图 2.15 是在 873K 时，LiCl-KCl-$CeCl_3$（$C_{Ce(Ⅲ)}$ = 2.18×10^{-4}mol/cm^3）熔盐体系中，Mo 电极上的计时电流曲线，图中的每条曲线表示在某一阶越电位下的恒电位暂态曲线。阴极电位由-1.8V 逐渐增加至-2.5V。在图中，可以看到-1.9V 和-2.0V 之间有个明显的阶跃 A，表明在这个阶跃上有电子转移，即 Ce(Ⅲ) 在此放电，变为铈金属。这个结论与图 2.7 中出现的还原峰 A(-1.95V) 得出的结论一致。在-2.4V 和-2.5V 之间有个明显的阶跃 B，表明这个阶跃是锂离子的放电并变为锂金属。

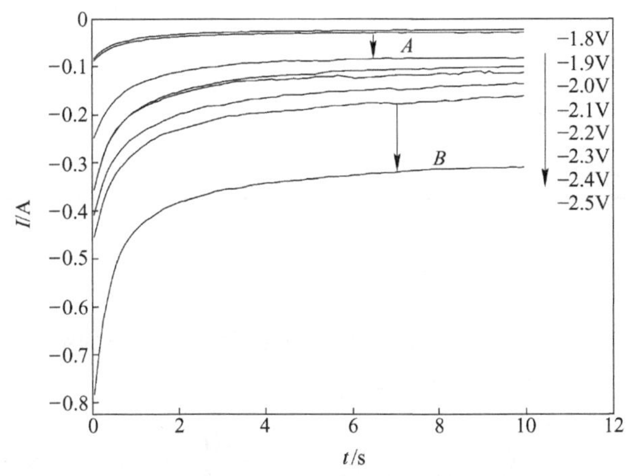

图 2.15　873K 在钼电极得到的 LiCl-KCl-$CeCl_3$（$C_{Ce(Ⅲ)}$ = 2.18×10^{-4}mol/cm^3）熔盐体系在不同电位下的计时电流图

图 2.16 是计时电流曲线（-2.00V）中电流 I 对 $t^{-1/2}$ 图。由图可见，电流随 $t^{-1/2}$ 衰减，I 对 $t^{-1/2}$ 作图可得一条线性良好的直线，因此 Ce(Ⅲ) 离子的还原受扩散控制。应用式（2.9）计算 Ce(Ⅲ) 离子的扩散系数得 $D_{Ce(Ⅲ)}=0.1\times10^{-5}$ cm^2/s。由循环伏安法、计时电位法、计时电流法计算的 Ce(Ⅲ) 离子在 KCl-LiCl 熔盐中的扩散系数列于表 2.6 中。

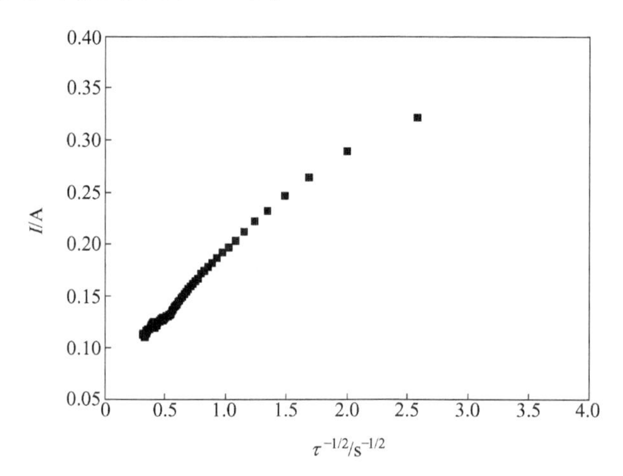

图 2.16　计时电流曲线（-2.00V）中的电流密度 I 对 $\tau^{-1/2}$ 图

对于平板电极反应，康奈尔方程可计为：

$$i=-\frac{nFAD^{1/2}C_0}{\pi^{1/2}t^{1/2}} \tag{2.9}$$

表 2.6　在 LiCl-KCl-$CeCl_3$熔盐中三种电化学方法测量得到的 Ce(Ⅲ) 的扩散系数

电化学方法	$D/cm^2\cdot s^{-1}$
循环伏安	2.14×10^{-5}或3.86×10^{-5}
计时电位	8.93×10^{-5}
计时电流	0.10×10^{-5}

2.2.8　表观标准电位

表观标准电位，又称形式电极电位，可以从 CV 曲线的峰电位计算得到。表观标准电位（$E^{\ominus *}_{Ce^{3+}/Ce^{\ominus}}$）可以定义成如下表达式：

$$E^{\ominus *}_{Ce^{3+}/Ce^{\ominus}}=E^{\ominus}_{Ce^{3+}/Ce^{\ominus}}+\frac{RT}{nF}\ln\gamma_{Ce^{3+}} \tag{2.10}$$

其中，$E^{\ominus}_{Ce^{3+}/Ce^{\ominus}}$ 是标准电极电位；$\gamma_{Ce^{3+}}$ 是活度系数（$\alpha_{Ce^{3+}}=\gamma_{Ce^{3+}}X_{Ce^{3+}}$，其中

$X_{Ce^{3+}}$ 是 Ce^{3+}在 LiCl-KCl 熔盐体系中的摩尔分数)。

对于可逆的可溶/不可溶体系或低扫速的循环伏安曲线，阴极峰电位 E_p 可以表示为：

$$E_p = E^{\ominus}_{Ce^{3+}/Ce^{\ominus}} + \frac{RT}{nF}\ln\left(\frac{\alpha_{Ce^{3+}}}{\alpha_{Ce^{\ominus}}}\right) - 0.854\frac{RT}{nF} \tag{2.11}$$

假设铈金属的活度为 1，代入式（2.10），式（2.11）可以写成：

$$E_p = E^{\ominus *}_{Ce^{3+}/Ce^{\ominus}} + \frac{RT}{nF}\ln(X_{Ce^{3+}}) - 0.854\frac{RT}{nF} \tag{2.12}$$

Matsuda 和 Ayabe 提出阴极峰电位 E_p 可以计算为：

$$E_p = E_{1/2} - 1.11\frac{RT}{nF} \tag{2.13}$$

式中，$E_{1/2}$是-1.898V；n 为转移电子数，根据本实验的图 2.8 和图 2.11 及式（2.2）和式（2.1）可知其值为 3。

根据 Yang 和 Hudson 的工作，本实验中参比电极（浓度为质量分数 1%或摩尔分数 0.0039 的 AgCl）的电位数值可以根据式（2.14）转化成 Cl^-/Cl_2 参比电极：

$$E_{AgCl} = -0.9716 - 3.499 \times 10^{-4}T \tag{2.14}$$

表 2.7 列出了根据上述公式计算得到的不同温度下的表观标准电位 $E^{\ominus *}_{Ce^{3+}/Ce^{\ominus}}$，电位随温度的变化符合线性关系：

$$E^{\ominus *}_{Ce^{3+}/Ce^{\ominus}} = -3.551 + 6.132 \times 10^{-4}T \tag{2.15}$$

2.2.9 吉布斯自由能变和活度系数

表观标准电位可以用于计算吉布斯自由能变。$CeCl_3$的吉布斯自由能变可以用如下化学反应表示：

$$Ce + 3/2Cl_2 \longrightarrow CeCl_3 \tag{2.16}$$

根据化学反应式（2.16），表观标准电位和吉布斯自由能变存在如下关系：

$$\Delta G^{\ominus *}_{CeCl_3(exp)} = -nFE^{\ominus *}_{Ce^{3+}/Ce^{\ominus}} \tag{2.17}$$

$\Delta G^{\ominus *}_{CeCl_3(exp)}$ 表示金属氯化物溶解在熔盐体系中的吉布斯自由能变（kJ/mol）。

同时，吉布斯自由能变与温度的关系可以表示为：

$$\Delta G^{\ominus *}_{CeCl_3(exp)} = \Delta H^{\ominus *}_{CeCl_3} - T\Delta S^{\ominus *}_{CeCl_3} \tag{2.18}$$

式中，$\Delta H^{\ominus *}_{CeCl_3}$ 为表观标准焓变值；$\Delta S^{\ominus *}_{CeCl_3}$ 为表观标准熵变值。

根据本文的表观标准电位值，$\Delta G^{\ominus *}_{CeCl_3(exp)}$ 与温度的关系可表示为：

$$\Delta G^{\ominus *}_{CeCl_3(exp)} = 1027.9 - 0.178T(K) \tag{2.19}$$

因此，$\Delta H^{\ominus *}_{CeCl_3}$ 和 $\Delta S^{\ominus *}_{CeCl_3}$ 分别为 1027.9kJ/mol 和 0.178kJ/mol。

当 $CeCl_3$溶解在熔盐体系中时，会产生溶剂化能，这其中包含生成络合离子需要的络合能。当将熔盐中 $CeCl_3$的吉布斯自由能变与晶体态的吉布斯自由能变做比较时可以计算得到 Ce(Ⅲ) 离子在 LiCl-KCl 熔盐中的活度系数。

当在 LiCl-KCl 等熔盐体系中，$CeCl_3$的活度系数 $\gamma_{Ce^{3+}}$，可以通过吉布斯自由能变（即本书中的 $\Delta G^{\ominus *}_{CeCl_3(exp)}$）和标准态下形成的吉布斯自由能变（$\Delta G^{\ominus}_{CeCl_3,\ sc}$，根据文献）之间的差异计算得到，具体计算方法可表示为：

$$RT\ln\gamma_{CeCl_3} = \Delta G^{\ominus *}_{CeCl_3} - \Delta G^{\ominus}_{CeCl_3,\ sc} \tag{2.20}$$

计算得到的 $\Delta G^{\ominus *}_{CeCl_3(exp)}$，$\Delta G^{\ominus}_{CeCl_3,\ sc}$ 和 γ_{CeCl_3} 数值列于表 2.7。通过表 2.7 可知本实验所得到的热力学和动力学数据与 Pesic 的数据比较接近。

活度系数与阳离子和阴离子的离子半径有关，也与温度有关。活度系数是阳离子与阴离子在熔盐体系中生成络合离子能力的表现。活度系数越小，表明阳离子与阴离子相互之间络合能力越强；反之亦然。络合能力强，生成的络合离子在熔盐体系中更稳定，反应活性变弱，不易被还原。在计算过程中，我们发现活度系数的大小受到晶体态热力学数据影响很大。不同版本的热力学数据存在一定差异，采用不同的热力学数据计算得到的活度系数差异很大。这也是文献中相同稀土离子的活度系数变化范围较大的直接原因。

表 2.7　在 LiCl-KCl 熔盐体系中表观标准电位、$CeCl_3$形成的吉布斯自由能和活度系数

T/K	$E^{\ominus *}_{Ce^{3+}/Ce^{\ominus}}$ /V(vs. Ag/AgCl)	$E^{\ominus *}_{Ce^{3+}/Ce^{\ominus}}$ /V(vs. Cl^-/Cl_2)	$\Delta G^{\ominus *}_{CeCl_3(exp)}$ /kJ · mol^{-1}	$\Delta G^{\ominus}_{CeCl_3,\ sc}$ /kJ · mol^{-1}	γ_{CeCl_3}
823		−3.046①	−881.9①		9.78×10^{-3}①
833	−1.777	−3.040	−879.9	−847.4	9.14×10^{-3}
863	−1.748	−3.022	−874.7	−840.5	8.50×10^{-3}
873		−3.017①	−873.3①		8.50×10^{-3}①
893	−1.719	−3.003	−869.2	−833.6	8.26×10^{-3}
923	−1.690	−2.985	−864.0	−826.7	7.78×10^{-3}
923		−2.987①	−864.7①		7.59×10^{-3}①

①Pesic 等实验值，参见参考文献。

2.2.10 标准反应速率

电极反应标准速率常数，用来描述电极的动力学特性。标准速率常数 $k^{\ominus}$，可以定义为电极电位为标准电极电位和反应粒子浓度为单位浓度时电极反应的绝对速度。标准速率常数可以理解为氧化还原电对对动力学难易程度的量度。对具有较大 $k^{\ominus}$值的体系，可以在较短的时间内达到平衡，也就是趋于可逆体系；对

于 $k^{\ominus}$值较小的体系，达到平衡很慢，甚至无法达到平衡，即不可逆体系。标准速率常数对于判断反应的可逆性至关重要。

尼克尔松给出了基于循环伏安曲线计算反应动力学参数的方法。电极过程的标准反应速率常数与循环伏安法的无量纲速率参数 ψ 有关，可表示为：

$$\psi = k^{\ominus} / [\pi D(nF/RT)v]^{1/2} \tag{2.21}$$

式中，参数 ψ 与电位峰值差（ΔE_p）有关；$k^{\ominus}$是电极反应速率常数，cm/s。

根据参考文献，在 298K 时 ΔE_p与 ψ 存在一定关系。在本实验的温度下，可以计算为：

$$\Delta E_p^{298} = \Delta E_p^{T} \times (298/T) \tag{2.22}$$

$$\Psi_T = \Psi_{298}\ (T/298)^{1/2} \tag{2.23}$$

联立式（2.21）~式（2.23），可以通过尼克尔松公式计算电子转移过程的标准反应速率常数，相关数据列于表 2.8 中。Ce(Ⅲ)/Ce(0) 氧化还原过程中的标准反应速率常数为（4.94~9.72）×10^{-3}cm/s，Kim 等人在 773K 通过线性扫描伏安测得标准反应速率常数为（7.5~8.4）×10^{-3}cm/s，二者数值比较接近。

表 2.8 尼克尔松公式在 833K 时通过循环伏安法测定还原铈的 $k^{\ominus}$

v/V · s^{-1}	ΔE_p^T /V	ΔE_p^{298} /V	Ψ_{298}	Ψ_T	$k^{\ominus}$/cm · s^{-1}
0.01	0.096	0.034	0.558	0.932	4.94×10^{-3}
0.08	0.110	0.039	0.388	0.648	9.72×10^{-3}

$k^{\ominus}$数值与电化学反应的可逆性参数（Λ）可表示为：

$$\Lambda = k^{\ominus}/(DnFv/RT)^{1/2} \tag{2.24}$$

可逆体系：$\Lambda>15$

准可逆体系：$15>\Lambda>10^{-2(1+\alpha)}$

不可逆体系：$10^{-2(1+\alpha)}>\Lambda$

在本实验中，电化学反应式（2.1）的扩散系数 D 为 2.14×10^{-5}cm^2/s，电化学反应的可逆性参数 Λ 可表示为：

$$\Lambda = 33.43k^{\ominus} / v^{1/2} \tag{2.25}$$

假设 α 为 0.5（α 是迁移系数），在反应速率 10~80mV/s 范围内，上述反应的反应速率常数 $k^{\ominus}$如下：

可逆体系：$k^{\ominus}>$（0.449~1.26）×10^{-1}

准可逆体系：（0.449~1.26）×10^{-1}>$k^{\ominus}$>(2.99~8.38)×10^{-6}

不可逆体系：（2.99~8.38）×10^{-6}>$k^{\ominus}$

基于上述分类，本实验条件下 $k^{\ominus}$为（4.94~9.72）×10^{-3} cm/s 在（0.449~1.26）×10^{-1}>$k^{\ominus}$>(2.99~8.38)×10^{-6}范围内，因此电化学反应式（2.1）视为准可逆反应。这一结果与循环伏安曲线分析一致。

2.3　Ce(Ⅲ) 在活性电极上的电化学行为研究

2.3.1　Ce(Ⅲ) 离子在 Al 电极上的电化学行为及沉积物表征

2.3.1.1　Ce(Ⅲ) 在 Al 电极上的去极化值的测定

在氯化物熔盐体系中，稀土金属在活性 Al 电极上析出发生比较明显的去极化作用，使得析出稀土金属比在惰性电极上容易得多，从而提高了电流效率，节省能源。循环伏安法是测定去极化值的方法之一，去极化值是 Ce(Ⅲ) 在 Al 电极上的阳极溶解峰电位和在 Mo 电极上的阳极溶解峰电位之差，即 $\Delta E=E_{pa}(Al)-E_{pa}(Mo)$。节约的能耗可以通过 $\Delta G=-nF\Delta E$ 来计算。表 2.9 给出了 Ce(Ⅲ) 在 Mo 电极上和 Al 电极上的特征数据。

表 2.9　Ce(Ⅲ) 在 Mo 电极上和 Al 电极上的特征数据（电位相对 Ag/AgCl）

温度/K	$E_{pa}(Mo)/V$	$E_{pa}(Al)/V$	$\Delta E_{pa}/V$	$\Delta G/kJ \cdot mol^{-1}$
773	−1.717	−1.102	0.615	−178.01
803	−1.685	−1.091	0.594	−171.94
833	−1.648	−1.077	0.571	−165.27
863	−1.616	−1.067	0.549	−158.91

由表 2.9 可见，Ce(Ⅲ) 在 LiCl-KCl 熔盐体系中 Al 电极上的去极化值随温度的增加而相应的降低。这是由于 Al 表面为生成的 Al-Ce 合金所覆盖，阻碍了进一步合金化作用。

2.3.1.2　循环伏安

图 2.17 所示为在 Mo 电极和 Al 电极上的 LiCl-KCl-$CeCl_3$熔盐体系得到的循环伏安曲线，扫描速率为 0.1V/s。在图中看到，以 Al 为研究电极的循环伏安曲线和以 Mo 丝为研究电极的循环伏安曲线有一定的不同。（1）代表 Mo 电极上的 LiCl−KCl−$CeCl_3$熔盐体系得到的循环伏安曲线，在曲线上观察到两对还原氧化峰，即 A/A'和 B/B'。其中 A/A'代表着金属 Ce 的沉积和氧化。另一对还原氧化峰代表金属 Li 的沉积和氧化。（2）代表 Al 电极上的 LiCl-KCl-$CeCl_3$熔盐体系得到的循环伏安曲线。在曲线上观察到有两对还原氧化峰，即 A_2/A_2'和 B_2/B_2'。A_2/A_2'是 Ce(Ⅲ) 离子在 Al 电极上的欠电位沉积，可以看出峰 A_2析出电位比 Ce(Ⅲ) 在钼电极上峰 A_1的析出电位更正，这是由于 Ce(Ⅲ) 在 Al 电极上的去极化作用形成了 Al-Ce 合金造成的。B_2/B_2'是 Li(Ⅰ) 离子在 Al 电极上的欠电位沉积，可以看

到峰 B_2 析出电位比 Li(Ⅰ) 离子在钼电极上峰 B_1 的析出电位更正，这是由于 Li(Ⅰ) 离子在 Al 电极上的去极化作用形成了 Al-Li 合金造成的。

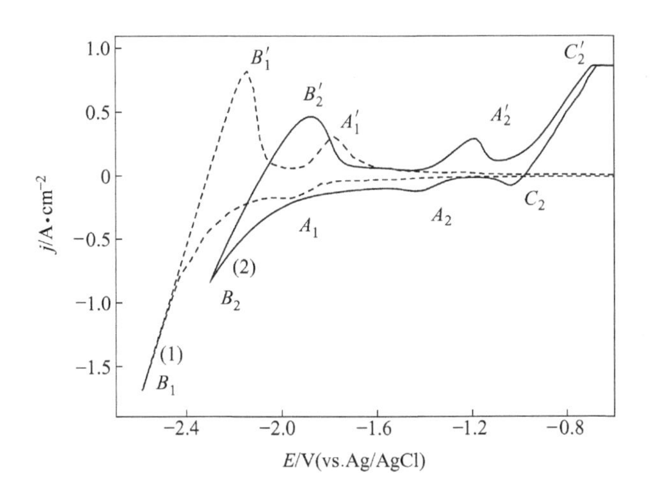

图 2.17 833K 在钼电极（0.944cm^2）和铝电极（S=2.3cm^2）上 LiCl-KCl-$CeCl_3$（$C_{Ce(Ⅲ)}$=0.96×10^{-4}mol/cm^3）熔盐体系得到的循环伏安曲线

2.3.1.3 开路计时电位

由 Al-Ce 二元合金相图（图 2.18）可知，Al-Ce 之间可以形成 Al_3Ce、Al_2Ce 等 5 种金属间化合物，为了进一步研究 Al-Ce 合金的形成机理，进行了开路计时电位实验。图 2.19 所示为 833K 时，在 Al 电极上 LiCl-KCl-$CeCl_3$ 熔盐体系中，在 -1.6V(vs. Ag/AgCl) 沉积 2min 后开路计时电位曲线。从图中可以看到，开路计时电位曲线上出现 5 个平台：（1）-2.1V；（2）-1.90V；（3）-1.29V；（4）-1.14V；（5）-1.0V(vs. Ag/AgCl)。平台（2）、（3）和（4）是 Al-Ce 合金的溶解过程，这是由于 Ce 在 Al 电极中的扩散形成了不同相的 Al-Ce 合金所造成的，平台（5）相当于 Al 电极的开路电位。

2.3.1.4 恒电位电解及沉积物表征

图 2.20 所示为 Al 电极在 LiCl-KCl-10（质量分数）$CeCl_3$ 熔盐体系 843K 时恒电位（E=-1.6V(vs. Ag/AgCl)）电解 2h 后的 XRD 图。从图中可以看出，除了发现比较强的 Al(PDF 65-2869) 的特征衍射峰外，还发现了 $AlCe_3$（PDF 65-1825）和 AlCe(PDF 29-0011) 的特征衍射峰。表明 Al 电极表面确实有金属间化合物 $AlCe_3$ 和 AlCe。在该电位下电解，金属铈没有被提纯，但形成了 Al-Ce 合金。这再次确定 Ce(Ⅲ) 可以欠电位沉积。根据 Al-Ce 合金相图，图 2.19

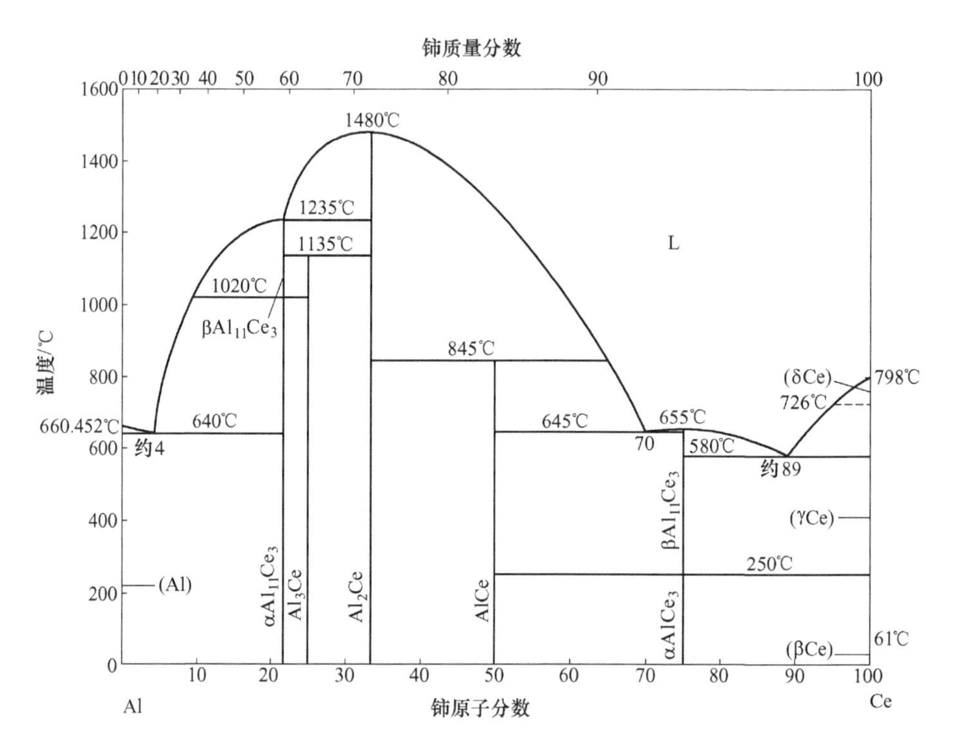

图 2.18　Al-Ce 二元合金相图

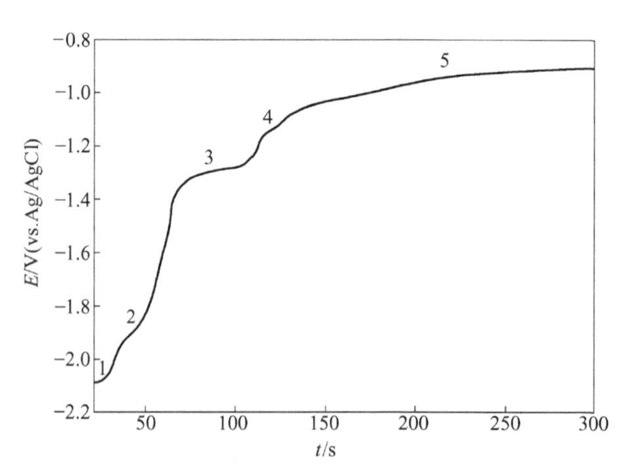

图 2.19　833K 时在 Al 电极上 LiCl-KCl-$CeCl_3$熔盐体系中
-2.20V 沉积 10s 后开路计时电位曲线

中平台（3）和（4）分别代表 $AlCe_3$和 AlCe 合金。

恒电位电解后的电极横截面的 SEM 照片如图 2.21 所示。在铝电极表面覆盖了一层均匀的 28mm 的镀层，如图 2.21（a）所示。图 2.21（b）~（f）是一张放大

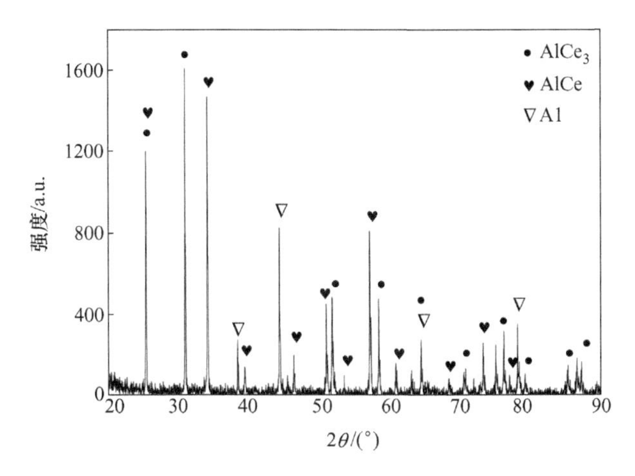

图 2.20 在 833K 恒电位（E=-1.6V（vs. Ag/AgCl））电解 2h 后 Al 电极的 XRD 图

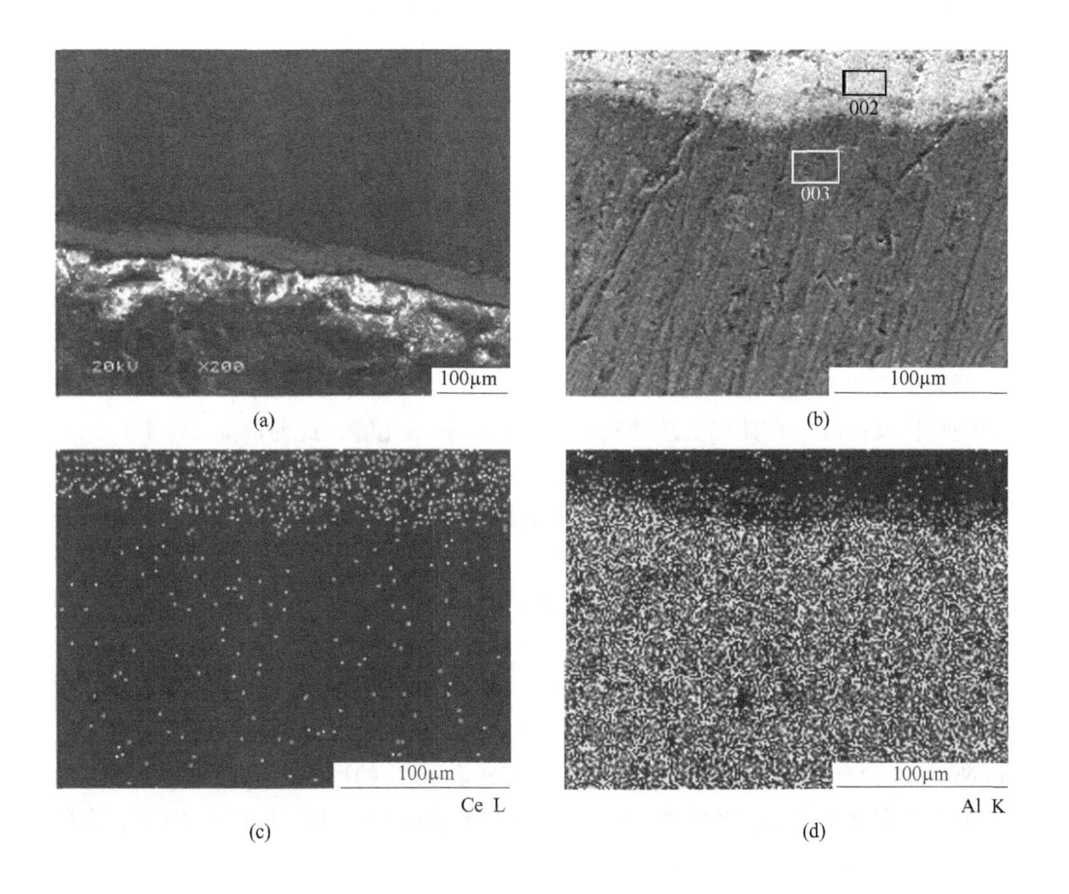

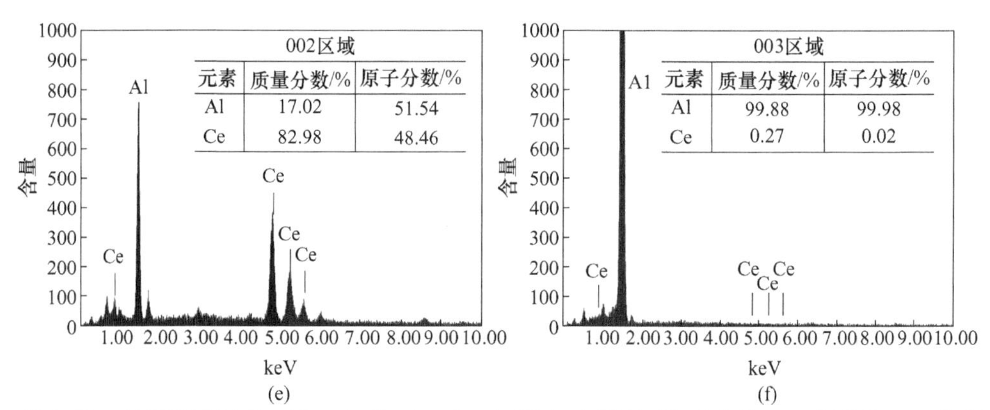

图 2.21 在 833K 恒电位（E=-1.6V（vs. Ag/AgCl））电解 2h 后 Al 电极 SEM 照片和 EDS 分析

的带有 EDS 面分析和 EDS 分析的 SEM 照片。从元素的面分析，可知元素铈主要分布在电极表面，但分布不均匀。从面 002（白色区域，表面层）和 003（黑色区域，铝电极基体）的 EDS 分析可知，沉积物主要包含铈和铝元素。因此，在-1.60V（vs. Ag/AgCl）恒电位电解后得到 $AlCe_x$ 合金。同时，EDS 结果表明镀层中铈元素（002 区域，82.98%，质量分数）的含量大于基体中铈元素含量（003 区域，0.27%，质量分数）。基于 Al-Ce 二元相图，铈作为表面的活性元素与金属铝反应生成了不同的金属间化合物。在固化过程中，铝铈化合物主要分布在铝电极的表面。

2.3.2 Ce(Ⅲ) 离子在 Ni 电极上的电化学行为

2.3.2.1 循环伏安

图 2.22 所示为 833K 时，在 Mo 电极和 Ni 电极上，LiCl-KCl 熔盐体系中得到的循环伏安曲线，扫描速度为 0.1V/s。虚线代表 LiCl-KCl 熔盐体系在 Mo 电极上的循环伏安曲线，在曲线上清楚观察到一对还原氧化峰，此对峰是 Li(Ⅰ) 的还原峰和氧化峰，析出电位为-2.29V（vs. Ag/AgCl）。实线代表 LiCl-KCl 熔盐体系在 Ni 电极上的循环伏安曲线，在曲线上只观察一对还原氧化峰，这对峰是 Li(Ⅰ) 的还原峰和氧化峰，析出电位为-2.21V。

图 2.23 所示为 833K 时，以 Ni 丝为研究电极，在 LiCl-KCl-$CeCl_3$熔盐体系中得到的循环伏安曲线，扫描速度为 0.1V/s。在曲线上，除了 Li 的一对还原氧化峰 E/E'外，还看到了四对还原氧化信号，分别是 A/A'、B/B'、C/C'和 D/D'。由 Ce-Ni 合金相图（图 2.24）上可以看到，Ce-Ni 之间可以形成 Ce_7Ni_3、CeNi、$CeNi_2$等六种金属间化合物。所以 A/A'、B/B'和 C/C'的形成是由于 Ce(Ⅲ) 与 Ni 丝形成金属间化合物。当在 Ni 丝上沉积了足够多的 Ce，此时便形成 D/D'，金属 Ce 的沉积和氧化峰。

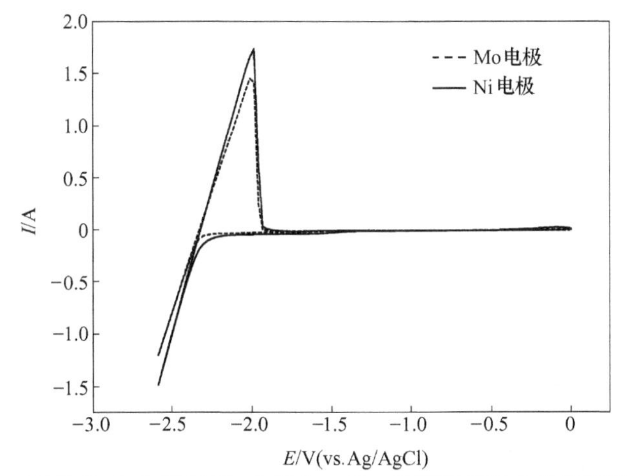

图 2.22　833K 在 Ni 电极和 Mo 电极上 LiCl-KCl 熔盐体系中的循环伏安曲线

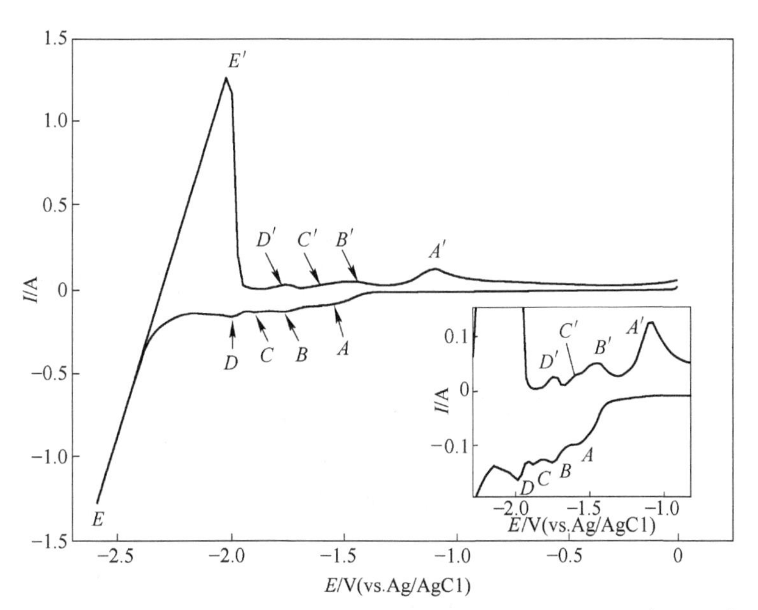

图 2.23　833K 在 Ni 电极上 LiCl-KCl-$CeCl_3$（$C_{Ce(Ⅲ)}=1.21\times10^{-4}$mol/cm³）熔盐体系的循环伏安曲线

2.3.2.2　计时电流

图 2.25 所示为 833K 时，以 Ni 丝为研究电极，LiCl-KCl-$CeCl_3$（$C_{Ce(Ⅲ)}=1.21\times10^{-4}$mol/cm³）熔盐体系中得到的计时电流曲线，图中的每条曲线表示在某一阶跃电位下的恒电位暂态曲线。阴极电位由−1.3V 逐渐增加至−2.0V。在图中可看到−1.4V 和−1.5V 之间有个阶跃 A，在−1.7V 和−1.8V 之间有个阶跃 B，在

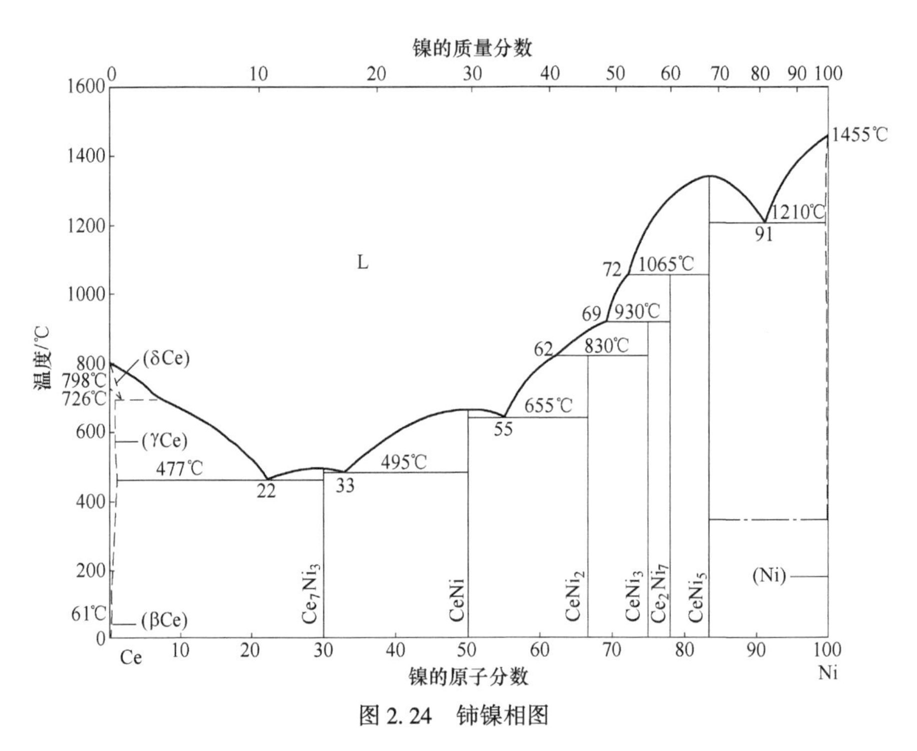

图 2.24　铈镍相图

-1.8V 和-1.9V 之间有个阶跃 *C*，在-1.9V 和-2.0V 之间有个阶跃 *B*。有阶跃的地方表明有电子转移，即 *A*、*B* 和 *C* 是 Ce-Ni 的金属间化合物的形成，*D* 是铈金属的沉积。

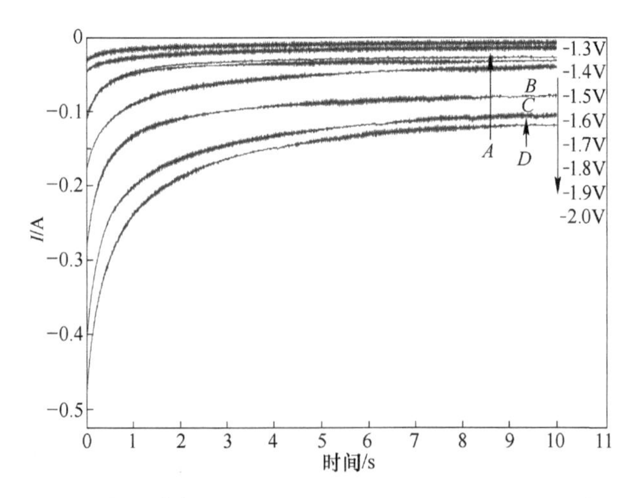

图 2.25　833K 在 Ni 电极上 LiCl-KCl-$CeCl_3$（$C_{Ce(Ⅲ)}$ = 1.21×10^{-4}mol/cm^3）熔盐体系中的计时电流曲线

2.3.2.3 计时电位

图2.26所示为833K时，以Ni丝为研究电极，在LiCl-KCl-$CeCl_3$（$C_{Ce(Ⅲ)}$=1.21×10^{-4}mol/cm^3）熔盐体系中得到的计时电位曲线。

图2.26中的每一条曲线表示在某一阶跃电流下的恒电流暂态曲线。阶跃电流由-25mA逐渐增加至-225mA。在图2.26中观察到5个平台：*A*（-1.40V）、*B*（-1.65V）、*C*（-1.81V）、*D*（-1.94V）和*E*（-2.23V）。平台*A*、*B*和*C*是Ce-Ni金属间化合物的形成，平台*D*是金属Ce的析出，平台*E*是Li的沉积。

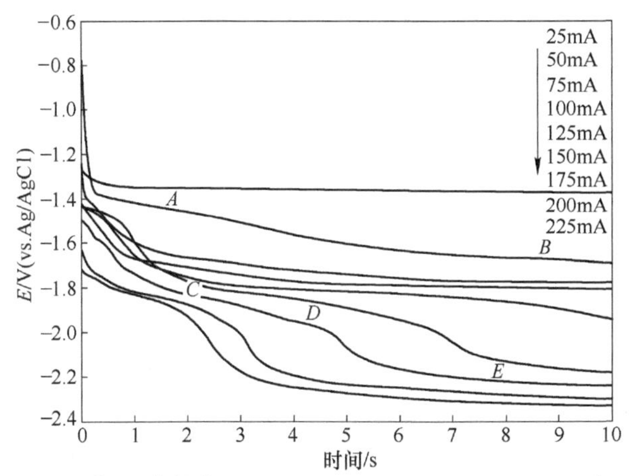

图2.26 833K在Ni电极上LiCl-KCl-$CeCl_3$（$C_{Ce(Ⅲ)}$=1.21×10^{-4}mol/cm^3）熔盐体系中的计时电位曲线

2.3.3 Ce(Ⅲ)离子在Mg电极上的电化学行为

2.3.3.1 循环伏安

图2.27所示为773K时以Mg为研究电极，在LiCl-KCl熔盐体系中加入质量分数为2.2%$CeCl_3$前后得到的循环伏安曲线，扫描速度是0.1V/s。

虚线代表没有加入$CeCl_3$的循环伏安法曲线，从图上只观察到一对还原氧化峰*A*和*A*′，这是由于镁离子在熔盐中的还原峰，峰电位为-1.77V。实线代表加入质量分数为2.2%$CeCl_3$的循环伏安曲线，在阴极扫描方向，观察到一个还原峰*B*，由于Mg(Ⅱ)和Ce(Ⅲ)的析出电位很相近，所以看到峰*B*和峰*A*融合在一起了，但是与虚线相比，峰*B*的高度和宽度远远大于峰*A*，又由Mg-Ce二元合金相图（图2.28）可知，Mg-Ce之间可以形成$Mg_{12}Ce$、$Mg_{41}Ce_3$等化合物，所以认为峰*B*是Mg(Ⅱ)的还原峰和Ce(Ⅲ)在镁电极上的欠电位沉积峰。在反方向扫描过程，观察到峰*B*′和*A*′分别是Mg-Ce合金的溶解峰和Mg的溶解峰。

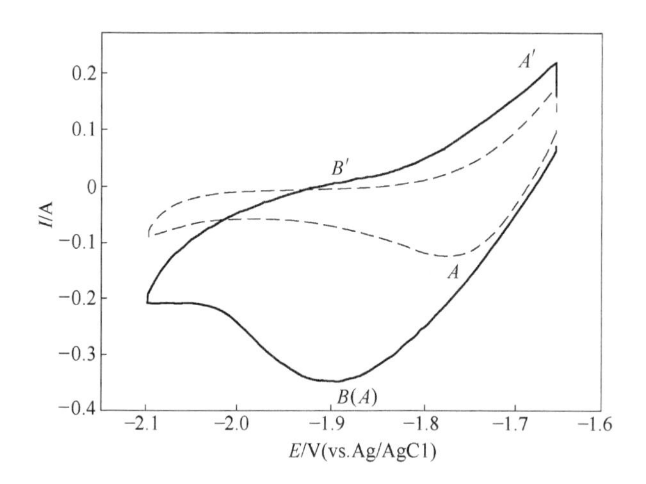

图 2.27　773K 时 Ce(Ⅲ) 在 Mg 电极上 LiCl-KCl 熔盐体系中得到的循环伏安曲线

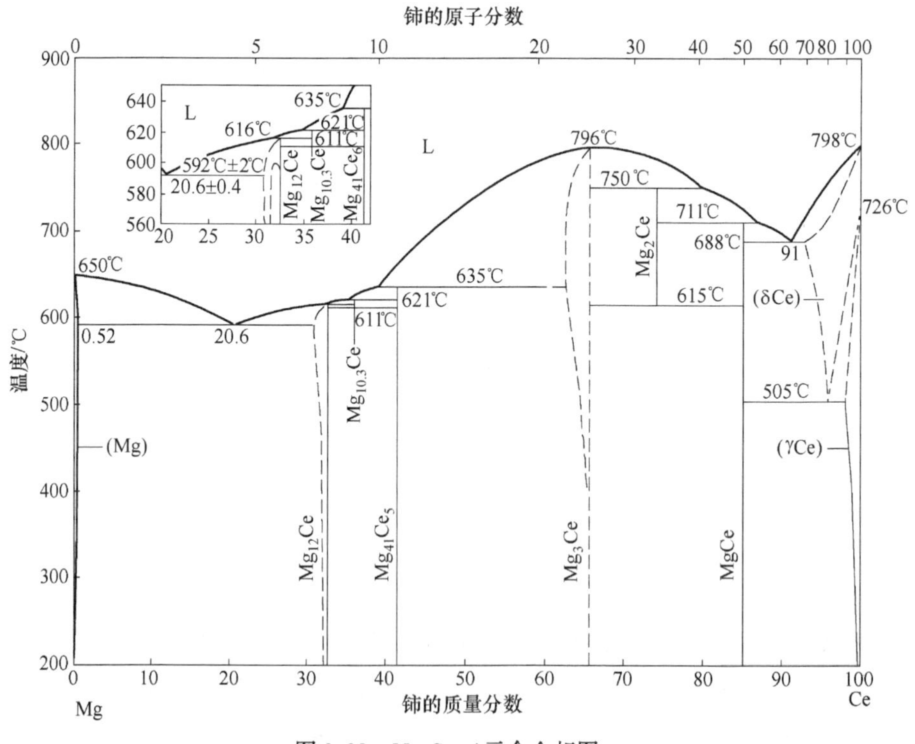

图 2.28　Mg-Ce 二元合金相图

为了进一步证明上述结论，在 LiCl-KCl 熔盐体系中加入不同质量的 $CeCl_3$，进行循环伏安曲线的测试。图 2.29 所示为 773K 时在镁电极上 LiCl-KCl 熔盐体系中，加入不同质量的 $CeCl_3$ 得到的循环伏安曲线，扫描速度是 50mV/s。(1) 是

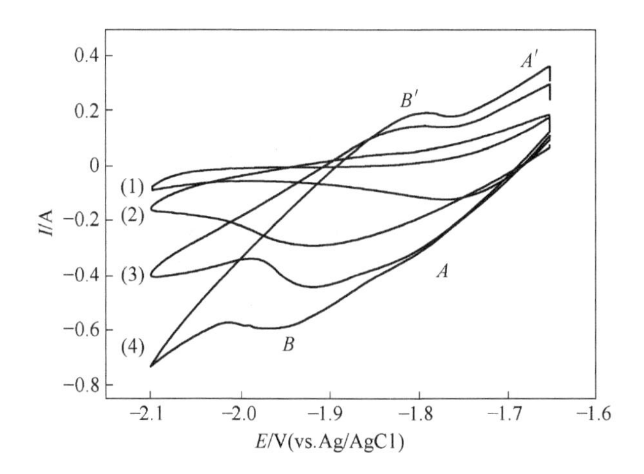

图 2.29 773K 时在 Mg 电极上 LiCl-KCl 熔盐体系中加入不同质量 $CeCl_3$ 得到的循环伏安曲线

没有加入 $CeCl_3$ 的循环伏安曲线；（2）是加入 2g $CeCl_3$ 的循环伏安曲线；（3）是加入 3g $CeCl_3$ 的循环伏安曲线；（4）是加入 4g $CeCl_3$ 的循环伏安曲线。在图中可以看到随着 Ce(Ⅲ) 浓度的逐渐增大，峰 *B/B′* 的高度和宽度越来越大，峰 *A* 和峰 *B* 也逐渐分开了。由此更加证明了峰 *B* 与 Ce(Ⅲ) 离子浓度有关，即 Ce(Ⅲ) 离子在镁电极上的欠电位沉积形成 Mg-Ce 合金。

为了更加细致的观察到 Ce(Ⅲ) 离子在镁电极上的还原过程，在扫描速度为 10mV/s 时，进行了循环伏安曲线的测试。图 2.30 所示为 773K 时，扫描速度为 10mV/s，Ce(Ⅲ) 在镁电极上 LiCl-KCl 熔盐体系中得到的循环伏安曲线。从图中看到了三对还原氧化峰，即 *A/A′*、*B/B′* 和 *C/C′*，分别对应 Mg、Mg-Ce 合金和金属 Ce 的还原氧化峰。

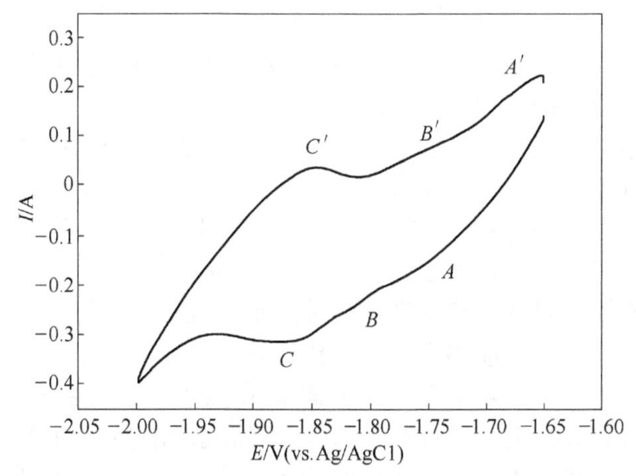

图 2.30 773K 时 Ce(Ⅲ) 在 Mg 电极上 LiCl-KCl 熔盐体系中 50mV/s 下得到的循环伏安曲线

2.3.3.2 开路计时电位

图2.31所示为773K时，LiCl-KCl-$CeCl_3$熔盐在Mg电极上恒电位-2.0V电解2min后的开路计时电位曲线。从图中可以看出，开路计时电位曲线上有三个电位平台，(*C*) -1.85V、(*B*) -1.74V和(*A*) -1.70V(vs. Ag/AgCl)。平台*C*是Ce(Ⅲ)/Ce的电位平台，自从Ce被沉积在Mg电极表面，Mg和Ce开始反应生成Mg-Ce合金。此平台为Ce和Mg-Ce合金两相共存平台。随着反应的进行，金属Ce逐渐减少，并向电极内部扩散，此时电极电位保持在一个恒定的值。当Ce反应完后电极电位迅速升高到达平台*B*，此时电极表面存在Mg-Ce合金和Mg两相。平台*A*相当于Mg电极的开路电位。

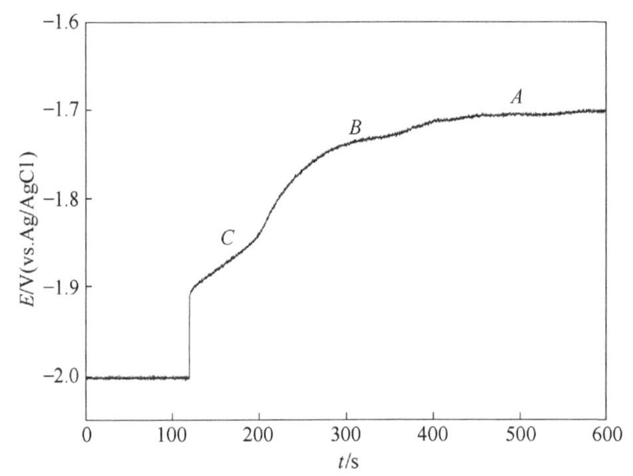

图2.31 773K时Mg电极上LiCl-KCl-$CeCl_3$熔盐体系中-2.0V沉积2min后开路计时电位曲线

2.4 LiCl-KCl-$MgCl_2$体系中熔盐电解$CeCl_3$提取铈

熔盐具有耐高温、耐辐照、低中子吸收截面以及对乏燃料溶解能力强的特点，是一种有竞争力的处理乏燃料的介质。乏燃料后处理技术非常复杂庞大，其中涉及熔盐电解法分离锕系元素和镧系元素的研究方向主要包括：(1) 锕系元素和镧系元素在熔盐体系中的电化学性质；(2) 锕系元素和镧系元素在惰性电极和活性电极上电沉积过程；(3) 不同活性金属介质对锕系元素和镧系元素的分离效率。前面已经详细讨论了稀土铈离子在LiCl-KCl熔盐中惰性和活性电极上电化学行为和电沉积过程。接下来主要讨论如何利用活性金属离子，采用共沉积法提取稀土铈元素，以期能够提供一种新的分离思路。

目前，熔盐电解法分离镧系元素和锕系元素的阴极主要采用活性金属电极。美国、日本和韩国设计的后处理流程都是采用液态镉作为活性阴极的。通过不断的改进，液态镉电极基本上完成了回收锕系元素的任务，但仍然存在以下问题：(1) 铀在液态镉上沉积过程易生成枝晶，容易脱落，造成回收率低；(2) 液态镉对锕系元素和镧系元素的选择性不好，造成分离系数不高；（3）液态镉阴极操作麻烦，不易从熔盐中分离取出。针对上述问题，人们一直在寻找更合适的活性阴极。除了固态金属铝和液态镉，其他的活泼金属也可以作为阴极用来提取锕系元素和稀土元素。相应地，也可以采用其他的活泼金属离子，通过共沉积的方法实现这一目的。

Mg(Ⅱ）离子是一种具有潜力的共沉积离子。首先，Mg(Ⅱ）离子的还原电位介于 RE(Ⅲ）和 An(Ⅲ）离子之间，易于实现共沉积；其次，稀土元素以及超铀元素在镁金属中溶解度大，易形成合金，且合金的熔点较低；此外氯化镁挥发性小，与其他氯化物盐相溶性好，熔盐体系稳定。

基于上述想法，本章提出基于 LiCl-KCl-$MgCl_2$熔盐体系，研究共沉积法提取和分离稀土铈元素。近年来，本课题组报道了大量关于熔盐电解法制备镁合金的研究工作，如共沉积法制备 Mg-Li-Y 合金及电化学形成过程；共沉积法制备 Mg-Li-Sm 合金的电解工艺及电化学形成过程；共沉积法制备 Mg-Li-Ce-La 合金及其电化学形成过程。在此工作基础上，作者开展了熔盐电解法制备 Mg-Ce 和 Mg-Li-Ce 合金的研究。考察了不同电流对合金中 Ce 和 Li 的影响。研究了在 LiCl-KCl-$MgCl_2$熔盐体系中加入 $CeCl_3$对 Mg(Ⅱ）和 Li(Ⅰ）的电还原过程的影响。最后采用 XRD、ICP、SEM 和 EDS 对合金产品进行微观结构和组成分析。

2.4.1 共沉积过程的电化学行为

2.4.1.1 循环伏安

图 2.32 所示为 873K 时在 Mo 电极上 LiCl-KCl-1.0%$MgCl_2$熔盐体系的循环伏安曲线，扫描速度为 0.1V/s。从图中看到两对氧化还原峰 *A/A'* 和 *D/D'*，在 −1.71V (vs. Ag/AgCl) 处电流开始增加，出现了一个还原峰 *A*，这个峰是 Mg(Ⅱ) 的还原峰，相对应的 *A'* 是 Mg 的氧化峰。*B/B'* 是 Li(Ⅰ) 的还原峰/氧化峰。

图 2.33 所示为 873K 时，在 Mo 电极上 LiCl-KCl-2.2%$CeCl_3$熔盐体系中加入质量分数 1.0%$MgCl_2$得到的循环伏安曲线，扫描速度为 0.1V/s。虚线代表 LiCl-KCl-2.2%$CeCl_3$体系的循环伏安曲线，从图中看到两对氧化还原峰 *C/C'* 和 *D/D'*，分别是 Ce(Ⅲ）的还原峰/氧化峰和 Li(Ⅰ）的还原峰/氧化峰。实线代表 LiCl-KCl-$CeCl_3$-$MgCl_2$体系的循环伏安曲线，与虚线相比，实线多了两对氧化还原峰 *A/A'* 和 *B/B'*，*A/A'* 是 Mg(Ⅱ）的还原峰和氧化峰，由以上分析可知，*B/B'* 是 Mg-Ce 合金的还原峰和氧化峰。

为了进一步观察到 Mg-Ce 合金的形成过程，在 LiCl-KCl-$MgCl_2$体系中加入不同质量的 $CeCl_3$，在小扫速范围限制下进行了循环伏安测试。图 2.34 所示为 873K 在 Mo 电极上 LiCl-KCl-0.33%$MgCl_2$熔盐体系中加入不同量的 $CeCl_3$的循环伏安曲线。曲线（1）是 LiCl-KCl-0.33%$MgCl_2$熔盐体系中加 3.3%$CeCl_3$的循环伏安

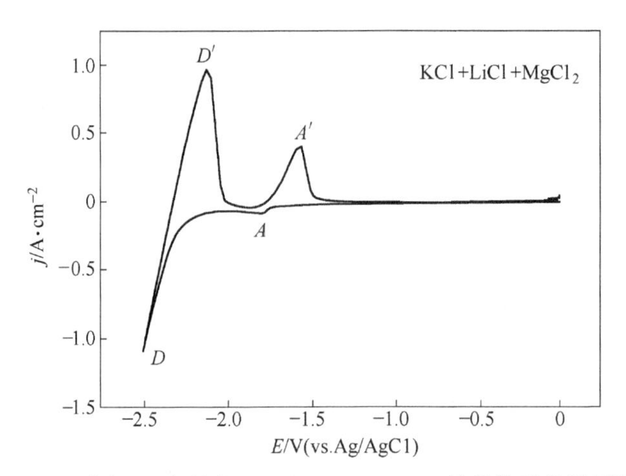

图 2.32　873K 时在 Mo 电极上 LiCl-KCl-1.0%$MgCl_2$熔盐体系的循环伏安曲线

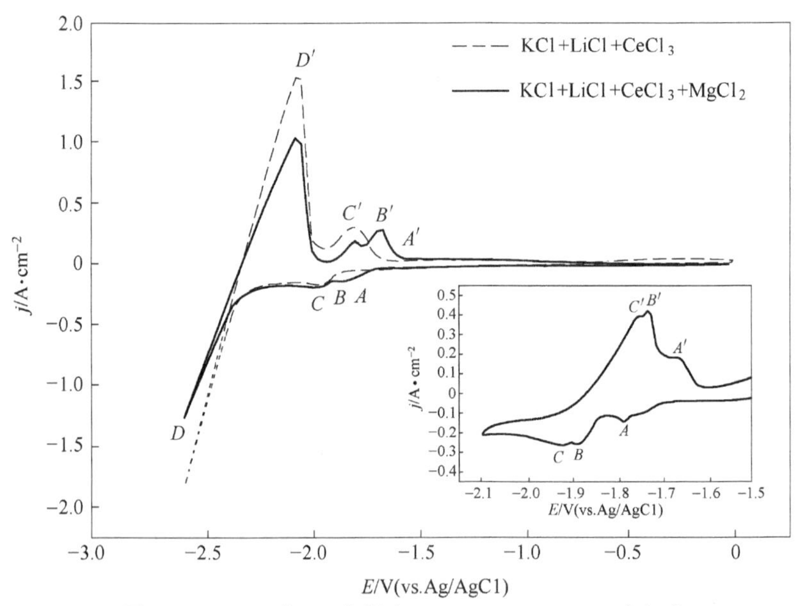

图 2.33　873K 在 Mo 电极上 LiCl-KCl-2.2%$CeCl_3$中加入

质量分数 1.0%$MgCl_2$前后的循环伏安曲线

曲线，从图中看到三个还原信号，*C*、*B* 和 *A*。由上述分析可知 *A* 是 Mg(Ⅱ) 的还原信号，*B* 是 Mg-Ce 合金的沉积信号，*C* 是 Ce(Ⅲ) 的还原信号。相应的得到了三个氧化信号 *C′*、*B′*和 *A′*。依次对应的是 Ce 的氧化信号，Mg-Ce 合金的溶解信号，Mg 的氧化信号。曲线（2）是 LiCl-KCl-$MgCl_2$ 熔盐体系中加质量分数 4.4%$CeCl_3$的循环伏安曲线，图中也得到了与曲线（1）相一致的电化学信号。但是与曲线（1）相比，从曲线（2）中看到，随着 Ce(Ⅲ) 浓度的逐渐增大，峰 *C*、*B* 和 *A* 的高度和宽度都变大，证明了上述结论。

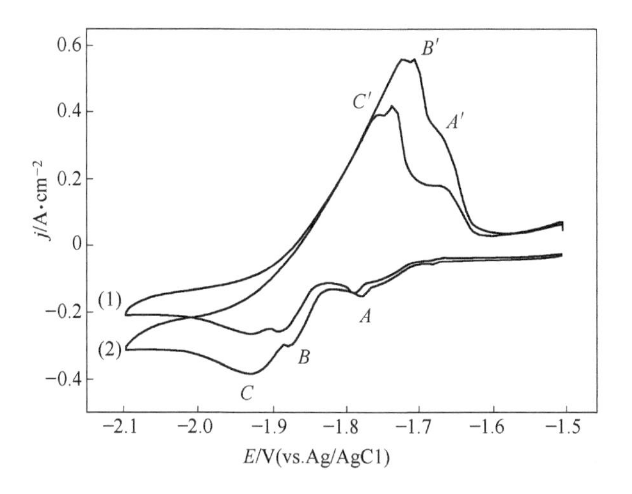

图 2.34 873K 在钼电极上 LiCl-KCl-0.33%$MgCl_2$熔盐体系中加入不同质量的 $CeCl_3$前后的循环伏安曲线

2.4.1.2 方波伏安

图 2.35 所示为 873K 时，在 Mo 电极上 LiCl-KCl-$MgCl_2$-$CeCl_3$熔盐体系的方波伏安曲线，频率为 25Hz。在图中观察到了 3 个还原电流 *A*、*B*、*C*，*C* 是 Ce(Ⅲ)的还原，*B* 是 Mg-Ce 合金的沉积，*A* 是金属 Mg 的沉积。方波伏安曲线上观察到的出峰电位与循环伏安曲线基本一致。

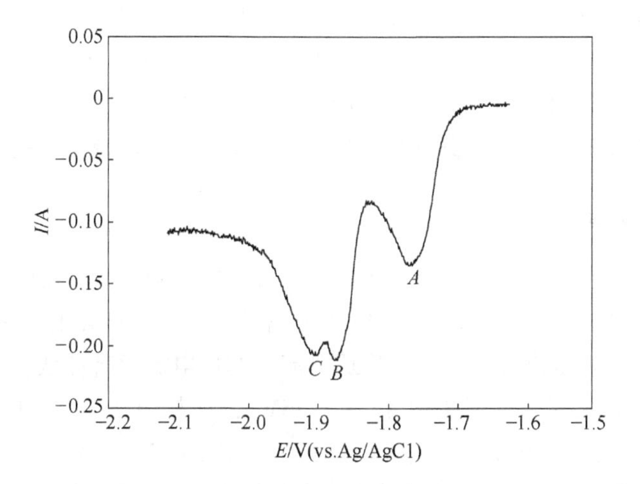

图 2.35 873K 在钼电极得到的 LiCl-KCl-$CeCl_3$-$MgCl_2$熔盐体系的方波伏安曲线

2.4.1.3　计时电流

为了进一步研究 LiCl-KCl-$MgCl_2$-$CeCl_3$体系的电化学行为，在上述体系中采用了计时电流技术。图 2.36 所示为 873K 时，在钼电极上 LiCl-KCl-$MgCl_2$-$CeCl_3$熔盐体系的不同电位下的计时电流曲线，阴极电位由 -1.60V 逐渐增加至 -2.40V。

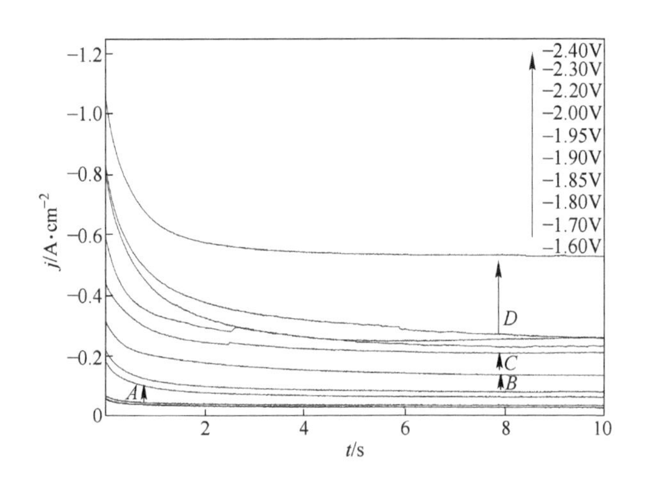

图 2.36　873K Mo 电极上 LiCl-KCl-3.3%$CeCl_3$-1.0%$MgCl_2$ 熔盐体系中的计时电流曲线

在图 2.36 中可看到-2.40V 和-2.30V 之间有个明显的阶跃 *D*，是 Li 的沉积。在-1.90V 和-1.95V 之间有个明显的阶跃 *C*，是 Ce(Ⅲ) 在此放电，变为 Ce 金属。在-1.85V 和-1.90V 之间有个阶跃 *B*，是 Mg-Ce 的沉积。在-1.70V 和-1.80V之间有个阶跃 *A*，是金属 Mg 的沉积。这与以上实验结果相一致。

2.4.1.4　计时电位

采用计时电位技术进一步研究了 Mg-Li-Ce 合金的电化学沉积条件。图 2.37 所示为在 873K 时，LiCl-KCl-$MgCl_2$-$CeCl_3$熔盐体系中，Mo 电极上的计时电位曲线，图中的每一条曲线表示在某一阶跃电流下的恒电流暂态曲线。

当电流-40mA 时出现了平台 *A*（-1.75V），这与图 2.34 中 *A* 的峰电位相一致，是 Mg 金属在 Mo 电极上开始沉积；平台 *B* 是 Mg-Ce 合金开始在 Mo 电极上沉积。当电流达到-120mA 时出现平台 *C*，与图 2.34 中的峰 *C* 相一致，是 Ce 在 Mo 电极上开始沉积。当电流达到-180mA 时出现平台 *D*，与图 2.36 中的峰 *D* 相一致，是 Li 金属在 Mo 电极上开始沉积。当电流密度超过-180mA 并且恒流超过过渡时间时，Mg、Li 和 Ce 共沉积。

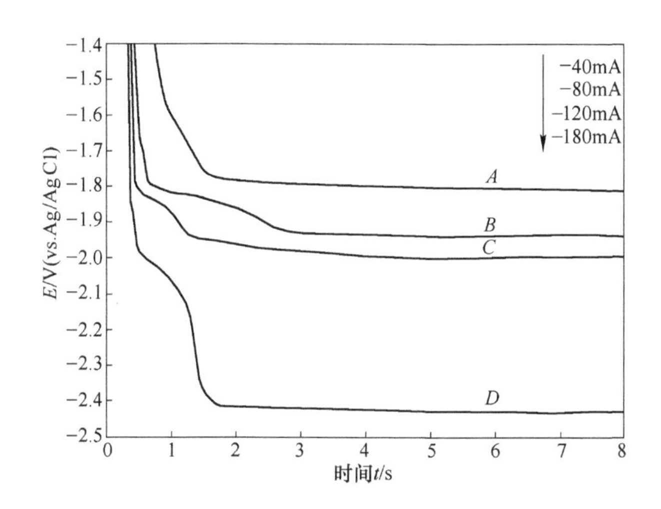

图 2.37 873K 时在 Mo 电极（0.322cm^2）上 LiCl-KCl-$CeCl_3$-$MgCl_2$ 熔盐体系中的计时电位曲线

2.4.1.5 开路计时电位

图 2.38 所示为 873K 时，LiCl-KCl-$CeCl_3$-$MgCl_2$熔盐在 Mo 电极（0.322cm^2）上恒电位电解 10s 后的开路计时电位曲线。

从图 2.38（a）中可以看出，开路计时电位曲线上有 4 个电位平台，（*D*）-2.38V、（*C*）-1.93V、（*A*）-1.77V 和（*E*）-0.20V(vs. Ag/AgCl)。平台 *D*、*C* 和 *A* 分别对应于金属 Li、Ce 和 Mg 的沉积电位，*E* 是 Mo 电极的残余电位。Mg-Ce 合金的电位平台并没有观察到。从循环伏安曲线可知，金属 Ce 和 Mg-Ce 合金沉积电位的数值比较接近，故没有观察到。为了确定 Mg-Ce 合金的沉积电位平台，在-2.0V 恒电位电解 10s 后，记录开路计时电位曲线，如图 2.38（b）所示。其中，三个平台 *C*、*B* 和 *A* 分别对应着金属 Ce、合金 Mg-Ce、金属 Mg 的电位值。平台 *C* 和 *A* 的数值在图 2.38（a）和（b）中一致。首先金属 Mg 沉积在 Mo 电极上，然后活性物质 Ce 沉积 Mg 电极表面，Mg 和 Ce 开始反应生成 Mg-Ce 合金。随着反应的进行，金属 Ce 逐渐减少，并向电极内部扩散，此时电极电位保持在一个恒定的值。当 Ce 反应完后电极电位迅速升高到达平台 *C*，此时电极表面存在 Mg-Ce 合金和 Ce 两相。

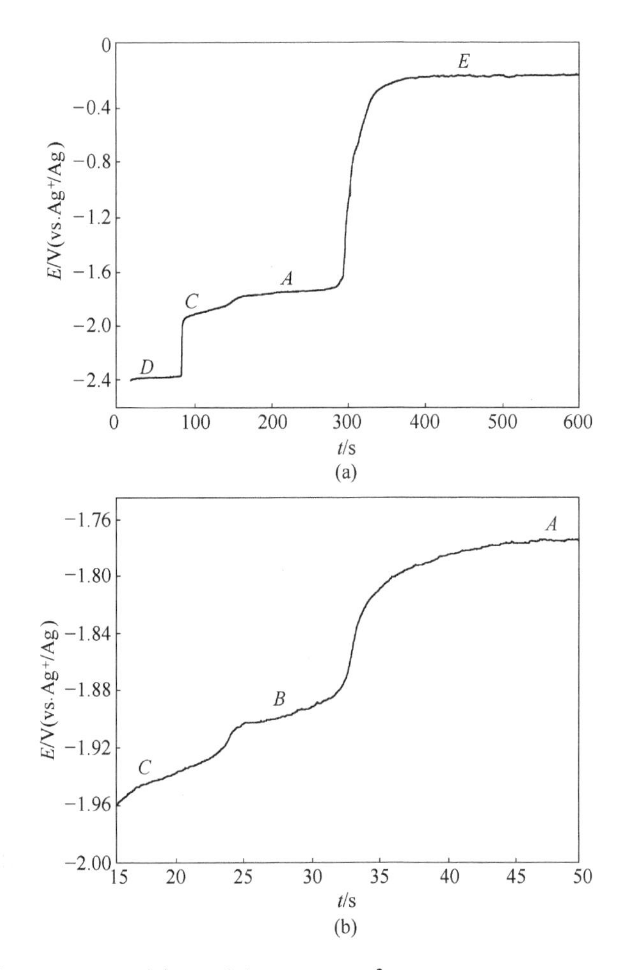

图 2.38　873K 时在 Mo 电极（0.322cm^2）上 LiCl-KCl-$CeCl_3$-$MgCl_2$ 熔盐体系中的恒电位电解 10s 后开路曲线

(a) −2.60V；(b) −2.00V

2.4.2　恒电位电解及沉积物表征

2.4.2.1　XRD 图谱分析

由前面的循环伏安和计时电流的实验结果可知，当阴极电位达到−2.4V 或者更负，便可以实现 Mg(Ⅱ)、Ce(Ⅲ) 和 Li(Ⅰ) 离子同时被还原制备 Mg-Li-Ce 合金。在这里，为证明循环伏安中的 Mg-Ce 金属间化合物，在 LiCl-KCl-5% $CeCl_3$-8%$MgCl_2$熔盐体系中在−1.9V 下恒电位电解。图 2.39 所示为 873K 时，在 Mo 电极上恒电位（E=−1.9V(vs. Ag/AgCl)）电解 2h 后得到合金（86.42%Mg～

13.58%Ce) 的 XRD 图。在图中可以看出，除了发现比较强的 Mg 的特征衍射峰外，还发现了 $Mg_{12}Ce$ 和 $Mg_{17}Ce_2$ 的特征衍射峰。这与以上实验结果相一致，得到了 Mg-Ce 金属间化合物。

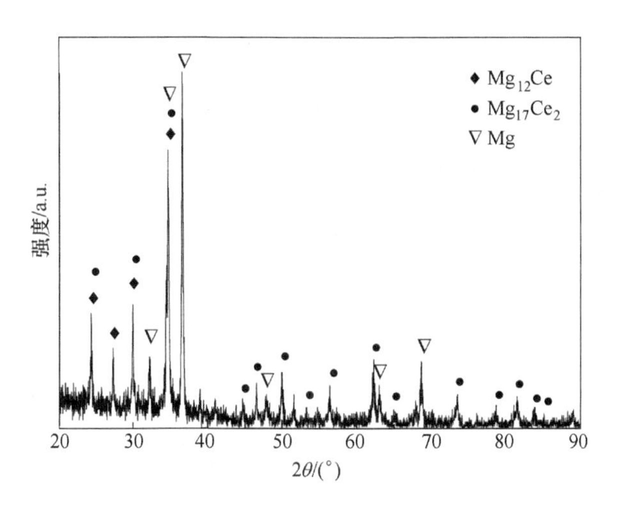

图 2.39 873K 在 Mo 电极上恒电位（E=-1.9V(vs. Ag/AgCl)）电解 2h 后得到合金的 XRD 图

2.4.2.2 SEM 显微结构分析

图 2.40 所示为上述合金的 SEM、面扫描和 EDS 图。由图可知，合金中含有许多网络状的沉淀物，结合 Ce 元素的面扫描结果可知，元素 Ce 是以 $Mg_{12}Ce$ 和 $Mg_{17}Ce_2$ 金属间化合物的形式分布在这些网状的沉淀物中。为了进一步考察金属 Ce 的分布，选取 001 点和 002 点做 EDS 能谱分析，由实验结果可知，001 点含有 1.04%Ce，而 002 点含有 19.96%Ce。

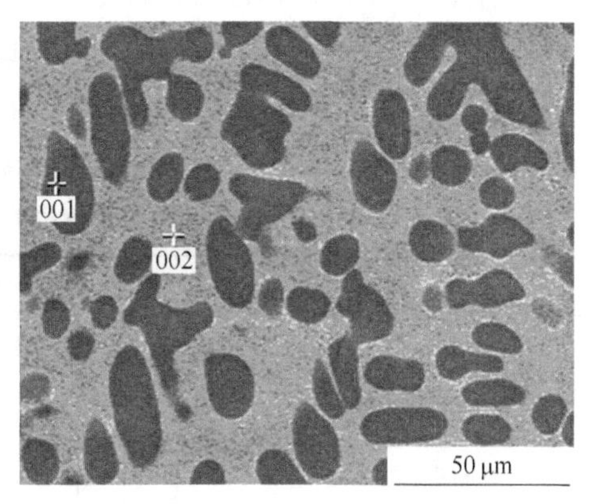

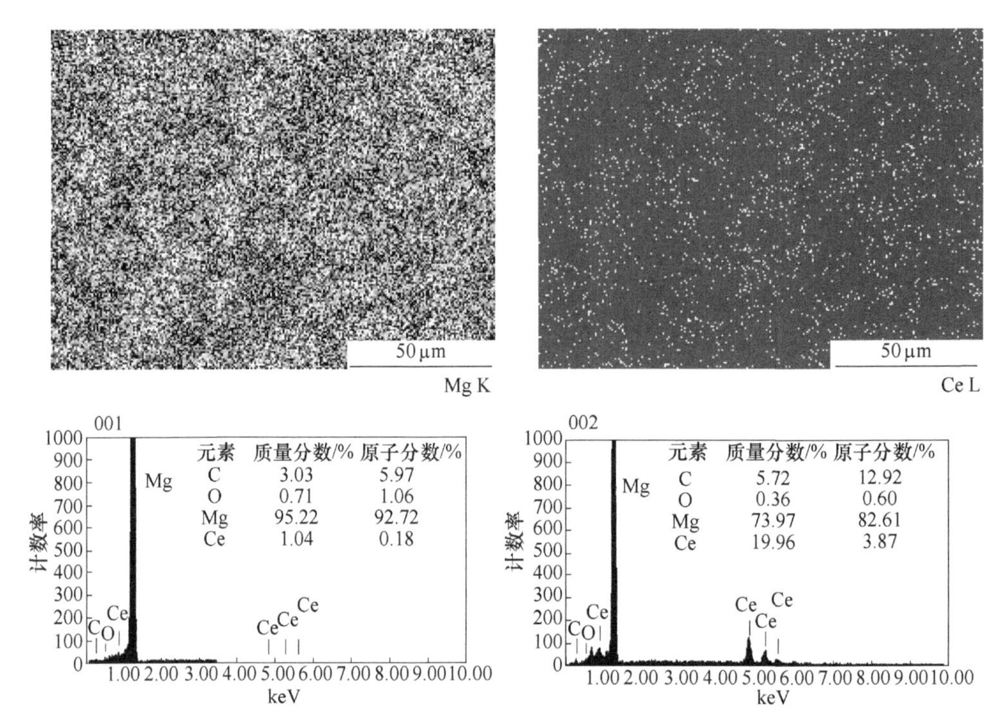

图 2.40　从 LiCl-KCl-5%$CeCl_3$-8%$MgCl_2$熔盐体系中在-1.9V 下恒电位电解 2h 得到的 Mg-Ce 合金样品的 SEM 和 EDS 谱图

2.4.2.3　ICP 合金含量分析

在 873K 时，以 Mo 丝为阴极，在 LiCl-KCl-6.0%$MgCl_2$-3.3%$CeCl_3$熔盐体系中恒电流-3.11A/cm^2、-4.66A/cm^2、-6.21A/cm^2、-7.76A/cm^2、-9.32A/cm^2电解 2h 制得 Mg-Ce 合金，实验结果见表 2.10。从表中的实验数据可知，电流越大，合金中 Li 含量就越高；合金中 Ce 的含量先增加后减小。电解温度、电解质组成和电解时间不变的条件下，通过电流密度就可调节 Mg-Li-Ce 合金中 Li 和 Ce 含量。

表 2.10　在 LiCl-KCl-6.0%$MgCl_2$-3.3%$CeCl_3$熔盐中钼电极上恒电流电解 2h 样品 ICP 数据

编号	电流密度/A · cm^{-2}	Mg 质量分数/%	Li 质量分数/%	Ce 质量分数/%
样品 1	-3.11	98.68	0.02	2.91
样品 2	-4.66	83.91	2.32	13.77
样品 3	-6.21	72.28	5.46	22.26
样品 4	-7.76	60.15	34.15	5.70
样品 5	-9.32	5.08	93.70	1.22

2.4.2.4 XRD 图谱分析

图 2.41 所示为温度 873K 时，在 LiCl-KCl-6.0%$MgCl_2$-3.3%$CeCl_3$熔盐体系中，不同阴极电流密度 -3.11A/cm^2（*a*）；-4.66A/cm^2（*b*）；-6.21A/cm^2（*c*）；-7.76A/cm^2（*d*）；-9.32A/cm^2（*e*）恒电流电解制备 Mg-Li-Ce 合金的 XRD 谱图。

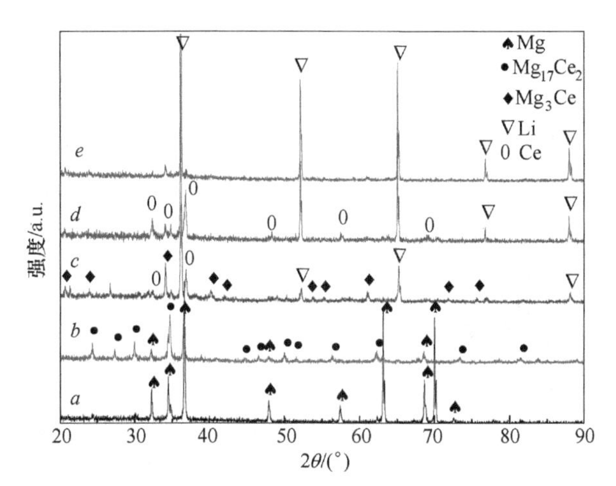

图 2.41 873K 钼电极上在 LiCl-KCl-6.0%$MgCl_2$-3.3%$CeCl_3$熔盐体系中不同电流下恒电流电解 2h 得到镁铈合金的 XRD 谱图

a—样品 1，-3.11A/cm^2；*b*—样品 2，-4.66A/cm^2；
c—样品 3，-6.21A/cm^2；*d*—样品 4，-7.76A/cm^2；*e*—样品 5，-9.32A/cm^2

不同电流密度恒电流电解样品组成见表 2.11。结合 XRD 实验结果和表 2.11，可以得出：在其他电解条件不变的情况下，改变电流密度，得到不同组分的 Mg-Li-Ce 合金，随着电流密度的增大，Mg 含量逐渐减小，Li 含量增加；合金中 Ce 含量在电流密度增加到 6.21A/cm^2时最大，然后随电流密度增加，合金中 Ce 含量减小。直到电流密度达到 9.32A/cm^2，电解产物转变为金属 Li。适当提高阴极电流密度，可使阴极电位变负，有利于 Ce^{3+}完全放电。

表 2.11 873K 时在 LiCl-KCl-6.0%$MgCl_2$-3.3%$CeCl_3$熔盐体系中 Mo 电极上不同电流下恒电流电解样品组成

编号	电解电流密度/A · cm^{-2}	样品 XRD 相组成
样品 1	3.11	Mg（PDF 65-3365）
样品 2	4.66	Mg+$Mg_{17}Ce_2$（PDF 65-3647）
样品 3	6.21	Mg_3Ce（PDF 26-0426）+Ce（PDF 65-2478）+Li
样品 4	7.76	Li+Ce
样品 5	9.32	Li（PDF 15-0401）

2.4.2.5　SEM 显微结构分析

为了检测 Ce 元素在 Mg-Li-Ce 合金中分布的情况，采用扫描电子显微镜（SEM）及能谱分析（EDS）对合金样品进行了表征。图 2.42 所示为样品 3 的 SEM 照片和 EDS 图谱。从 SEM 照片上可以看到合金样品的晶粒大小，晶界处有金属间化合物。EDS 面扫描结果显示，Ce 元素在 Mg-Li-Ce 合金中分布是不均匀的，主要集中在晶界处，Mg 元素则主要集中在晶粒中。对 *A* 和 *B* 点的 EDS 分析结果表明该沉积物由 Mg、Ce 元素组成。根据 EDS 的定量分析结果，沿晶界分布的白色颗粒很可能是 Mg-Ce 化合物（*A* 点，Ce 含量（质量分数）18.50%），晶粒内部（*B* 点，Ce 含量（质量分数）0.47%），因此 Ce 元素主要分布在晶界处。

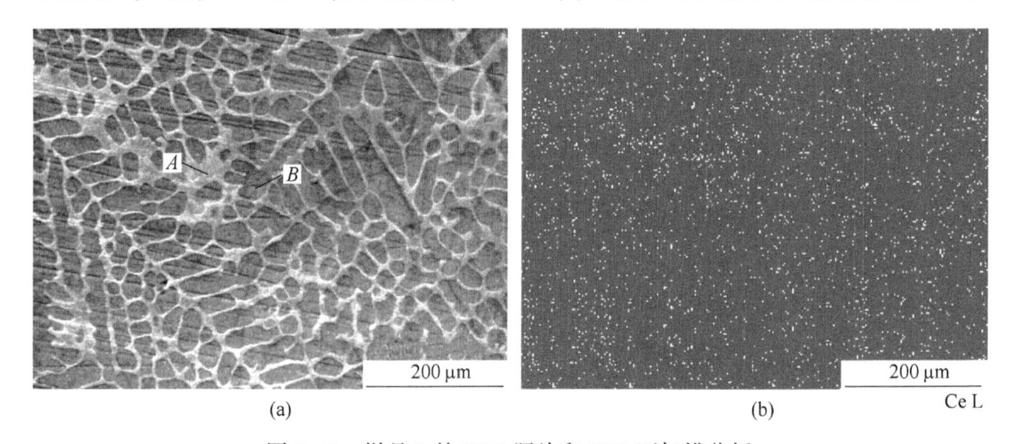

(a)　　　　(b)

图 2.42　样品 3 的 SEM 照片和 EDS 面扫描分析

图 2.43 所示为镁锂铈合金的光学显微镜的照片。OM 显微镜中的黑色颗粒对

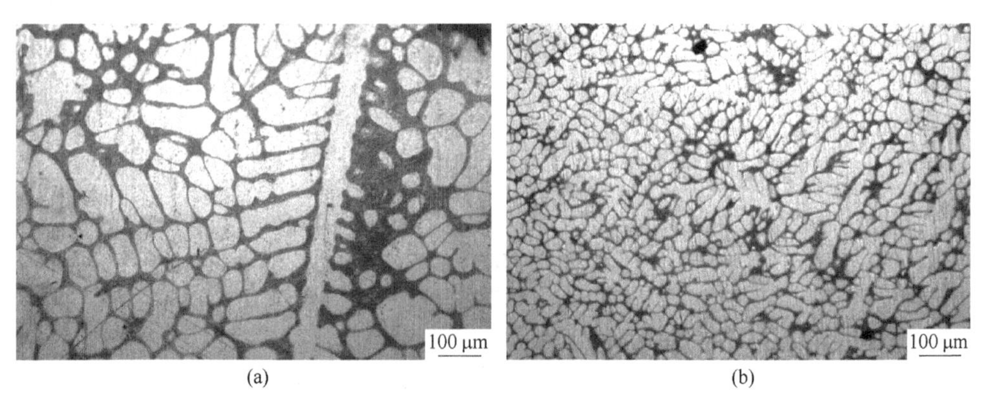

(a)　　　　(b)

图 2.43　在 LiCl-KCl-6.0%$MgCl_2$-3.3%$CeCl_3$熔盐体系恒电位电解 2h 得到产物的光学显微镜照片

(a) 样品 2；(b) 样品 3

应于 SEM 图像中的白色颗粒。光学显微镜的照片与扫描电镜照片吻合得较好（见图 2.42 和图 2.43），其中样品 2 和样品 3 的平均晶粒尺寸分别约为 100μm 和 50μm。因为制备样品 2 的电流密度小于制备样品 3 的电流密度，所以随着电流密度的增加，晶粒尺寸变小。这是由于铈在镁锂铈合金的浓度不同而形成的。从 ICP-AES 分析可知（表 2.10），铈在样品 3 中浓度高于样品 2，因此稀土金属铈元素可以细化镁锂合金的晶粒。同时，金属铈元素的加入可以增加 $Mg_{17}Ce_2$ 和 Mg_3Ce 合金的生成，提高金属的抗蠕变性和高温强度。综上所述，可以根据 XRD 的相结构，采用改变电流密度的方法，控制合金的组成和平均晶粒尺寸。

2.5 $LiCl-KCl-AlCl_3$ 体系中熔盐电解 CeO_2 提取铈

氯化铝是铝和氯的化合物，密度 2.44g/cm^3，熔点 190℃（2.5 个大气压），沸点 182.7℃，在 177.8℃升华。$AlCl_3$ 采取“YCl_3”的结构，为 Al^{3+} 立方最密堆积层状结构。氯化铝的蒸气或处于熔融状态时，$AlCl_3$ 生成可挥发的二聚体 Al_2Cl_6；更高温度下 Al_2Cl_6 二聚体则离解生成平面三角形 $AlCl_3$，与 BF_3 结构类似。在 20 世纪 70 年代，一些科学家就通过酸性卤化物蒸气（如 Al_2Cl_6 和 Fe_2Cl_6）来氯化过渡金属形成气态的化合物。G. N. Papathodorou 等人将无水 Sm_2O_3 和过量的 $AlCl_3$ 放置于长 20cm 直径为 1cm 的石英玻璃管中，将石英管抽真空且密封放入到高温熔炉中，当温度升到 200℃发生下列反应：

$$Al_2Cl_6(g) + Sm_2O_3(s) = 2SmCl_3(s) + Al_2O_3(s) \tag{2.26}$$

Sm_2O_3 在几个小时内被氯化得非常完全，并且没有参加反应的 $AlCl_3$ 挥发后产生了 2 个大气压的蒸汽压。实验表明氧化稀土可以通过 $AlCl_3$ 的蒸气氯化得到 $SmCl_3$。

2.5.1 LiCl-KCl 熔盐体系中 $AlCl_3$ 对 CeO_2 的氯化作用

法国科学家发现在氟化物体系中，锕系元素与金属铝的相互作用力更强，更易于分离锕系元素和镧系元素。根据这一结论，欧盟科学家将固态铝阴极引入到氯化物熔盐体系中，用于熔盐电解法分离和提取锕系元素。经过十几年的持续研究，欧盟科学家已经掌握了镧系元素和锕系元素在 LiCl-KCl 熔盐中的电化学行为和在铝阴极上的电沉积过程。最新的实验结果表明，锕系元素的分离效率已经超过 99.9%，满足了乏燃料后处理技术的要求。但是，该流程仍存在一些问题。在电沉积过程，为了让锕系元素与铝阴极有充分时间相互扩散，生成金属间化合物，电流密度必须非常小。此外，电沉积过程电流效率较低，原因尚不明确。

通常，熔盐电解法分离乏燃料需要采用金属乏燃料。为了能够处理氧化物乏燃料，需要加入脱氧流程将氧化物乏燃料转变为金属。电解分离过程中，金属乏燃料需要通过阳极氧化溶解到熔盐体系中变成离子态才能进行电沉积。针对目前流程中存在的问题，结合乏燃料最终都是以离子态存在于熔盐体系中，实验室提出在熔盐体系中直接氯化氧化物乏燃料的方法，生成离子态乏燃料，进行熔盐电解分离和提取锕系元素和镧系元素。氯化剂选择 $AlCl_3$，在氯化的同时向熔盐体系中引入 Al^{3+}，通过共沉积法制备 Al-An 和 Al-RE 合金，实现分离和提取的目的。该方案在吸收了铝阴极分离效率高的基础上，解决了铝阴极沉积速率慢的问题，同时解决了氧化物脱氧的问题。

LiCl-KCl 熔盐体系中 CeO_2 溶解度小于其他稀土氧化物，几乎不溶。为了避免使用有毒和腐蚀性的氯化氢，研究人员提出了一种采用 $AlCl_3$ 作为添加剂，将 CeO_2 转换为 $CeCl_3$ 的方法。

这可能有 4 个方面的原因：

（1）Al 和 Ce 具有较强的相互作用形成金属间化合物。

（2）一部分 $AlCl_3$ 可以转变成 Al_2Cl_6，这部分 Al_2Cl_6 在实验温度下可能会与 CeO_2 反应。如上述 Papatheodorou 等人的结果。

（3）根据作者实验组的实验结果，Ln_2O_3（Pr_6O_{11}，Yb_2O_3，Eu_2O_3，Er_2O_3，Sm_2O_3 和 La_2O_3）能与 $AlCl_3$ 在 LiCl-KCl 熔盐体系中反应生成金属氯化物溶液和不溶的 Al_2O_3 沉淀。

（4）CeO_2 能被 $ZrCl_4$ 氯化，发生如下反应：

$$CeO_2 + ZrCl_4 \longrightarrow CeCl_3 + ZrO_2 + 1/2Cl_2 \tag{2.27}$$

因此，假设 $AlCl_3$ 氯化 CeO_2 的反应可以表示为：

$$CeO_2(s) + 1/2Al_2Cl_6(g) \longrightarrow CeCl_3(l) + 1/2Al_2O_3(s) + 1/4O_2(g) \tag{2.28}$$

根据热力学数据，该反应（2.28）在 873K 计算的吉布斯自由能变值是 −143.2kJ/mol，这一数据小于反应（2.28）的吉布斯自由能变值 −54kJ/mol。此吉布斯能变值说明 CeO_2 可以与 $AlCl_3$ 在 873K 在 LiCl-KCl 熔盐体系中发生自发反应。本章研究了 Ce(Ⅲ)、Al(Ⅲ) 和 Li(Ⅰ) 在钼电极在 LiCl-KCl 熔盐体系中的电化学行为。通过制备不同相结构的 Al-Ce 和 Al-Li-Ce 合金，实现了提取铈的目的。

2.5.2 共沉积过程的电化学行为

2.5.2.1 循环伏安

图 2.44 所示为在 873K 时 LiCl-KCl 熔盐体系中加入 CeO_2(2%) 前后的循环伏安曲线。从图可知，向阴极方向扫描时，在 LiCl-KCl 熔盐体系中阴极电流从 −2.35V 开始迅速增加，对应于 Li(Ⅰ) 的还原。在反向扫描时，电流峰 G' 对应于

金属 Li 的氧化。在加入 CeO_2 后，循环伏安曲线上没有观察到明显的氧化还原峰，这表明了在熔盐体系中没有 Ce(Ⅲ) 或 Ce(Ⅳ) 存在。图 2.45 所示为 873K 在 LiCl-KCl 熔盐体系中加入 CeO_2(2%) 和 $AlCl_3$(2%) 时，钼电极上的循环伏安曲线。

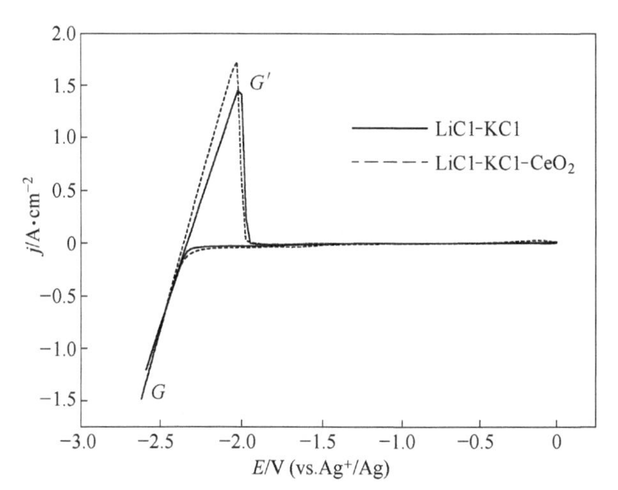

图 2.44 873K 钼电极上 LiCl-KCl 熔盐体系中加入 CeO_2(2%) 前后循环伏安曲线

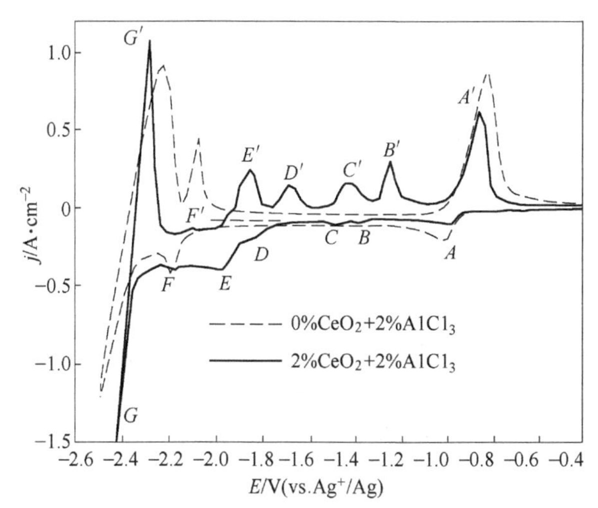

图 2.45 873K 钼电极上在 LiCl-KCl 熔盐体系中加入 $AlCl_3$ 和 CeO_2 前后循环伏安曲线

从图 2.45 虚线可知，在仅加入 $AlCl_3$ 后有三对氧化还原峰：其中，信号 A/A' 对应于金属 Al 的沉积和溶解，其电位大约在 −0.99V 左右；峰 F 和峰 F' 归于 Al-Li 合金的沉积和溶解；G/G' 信号归因于 Li 的沉积和溶解。在 LiCl-KCl-$AlCl_3$ 熔盐体系中加入 CeO_2 后，除了上述 A/A'，F/F' 和 G/G' 氧化还原信号外，在循环伏安曲线上出现了四对新的氧化还原峰。其中，在峰 *F/F'*前面的阴极/阳极峰 *E/E'*归因于 Ce(Ⅲ)/Ce(0) 的氧化还原反应；氧化还原峰 *B/B'*，*C/C'*和 *D/D'*对应于三个不同的 Al-Ce 合金。相对于纯金属铈的沉积，共沉积 Al-Ce 合金的析出电位向正电位方向移动，此现象被称为 Al 和 Ce 的欠电位沉积，这是由去极化效应造成的。

2.5.2.2　方波伏安

图 2.46 所示为 873K 钼电极上 LiCl-KCl-2.0%$AlCl_3$-2.0%CeO_2熔盐体系中扫描范围从 0.20~2.60V 的方波伏安法曲线（测试条件：脉冲高度 25mV；阶梯电位 1mV；频率 20Hz）。图 2.46 中三个明显的峰 *A*、*E* 和 *F*（电位在-0.98V、-1.99V 和-2.20V）分别对应于纯金属 Al、金属 Ce 和 Al-Li 合金的形成。根据方波伏安曲线，可以计算出参与电化学反应转移的电子数，如第 2 章式（2.2）所示。根据 *E* 的半峰宽，计算出 *n* 的数值为 3.09，确认该反应转移 3 个电子，因此 *E* 峰对应于 Ce(Ⅲ)/Ce 变换。另外两个峰 *B* 和 *C*（在-1.38V 和-1.80V）和肩峰 *D*（电位值正于信号 *E*）是铝铈合金的形成峰。这与在图 2.45 中循环伏安曲线所取得的结果是一致的。

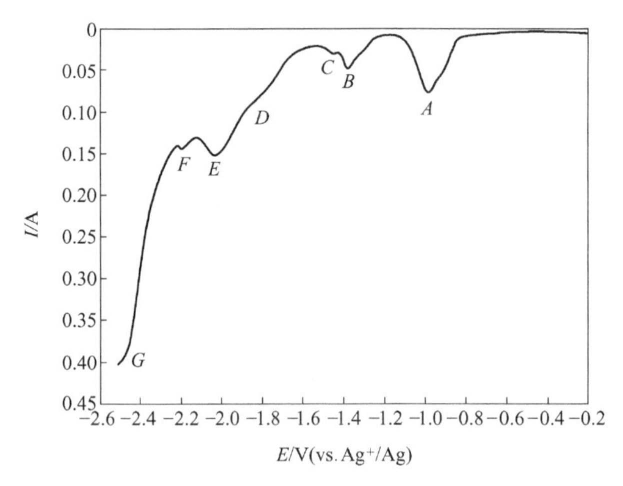

图 2.46　873K 钼电极上在 LiCl-KCl-2.0%$AlCl_3$-2.0%CeO_2 熔盐体系的方波伏安曲线（脉冲高度-25mV；阶梯电位 1mV；频率 20Hz）

2.5.2.3　开路计时电位

图 2.47 所示为在 873K 钼电极上 LiCl-KCl-2.0%$AlCl_3$-2.0%CeO_2 熔盐体系中以-2.6V 恒电位电解 20s 后开路计时电位曲线。首先，电位在-2.40V 时出现平台 *f*，这与金属锂在钼电极上的沉积对应。其次，在放大的图上观察到电位在-2.22V出现平台 *g*，对应于 Al-Li 合金的形成。再次，电位在-1.95V 出现平台

e，对应于 Ce(Ⅲ)/Ce 的平衡电位。理论上来说，开路计时电位中出现的电位平台对应于两相共存。因此，观察到的三个电位平台（平台 d、c 和 b，电位分别位于-1.82V、-1.52V 和-1.34V），对应于两相共存时三种不同的 Al-Ce 金属间化合物。最后，出现在-0.97V 的平台 a 对应于金属铝的平衡电位。

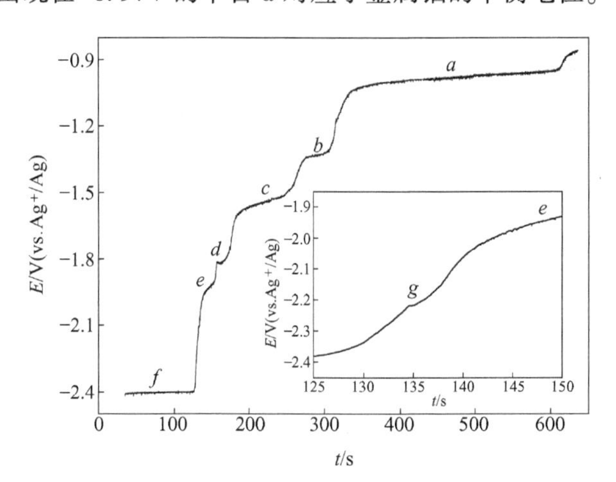

图 2.47 在 873K 钼电极上 LiCl-KCl-2.0%$AlCl_3$-2.0%CeO_2 熔盐体系中以-2.6V 恒电位电解 20s 后的开路计时电位曲线

图 2.48 所示为在 LiCl-KCl-2.0% $AlCl_3$-2.0% CeO_2 熔盐体系中在一组不同电流强度下在钼电极上测量的计时电位曲线。当在阴极电流比 175mA 更小时，只有一个电位平台 a 属于预沉积 Al 金属。到阴极电流为 350mA 时，第五个平台 e 被观察到对应于金属 Li 的沉积。同时，Al-Ce 和 Ce 沉积平台 b、c 和 d 电位，与上述结果相同。因此，Ce 的氧化还原反应的信号 Ce(Ⅲ)/Ce 和三种铝铈金属

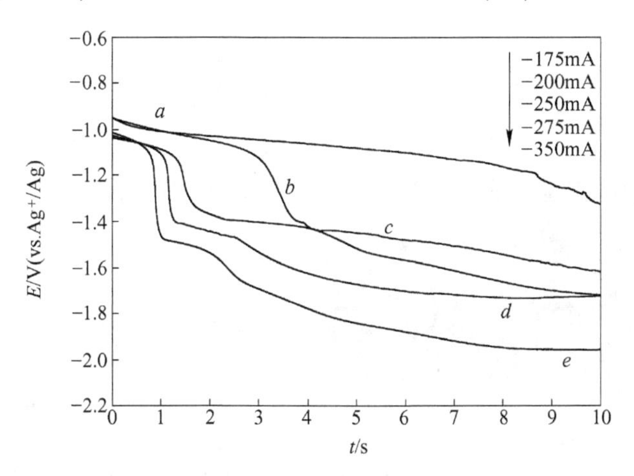

图 2.48 在 873K 钼电极（S=0.322cm^2）LiCl-KCl-2.0%$AlCl_3$-2.0%CeO_2 熔盐体系中不同电流强度下计时电位曲线

间化合物和铝锂合金的形成可以通过循环伏安法、方波伏安曲线、开路计时电位曲线和计时电位曲线观察到。这些结果表明 $AlCl_3$ 能有效氯化 CeO_2。同时，Al(Ⅲ)和 Ce(Ⅲ) 共沉积形成了 Al-Ce 合金，实现了提取铈的目的。

2.5.3　恒电位电解及沉积物表征

图 2.49 所示为在铝电极上经恒电位电解样品的 XRD 图谱。图 2.49 中除了基体 Al 的特征衍射峰，仅出现 Al_4Ce 合金（No. 65-2678）的特征衍射峰。这表明图 2.48 开路计时电位曲线上平台 b 或 c 对应了 Al_4Ce 合金的形成。图 2.50 所示为合金横截面的 SEM 照片和线性扫描光谱分析。Al 电极的表面被生成的合金

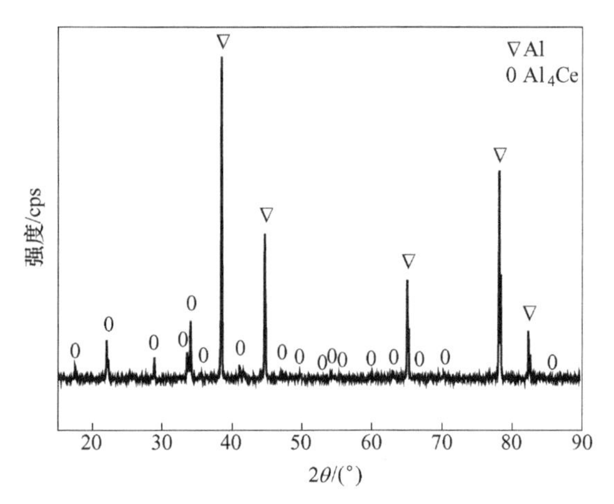

图 2.49　在 873K 时在铝电极上 LiCl-KCl-2.0%$AlCl_3$-2.0%CeO_2 熔盐体系中以−1.70V 恒电位电解 2h 所得样品的 XRD 谱图

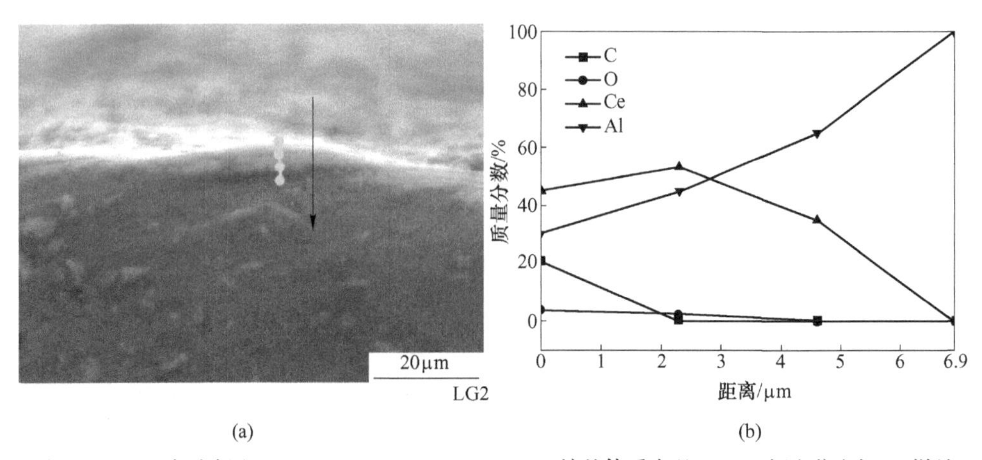

图 2.50　873K 铝电极上 LiCl-KCl-2.0%$AlCl_3$-2.0%CeO_2 熔盐体系中以−1.70V 恒电位电解 2h 样品横断面的 SEM 照片（a）和线性扫描光谱含量分析图（b）

覆盖，镀层的厚度约为 7μm。根据线扫描分析可知，沉积层表面包括 C、O、Ce 和 Al 四种元素。C 元素和 O 元素可能在 SEM 样品制备过程中引入。沿箭头方向，C 元素和 O 元素含量逐渐消失；在铝基体的边界只观察到铝铈合金。

图 2.51 所示为样品表面的 SEM 照片和面扫描元素分析。Ce 元素较均匀覆盖在样品表面；Al 元素为基体 Al 电极；此外，含有一定量的 C 和 O 元素。

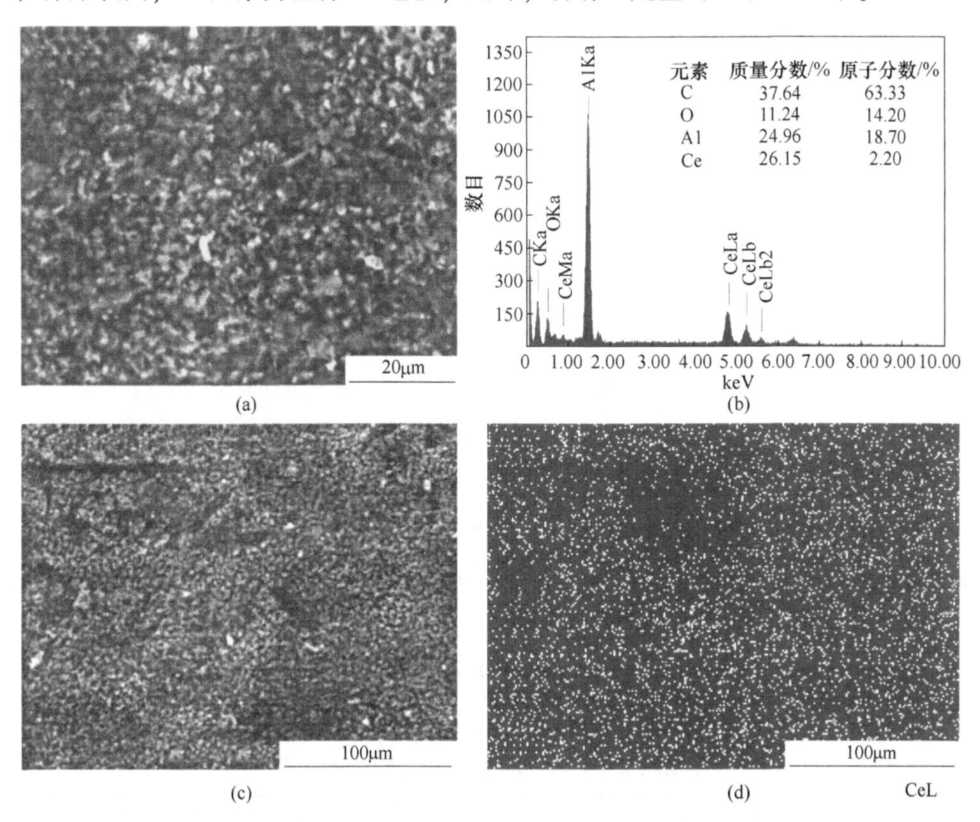

图 2.51 873K 铝电极上 LiCl-KCl-2.0%$AlCl_3$-2.0%CeO_2 熔盐体系中-1.70V 恒电位电解 2h 所得样品表面的 SEM 照片和 EDS 分析

(a)，(c) SEM 照片；(b) EDS 元素分析；(d) 面扫描分析

2.5.4 恒电流电解及沉积物表征

为提取 Ce，通过在钼电极上采用恒电流电解的方法，形成铝锂合金。用恒电流电解得到的样品 XRD 谱如图 2.52 所示。从 XRD 图谱中可以知道，当 $AlCl_3$ 的质量分数为 10%时，Al-Li-Ce 合金包括 Al_2Li_3、Al_3Ce、$Al_{92}Ce_8$ 和 Al 相（图 2.52a）。随着 $AlCl_3$ 的浓度增加到 12%，Al-Li-Ce 合金中 Al_3Ce 消失同时出现一新相 Al_4Ce（图 2-52b）。这表明随着 $AlCl_3$ 含量增加合金中 Al 的含量逐渐增加。而

且，当 $AlCl_3$ 含量增加到 15%时相对较弱的铝铈和铝锂的衍射峰消失（图 2.52c）。

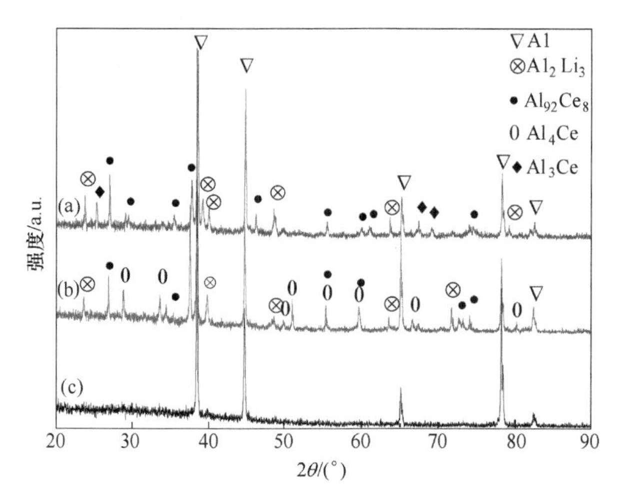

图 2.52 873K 钼电极上在 LiCl-KCl-2%CeO_2-$AlCl_3$熔盐体系恒电流 1.5A 电解 2h 合金样品的 XRD 图谱

（a）$AlCl_3$ 含量 10%；（b）$AlCl_3$ 含量 12%；（c）$AlCl_3$ 含量 15%

表 2.12 是经恒电流电解得到所有样品的 ICP 分析数据。从表中可知在 LiCl-KCl 熔盐体系中 $AlCl_3$含量越高，Al-Li-Ce 合金中 Li 的含量越低。当 $AlCl_3$的含量在 10%~12%之间时，合金中的铈含量超过 16%。Al-Li-Ce 合金中 Li 和 Ce 的含量可以通过改变 LiCl-KCl 熔盐体系中 $AlCl_3$的含量来调整。

表 2.12 873K 钼电极上 LiCl-KCl-2%CeO_2 熔盐体系含有不同浓度 $AlCl_3$时经恒电流 1.5A 电解 2h 合金样品的 ICP 数据

样品	$AlCl_3$浓度（质量分数）/%	Al 含量（质量分数）/%	Li 含量（质量分数）/%	Ce 含量（质量分数）/%
1	6	2.63	95.7	1.67
2	8	26.1	68.8	5.1
3	10	52.5	29.8	17.7
4	12	76.4	7.40	16.2
5	15	96.7	2.20	1.1

参 考 文 献

[1] 张萌. 氯化物熔盐电解 $CeCl_3$ 和 CeO_2 提取 Ce 的电化学机理研究［R］. 哈尔滨：哈尔滨工程大学，2014.

[2] Zhang M, Li Y, Han W, et al. Underpotential deposition of Al-Ce Alloys at an Al electrode from LiCl-KCl-$CeCl_3$ Melts. Rare metal materials and engineering, 2016, 45 (8): 1381-1385.

[3] Zhang M, Han W, Zhang M L, et al. Electrochemistry of $CeCl_3$ in molten LiCl-KCl eutectic. Chemical research in Chinese universities, 2014, 30 (3): 489-494.

[4] Zhang M, Wang H, Han W, et al. Electrochemical extraction of cerium and formation of Al-Ce alloy from CeO_2 assisted by $AlCl_3$ in LiCl-KCl melts. SCIENCE CHINA Chemistry, 2014, 57 (11): 1477-1482.

[5] Zhang M, Han W, Zhang M L, et al. Electrochemical formation process and phase control of Mg-Li-Ce alloys in molten chlorides. Journal of Rare Earths, 2013, 31 (6): 609-615.

3 室温熔盐电解法提取铈和铝的研究

3.1 实验部分

3.1.1 实验试剂和仪器

3.1.1.1 实验试剂

本书所涉及的原料及其规格和厂家见表3.1。

表3.1 实验中所用到的主要试剂和原料

药品名称	分子式	规格	厂　家
1-丁基-3-甲基咪唑氯盐	BMIC	99.9%	林州市科能材料科技有限公司
无水氯化铝	$AlCl_3$	99%	国药集团化学试剂有限公司
丙酮	CH_3COCH_3	A. R.	北京化工厂
二氯甲烷	CH_2Cl_2	A. R.	国药集团化学试剂有限公司
乙醇	CH_3CH_2OH	98%	北京化工厂
抛光粉	Al_2O_3	99%	长沙珲泰陶瓷科技有限公司
蒸馏水	H_2O	二次水	北京过程工程研究所
超纯水	H_2O	A. R.	北京过程工程研究所
Al片	Al	99.99%	北京有色金属研究所
Al丝	Al	99.99%	北京有色金属研究所
氩气	Ar	99.99%	北京市北温气体制造厂
氮气	N_2	99.99%	北京市北温气体制造厂
液氮	N_2	99.99%	北京市北温气体制造厂
GC电极片	Glassy Carbon	99.9%	天津艾达科技有限公司
GC圆盘电极	Glassy Carbon	99.9%	天津艾达科技有限公司
浓硫酸	H_2SO_4	A. R.	北京化工厂
盐酸	HCl	A. R.	北京化工厂
硅油	Silicone oil	99.9%	北京化工厂

续表 3.1

药品名称	分子式	规格	厂　　家
砂芯漏斗	G2	—	长沙珲泰陶瓷科技有限公司
四氟硼酸咪唑	$BMIMBF_4$	>99.9%	林州市科能材料科技有限公司
氯化铈	$CeCl_3$	>99.99%	Alfa Aesar Company
盐酸	HCl	A. R.	哈尔滨新春化工产品有限公司
丙酮	CH_3COCH_3	A. R.	天津市富宇精细化工有限公司
无水乙醇	CH_3CH_2OH	A. R.	天津市永大化学试剂开发中心
氩气	Ar	高纯	北京市亚南气体有限公司
铂丝	Pt	99.99%	天津艾达恒晟科技公司
铜箔	Cu	99.9%	深圳市博大精科技有限公司

注：A. R. 表示分析纯，实验过程中所用的水均为二次蒸馏水。

3.1.1.2 实验仪器

实验中所用的主要仪器见表 3.2。

表 3.2 实验所需主要仪器和设备

仪器名称	型　　号	厂　　家
电化学工作站	Autolab	瑞士万通中国有限公司
抗干扰交流稳压器	CVT	正大电器设备有限公司
恒温磁力搅拌器	DF-101S	巩义市予华仪器有限公司
电子天平	DT200A	江苏常熟长青仪器仪表厂
真空干燥箱	DZ-1BC	天津泰斯特仪器有限公司
真空手套箱	Super1220/750/900	米开罗纳中国有限公司
超声波清洗器	SK1200H	上海科导超声仪器有限公司
直流稳压稳流电源	WYK-3010	扬州华泰电子有限公司
手套箱	Universal（2440/750）	上海米开罗那机电技术有限公司
分析天平	ML503	梅特勒-托利多国际股份有限公司
电化学工作站	CHI 660E	上海辰华仪器有限公司
电化学工作站	AutoLab 9	瑞士万通中国有限公司
磁力搅拌器	QM-3SP04	IKA 艾卡仪器设备有限公司

续表 3.2

仪器名称	型　号	厂　家
真空干燥箱	DZF-6050	上海一恒科学仪器厂
鼓风干燥箱	DHG-9070A	深圳美森机电设备有限公司
冷场发射扫描电子显微镜	SU8020	日立公司、牛津仪器
原子力显微镜	AFM5500	安捷伦公司
X 射线衍射仪	Smartlab	日本理学株式会社
脉冲电源	ICPE-9000	厦门大学电化学技术教育部工程研究中心
超声波清洗机	KQ-200KDE	深圳市洁康超声波清洗机有限公司
简易手套箱	VGB-2	卓的仪器设备（上海）有限公司

3.1.1.3　电解质

合成 BMIC-$AlCl_3$需要将购买的 BMIC 干燥水分控制到实验要求，再将 $AlCl_3$溶解到 BMIC 中。具体制备方法如下：

（1）BMIC 的干燥。在手套箱中将 1-丁基-3-甲基咪唑氯盐（BMIC）置于 1L 圆底烧瓶中，将圆底烧瓶连接在减压蒸馏装置上。在 100℃下干燥 48h，将 BMIC 的水分含量控制在 10×10^{-6}以下，在手套箱中再将离子液体称其质量，再置于广口瓶中备用。

（2）$AlCl_3$的溶解。将 $AlCl_3$粉末以 2∶1 的摩尔比例缓慢加入 BMIC 固体中。混合过程产生并释放出大量的热量，所以 300g 的 BMIC 与 $AlCl_3$的混合过程需要 24h，最后得到黄棕色透明溶液。此时该体系中含有杂质，以纯 Al 片为阴阳电极，在室温，−1.2V 下恒压，电解 48h。最后将预电解溶液用 G2 型砂芯漏斗过滤，得到所需的无色透明电解质。

实验所用电解质为 BMIC 及 $BMIMBF_4$离子液体，由于离子液体易于吸水，而水的存在会影响离子液体电化学等物理化学性能，加之氧的存在均会对实验产生影响。因此实验前对离子液体进行预处理，首先将离子液体置于真空干燥箱 70℃真空干燥 24h，然后放入手套箱中净化备用。在手套箱中向干燥好的离子液体中加入适量 $CeCl_3$，在氮气保护下搅拌溶解数小时，配制好电解液后密封备用。

3.1.2　实验装置

实验所用三电极体系为石英电解槽，如图 3.1 所示，反应在手套箱中进行。

实验中采用三电极体系。电极的选择和预处理如下：

（1）工作电极：采用直径为 3mm 的玻碳圆盘为工作电极。玻碳电极具有较好的导电性，同时具有良好的惰性，而且表面光滑，有利于产品的剥离。电极在使用前需要进行预处理，步骤如下：首先在鹿皮上蘸 0.3μm 的 Al_2O_3 粉末抛光 10min，再蘸 0.03μm 的 Al_2O_3 继续抛光，直到电极表面光亮为止；然后用蒸馏水冲洗干净；最后依次置于乙醇中放入超声器中清洗 5min，再用氮气吹扫干，至此电极处理完毕。

(2) 辅助电极：采用玻碳片为对电极（$L = 2cm$）。用碱性除油剂（NaOH 8g/L，$NaCO_3$ 50g/L）超声 2min，后分别用蒸馏水冲洗、乙醇超声，用氮气吹扫干备用。

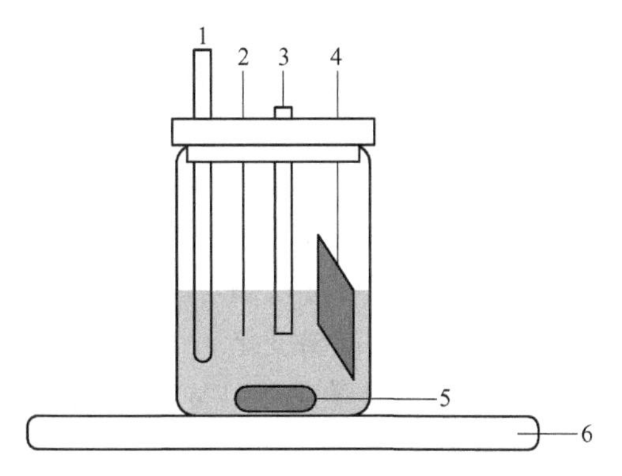

图 3.1 电解槽装置图

1—热电偶；2—参比电极；3—工作电极；4—辅助电极；5—磁转子；6—加热台

(3) 参比电极：采用铝丝为准参比电极，直径为 1mm。用碱性除油剂超声清洗 5min，再用酸性除锈剂除锈，后分别用蒸馏水冲洗、乙醇超声，用氮气吹扫干备用。

3.1.3 实验方法及样品表征方法

3.1.3.1 电化学性能测试

电化学工作站：电化学测试方法包括循环伏安法（cyclic voltammetry）、计时电流法（chronoamperometry）以及计时电位法（chronopotentiometry）等方法。

3.1.3.2 样品表征

(1) 扫描电子显微镜检测（SEM）：扫描电子显微镜显像原理是运用高能电子与样品相互作用。薄膜镀层样品采用日本 JEOL 公司生产的 JSM-6480A 型扫描电子显微镜（Scanning Electron Microscope，SEM）进行表面形貌观察，在测试电压为 10kV 的条件下工作。

利用三极电子枪发射，再经过聚焦得到的非常细的高能电子束在试样上扫描，激发出各种物理信息。通过软件系统对这些信息的接收、处理、放大和显示成像，获得测试试样表面微观形貌。当一束极细的高能入射电子轰击扫描样品表面时，被激发的区域将产生二次电子、俄歇电子、特征 X 射线和连续谱 X 射线、背散射电子、透射电子，以及在可见、紫外、红外光区域产生的电磁辐射。

(2) 能量弥散 X 射线探测器（EDX）：对扫描电子显微镜检测中的二次电子和背散射电子等信号的分析处理，可以得到样品微观形貌信息；特征 X 射线和连续谱 X 射线采集处理，可得到物质化学成分的信息。

（3）X 射线衍射仪（XRD）：能谱仪（Energy Dispersive Spectrometry，EDS）观测确定样品中所含元素的种类及分布情况。测试加速电压：20kV。晶体可以作为 X 射线的空间衍射光栅，即当一束 X 射线通过晶体时将发生衍射，衍射波叠加的结果使射线的强度在某些方向上加强，在其他方向上减弱。分析在照相底片上得到的衍射图样，便可确定晶体结构。利用 X 射线衍射仪对铝沉积层进行物相分析，分析沉积层晶格变化。

（4）原子力显微镜（AFM）：通过检测待测样品表面和一个微型力敏感元件之间的极微弱的原子间相互作用力来研究物质的表面结构及性质。将一对微弱力极端敏感的微悬臂一端固定，另一端的微小针尖接近样品，这时它将与其相互作用，作用力将使得微悬臂发生形变或运动状态发生变化。扫描样品时，利用传感器检测这些变化，就可获得作用力分布信息，从而以纳米级分辨率获得表面形貌结构信息及表面粗糙度信息。

（5）电化学工作站：电化学测试方法包括循环伏安法（cyclic voltammetry）、方波伏安法（square wave voltammetry）、计时电位法（chronopotentiometry）以及恒电位电解等方法。

3.1.3.3　铝箔厚度的测量

铝箔厚度只用两种方法测量，都是采用电子扫描显微镜的 EDX 测试。

A　铝箔样品的处理

（1）铝箔样品的处理见图 3.2，将铝箔一端小部分粘上导电碳胶，放在手套箱中备用。

（2）取直径 1cm 的石英管截成高 1cm 的小节，将石英管立在水平光滑的台面上，再将（1）中准备好的铝箔条放入。

（3）向（2）中的石英管中，滴加混合 90%环氧树脂+10%乙二胺，放置 24h 树脂完全固化。

（4）将石英管靠近铝箔的一侧用砂纸打磨，直至铝箔直径显露出来，再用麂皮打磨光滑。

B　铝箔截面的测量

方法一：采用 EDX 线扫描，线扫描垂直于铝箔划扫描线，通过铝元素分析强度，可得到铝箔后，每个样品线扫描三次取其平均值。

方法二：采用 EDX 面扫描，面扫描取铝元素面分布谱图，通过标尺，计算样品厚度，每个样品线扫描三次取其平均值。

这两种方法的差值不超过 5%，取它们的平均值，大于 5%重新测量计算。

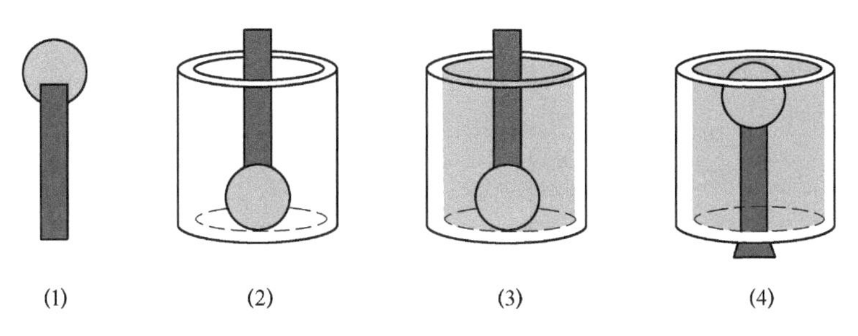

图 3.2 铝箔截面测量样品处理过程
((1) ~ (4) 为样品)

C 沉积铝粉的处理

沉积的铝粉需要清洗处理同时也要防止其在空气中被氧化。手套箱中沉积有铝粉的铝基底转移到简易手套箱中，用二氯甲烷清洗数次，直至清洗液中没有絮状物，沉积物表面光亮。用氮气将清洗的铝片吹干，此时铝沉积物并没有完全脱落，吹扫时应小心注意。将吹干的铝粉连同基底称重，通过沉积电量计算电流效率。随后需要对铝粉进行表征，将沉积物中加入乙醇，放入超声器中超声 5min 以使铝粉脱落和分散铝粉颗粒便于表征。做 SEM 分析需要将分散有铝粉的乙醇溶液用滴管去一小滴于铜导电胶上，待乙醇挥发掉后便可以测量。

3.2 离子液体中 Ce(Ⅲ) 的电化学行为

3.2.1 离子液体 $BMIMBF_4$ 中 Ce(Ⅲ) 在 Pt 电极上的电化学行为

3.2.1.1 循环伏安曲线

图 3.3 所示为 363K 下，Pt 工作电极（S=0.0314cm^2）上，$BMIMBF_4$ 离子液体中加入 0.05mol/L $CeCl_3$ 前后的循环伏安图，辅助电极为铂片（S=0.5cm^2），铂丝为准参比电极，扫描速度为 50mV/s。其中曲线 1（虚线）代表纯 $BMIMBF_4$ 的循环伏安曲线，曲线 2（实线）代表 $CeCl_3$(0.05mol/L)-$BMIMBF_4$ 的循环伏安曲线。

由图 3.3 中曲线 1 可以看出，在 1.8V 处阳极电流开始显著增大，因为 $BMIMBF_4$中阴离子 BF_4^- 在正电位 1.8V（vs. Pt）处开始被电氧化，反应如公式 $BF_4^- - e \rightarrow BF_3^+ + \frac{1}{2}F_2$，之后 F_2 与离子液体中的 $BMIM^+$结合反应生成碳氟化合物；在阴极上，阳离子 $BMIM^+$ 在 -1.8V（vs. Pt）被电还原，阴极电流开始增大，$BMIM^+$经历一个包括二聚作用和脱烷基化作用的多步过程，最终被还原为碳。可

以看出离子液体 $BMIMBF_4$ 在 Pt 电极上的电化学窗口为 3.6V，据此选择在 -1.8~1.8V 电位区间研究 $CeCl_3$ 在 $BMIMBF_4$ 中的电极过程。

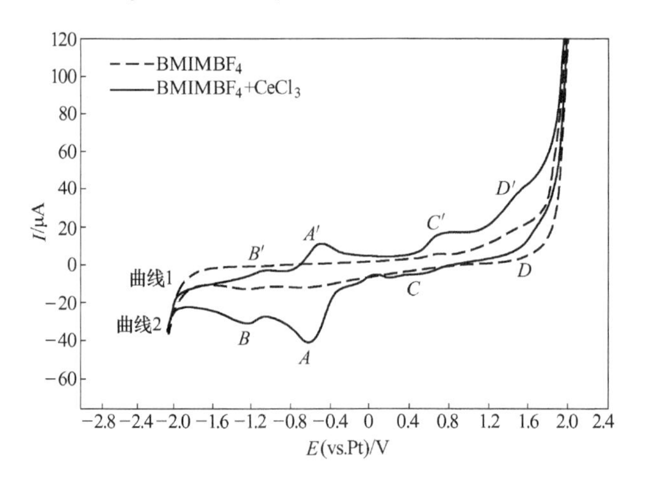

图 3.3　363K 时，$BMIMBF_4$ 离子液体中加入 0.05mol/L $CeCl_3$ 前（虚线）后（实线）的循环伏安曲线（Pt 电极，扫描速度：50mV/s）

当 $CeCl_3$ 溶解在 $BMIMBF_4$ 中之后，Ce(Ⅲ) 和 Cl^- 存在于离子液体中。Pt 电极在 $CeCl_3$-$BMIMBF_4$ 的循环伏安曲线即图 3.3 的曲线 2 中，共有三对氧化还原峰 *A/A′*、*B/B′* 和 *C/C′*，以及离子液体 $BMIMBF_4$ 本身发生电极反应产生的氧化峰 *D′*。在图中曲线 2 中，朝负向扫描时，出现两个明显的还原峰 *A* 和 *B*。还原峰 *A* 的还原电流在 -0.28V（vs. Pt）处开始急剧增大，并在峰电位 -0.59V 处电流达到最大，对应于 Ce(Ⅲ) 被还原为 Ce(Ⅱ) 的过程。电流峰的形成一方面是因为电流随着电位向负方向扫描而逐渐增大，另一方面电流增大加快 Ce(Ⅲ) 还原为 Ce(Ⅱ)，使得铂电极表面附近 Ce(Ⅲ) 浓度下降，Ce(Ⅱ) 浓度升高，从而导致反应速率变慢，抑制了电流的增大。所以，至电流达到最大值时，电极表面 Ce(Ⅲ) 浓度已耗尽为零。虽然 Ce(Ⅰ) 的存在是不稳定的，但是仍然观察到了还原峰 *B*，对应于 Ce(Ⅱ) 在 Pt 电极上得一个电子被还原为 Ce(Ⅰ)。当电流转向，朝正方向扫描时，氧化峰 *B′* 和 *A′* 分别对应于 Ce(Ⅰ) 被氧化为 Ce(Ⅱ) 以及 Ce(Ⅱ) 被氧化为 Ce(Ⅲ) 的过程。在曲线 2 中，氧化还原峰 *C/C′* 对应于氯离子的两电子准可逆氧化和还原反应，对应反应式为 $2Cl^- - 2e \rightarrow Cl_2\uparrow$。实验中测定的 Ce(Ⅲ)/Ce(Ⅱ) 氧化还原反应峰电位值主要与参比电极、扫描速度、Ce(Ⅲ) 浓度、离子液体种类以及体系温度等因素有关。

为了确定 Pt 电极在 $CeCl_3$-$BMIMBF_4$ 中检测到的还原峰与氧化峰的对应关系，选择不同转向电位进行了循环伏安测试，如图 3.4 所示。从不同转向电位曲线中看出，氧化峰 *C′* 确实是由还原峰 *C* 所引起，氧化峰 *D′* 也与还原峰 *A* 和 *B* 无关，

是 $BMIMBF_4$自身物质的氧化信号；两对还原氧化峰 *A/A′*、*B/B′*相互对应，分别归属于 Ce(Ⅲ)/Ce(Ⅱ) 和 Ce(Ⅱ)/Ce(Ⅰ) 的氧化还原过程。

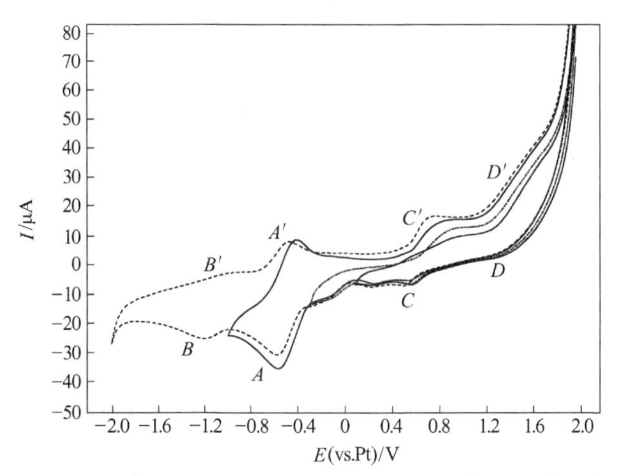

图 3.4 363K 时，$CeCl_3$(0.05mol/L)-$BMIMBF_4$ 在 Pt 工作电极上不同转向电位的循环伏安曲线（扫描速度：50mV/s）

3.2.1.2 方波伏安曲线

图 3.5 所示为 363K 时 $BMIMBF_4$ 和 0.05mol/L $CeCl_3$-$BMIMBF_4$ 在 Pt 电极上的方波伏安曲线，观察加入 $CeCl_3$前后 $BMIMBF_4$ 体系中方波伏安曲线中电化学信号变化，可以看到，溶解了 Ce(Ⅲ) 的电解液在 Pt 电极上不但可以检测到 $BMIM^+$和 BF_4^-的氧化还原信号，还在-0.5V 和-1.2V 电位处出现了 Ce(Ⅲ) 和 Ce(Ⅱ) 的还原信号。对比图 3.2 中循环伏安曲线 2 和图 3.4 中的方波伏安曲线也

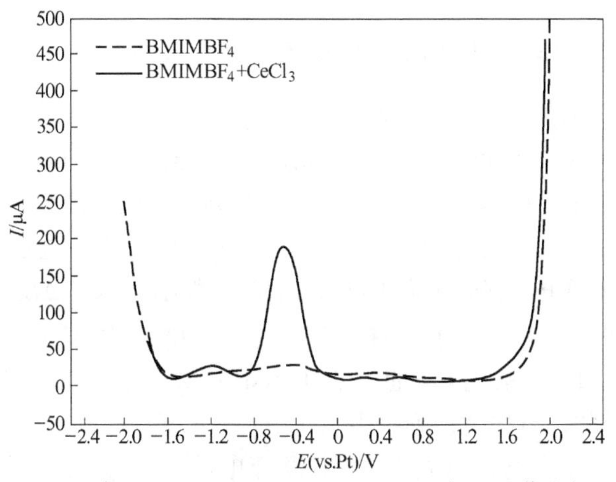

图 3.5 363K 时，$CeCl_3$(0.05mol/L)-$BMIMBF_4$ 在 Pt 工作电极上添加 $CeCl_3$前后的方波伏安曲线（频率：20Hz）

可以看出，方波伏安曲线中出现的电化学信号与循环伏安曲线体现的电化学反应一一对应，因此，方波伏安曲线验证了从循环伏安曲线得出的结论。

3.2.1.3 计时电位曲线

图 3.6 所示为 363K，$CeCl_3$-$BMIMBF_4$ 在 Pt 电极上阴极电流为-50μA 的计时电位曲线，从图中可以看出，曲线中出现了三个平台。在-0.6V 和-1.4V 分别出现了平台 *A* 和 *B*，对应 Ce(Ⅲ) 和 Ce(Ⅱ) 的还原；在-2.0V 处出现了平台 *C*，对应 $BMIMBF_4$ 离子液体中 $BMIM^+$咪唑阳离子被还原，这与循环伏安曲线和方波伏安中检测到的电化学信号相一致。

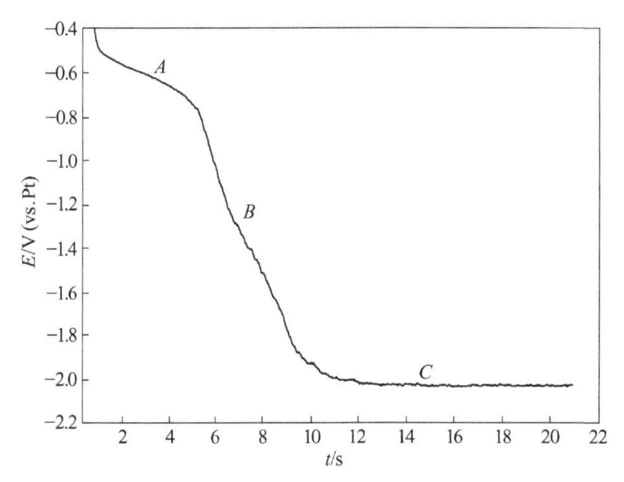

图 3.6　363K 下，$CeCl_3$(0.05mol/L)-$BMIMBF_4$ 在-50μA 电流下在 Pt 电极上的计时电位曲线

3.2.1.4 Ce(Ⅲ) 在 $BMIMBF_4$ 中电化学反应可逆性判断

图 3.7 所示为温度为 363K 时，Pt 做研究电极，在不同的扫描速率（50~400mV/s）下，$CeCl_3$(0.05mol/L)-$BMIMBF_4$ 离子液体体系的循环伏安曲线。该曲线中记录了与图 3.3 中峰 *A/A'* 相一致的一系列循环伏安曲线，即 Ce(Ⅲ) 的还原和 Ce(Ⅱ) 的氧化。该实验条件下相关的电流强度和峰电位数据列于表 3.3 中，阴极和阳极峰电位随扫描速度变化发生微小偏移，ΔE_p 大于 $2.3RT/nF$（71mV，363K 时），I_{pa}/I_{pc} 并没有接近 1，$|E_p^c - E_{p/2}^c|$ 的值大于可逆过程要求（68.8mV，363K 时）。表明 Ce(Ⅲ) 在 $BMIMBF_4$ 离子液体 Pt 电极上的反应是不可逆或者准可逆的。具体数值列于表 3.4 中。

由图 3.8 阴极峰电流（I_{pc}）和阳极峰电流（I_{pa}）与扫描速率的平方根（$v^{1/2}$）之间的关系曲线中可以看到，阴极峰电流（I_{pc}）和阳极峰电流（I_{pa}）分别与扫描速率的平方根（$v^{1/2}$）呈明显的正比例关系，但该直线未经过原点。说明 Ce(Ⅲ) 在 $BMIMBF_4$ 离子液体中的电化学还原过程是由传质速率步骤控制的。

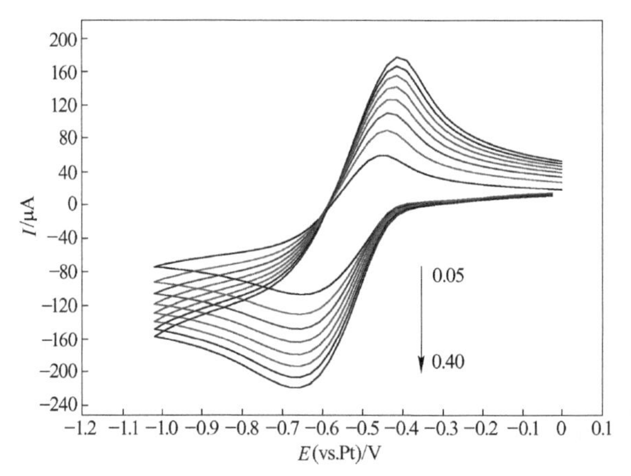

图 3.7 $CeCl_3$(0.05mol/L)-$BMIMBF_4$ 在 Pt 电极（S=0.0314cm^2）不同扫描速率的循环伏安曲线

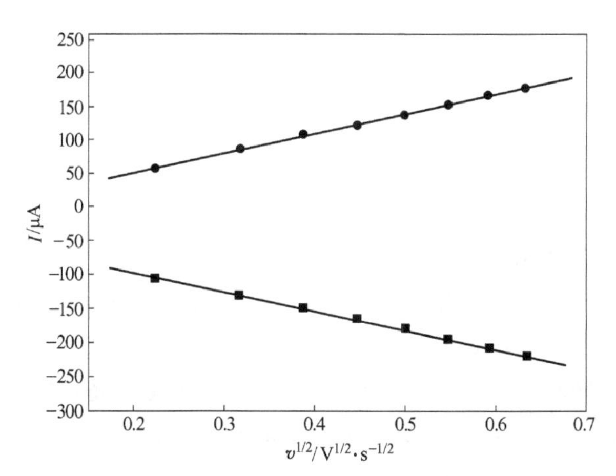

图 3.8 Pt 电极在 $CeCl_3$(0.05mol/L)-$BMIMBF_4$ 中阳极（上）和阴极（下）峰电流和扫速平方根的关系线

表 3.3 363K 时 Ce(Ⅲ) 的循环伏安曲线数据表

v/V·s^{-1}	E_{pc}/V	I_{pc}/μA	E_{pa}/V	I_{pa}/μA
0.05	−0.6385	−105	−0.4625	60.5
0.10	−0.6418	−127	−0.4493	89.8
0.15	−0.6451	−145	−0.4376	112
0.20	−0.6492	−162	−0.4291	128

续表 3.3

v/V · s^{-1}	E_{pc}/V	I_{pc}/μA	E_{pa}/V	I_{pa}/μA
0.25	−0.6524	−177	−0.4217	142
0.30	−0.6541	−191	−0.4138	157
0.35	−0.6565	−204	−0.4089	168
0.40	−0.6598	−216	−0.4034	177

表 3.4　363K 时 Ce(Ⅲ) 在 $BMIMBF_4$ 反应可逆性验证数据表

v/V · s^{-1}	ΔE_p/V	I_{pa}/I_{pc}	$\lvert E_p^c - E_{p/2}^c \rvert$/V	$\lvert (E_{pc}+E_{pa})/2 \rvert$/V
0.05	0.1760	0.579	0.1303	0.5505
0.10	0.1925	0.706	0.1311	0.5455
0.15	0.2074	0.772	0.1325	0.5413
0.20	0.2201	0.793	0.1338	0.5391
0.25	0.2307	0.804	0.1368	0.5370
0.30	0.2403	0.819	0.1403	0.5339
0.35	0.2476	0.823	0.1443	0.5327
0.40	0.2564	0.820	0.1462	0.5316

3.2.1.5　Ce(Ⅲ) 在 $BMIMBF_4$ 中的扩散系数、扩散活化能和速率常数

Ce(Ⅲ) 在 $BMIMBF_4$ 中 Pt 电极上的扩散系数可利用循环伏安法测定，对于一个可溶-可溶的不可逆或准可逆体系，扩散系数 D 可用 Randles-Sevcik 公式计算：

$$I_p^c = 0.496nF^{3/2}A(RT)^{-1/2}D^{1/2}Cv^{1/2}(\alpha n_\alpha)^{1/2} \tag{3.1}$$

式中，I_p^c 代表阴极峰值电流（A）；F 代表法拉第常数（96485C/mol）；n 代表得失电子数；A 代表研究电极的表面积（cm^2）；C 代表溶质的摩尔浓度（mol/cm^3）；D 代表活性离子的扩散系数（cm^2/s）；v 代表电位扫描速率（V/s）；R 代表气体常数（8.314Jmol/K）；T 代表开尔文温度（K）；α 为电子转移系数；n_α 为电子转移数目，αn_α 计算如下：

$$E_p - E_{p/2} = -1.857RT/\alpha n_\alpha F \tag{3.2}$$

式中，E_p 是峰电位；$E_{p/2}$ 是半峰电位，其 363K 温度下的差值可由表 3.5 获得，进而可求出 αn_α 的数值。将 αn_α 的值带入式（3.1），再结合阴极电流与扫描速率平方根的关系可计算出 363K 温度下的扩散系数 D 为 $3.82\times10^{-7}cm^2/s$。表 3.5 列出了不同温度时测得的 αn_α 数值，同理计算出 343~363K 温度下 Ce(Ⅲ) 在 $BMIMBF_4$ 中 Pt 电极上的扩散系数，列于表 3.6。

表 3.5 Ce(Ⅲ) 在 $BMIMBF_4$ 中不同温度下的 αn_α 数值

温度/K	343	353	363	373
αn_α (50mV/s)	0.3501	0.4023	0.4468	0.4956

表 3.6 Ce(Ⅲ) 在 $BMIMBF_4$ 中不同温度下的扩散系数

温度/K	343	353	363	373
$D/cm^2 \cdot s^{-1}$	6.334×10^{-8}	9.054×10^{-8}	11.69×10^{-8}	15.42×10^{-8}

图 3.9 所示为相同扫描速度下 343~363K 温度范围内 Pt 电极上 Ce(Ⅲ)/Ce(Ⅱ)在 $BMIMBF_4$ 中反应的循环伏安图，可以看出，随着温度的升高，Ce(Ⅲ)还原峰电流增大，还原峰电位负移。扩散系数和温度之间的关系符合阿伦尼乌斯方程：

$$D = D_0 \exp\left(-\frac{E_a}{RT}\right) \tag{3.3}$$

式中，D 为扩散系数；D_0代表指前因子，单位与 D 相同（cm^2/s）；E_a 为扩散活化能（kJ/mol）；R 为气体常数；T 为绝对温标下的温度。从式（3.3）中可以看出，$\ln D$ 随 T 的变化率与扩散活化能 E_a 成正比。因此活化能越高，温度升高时扩散速率增加得越快，速率对温度越敏感。

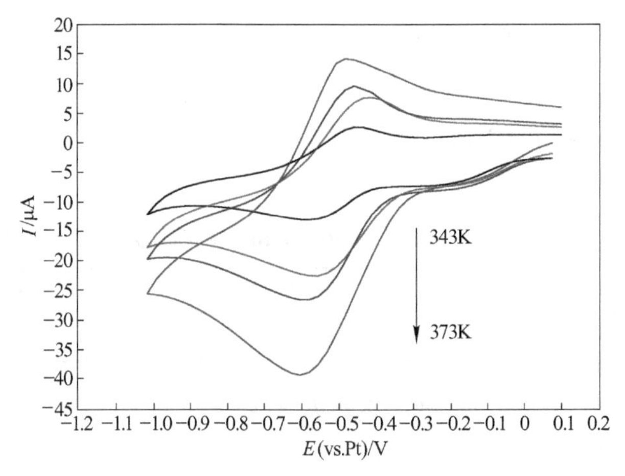

图 3.9 Pt 电极上不同温度下 Ce(Ⅲ) 在 $BMIMBF_4$ 的循环伏安曲线

（扫描速度：50mV/s）

根据 Ce(Ⅲ) 在 $BMIMBF_4$ 中循环伏安实验结果所得扩散系数 D，将数据拟合，如图 3.10 所示。从图中可以看出扩散系数的对数 $\ln D$ 和温度倒数(1000/T)之间呈良好的直线关系，由图 3.10 中直线得到如下关系式：$\ln D_{Ce(Ⅲ)} = -15.54 - 3869/T$，即为 Ce(Ⅲ) 在 $BMIMBF_4$ 离子液体中的扩散系数与温度的关系。

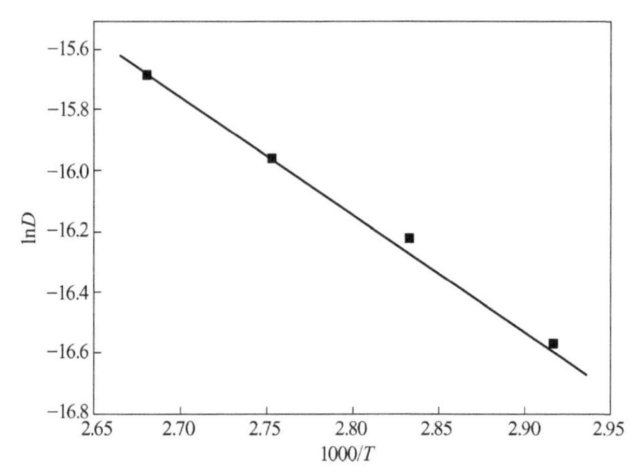

图 3.10　$BMIMBF_4$ 中添加 0.05mol/L $CeCl_3$ 计算得到 Ce(Ⅲ) 离子扩散系数和温度的关系

因此，在 $BMIMBF_4$ 离子液体中，以 Pt 电极为工作电极 Ce(Ⅲ) 扩散过程的扩散活化能 E_a 为 32.17kJ/mol。

反应速率常数对于判断反应的可逆性至关重要。由于 Ce(Ⅲ) 的还原不仅受扩散控制，同时受电荷转移控制，反应速率常数 k_s 可计算为：

$$k_s = 2.18\left[D(\alpha n_\alpha)\frac{vF}{RT}\right]^{1/2}\exp\left[\frac{a^2 nF}{RT}(E_p^c - E_p^a)\right] \tag{3.4}$$

结合循环伏安曲线氧化峰和还原峰电位数据以及已经计算获得的扩散系数，可计算出 Ce(Ⅲ) 在 $BMIMBF_4$ 离子液体中 Pt 电极上反应的速率常数，所得各温度下反应速率常数列于表 3.7 中。

表 3.7　Pt 电极上 Ce(Ⅲ) 在 $BMIMBF_4$ 中不同温度下的速率常数

T/K	343	353	363	373
k_s/cm·s^{-1}	1.311×10^{-4}	1.616×10^{-4}	2.009×10^{-4}	2.512×10^{-4}

电极反应的可逆性与反应速率常数 k_s 有如下关系：

可逆反应：$k_s \geqslant 0.3v^{1/2}$cm/s

准可逆反应：$0.3v^{1/2}$cm/s$\geqslant k_s \geqslant 2\times10^{-5}v^{1/2}$cm/s

不可逆反应：$k_s \leqslant 2\times10^{-5}v^{1/2}$cm/s

此方法计算所得 k_s 的值均在准可逆反应参数范围内，也表明在 $BMIMBF_4$ 离子液体中 Pt 电极上 Ce(Ⅲ) 还原到 Ce(Ⅱ) 的反应是准可逆的，同时观察到 k_s 的值随温度升高而增大，这可能是由于升温促进电子在电极—电解液表面转移。

3.2.2 离子液体 $BMIMBF_4$ 中 Ce(Ⅲ) 在 GC 电极上的电化学行为

3.2.2.1 循环伏安与方波伏安曲线

图 3.11 所示为 363K 下，GC 工作电极（$S=0.0314cm^2$）上，$BMIMBF_4$ 离子液体中加入 0.05mol/L $CeCl_3$前后的循环伏安图，辅助电极为铂片（$S=0.5cm^2$），铂丝为准参比电极，扫描速度为 50mV/s。其中虚线代表纯 $BMIMBF_4$ 离子液体的循环伏安曲线，实线代表 $CeCl_3$(0.05mol/L)-$BMIMBF_4$ 的循环伏安曲线。由图 3.11 中虚线可以看出，$BMIMBF_4$ 在 GC 电极上的电化学窗口比在 Pt 电极更为宽广，阳离子 $BMIM^+$在−2.27V 处被还原，阴离子 BF_4^- 在 1.54V 处被氧化，电化学窗口达到了 3.81V。在相同电解质 $BMIMBF_4$ 中，相同铂丝为准参比电极条件下，以铂和玻碳两种不同电极为工作电极时，$BMIMBF_4$ 表现出的电化学窗口不同，以及Ce(Ⅲ)在同一 $BMIMBF_4$ 离子液体中的电化学行为也不同。这可能是由于 Pt 电极表面更易吸附污染物，且表面易被钝化。

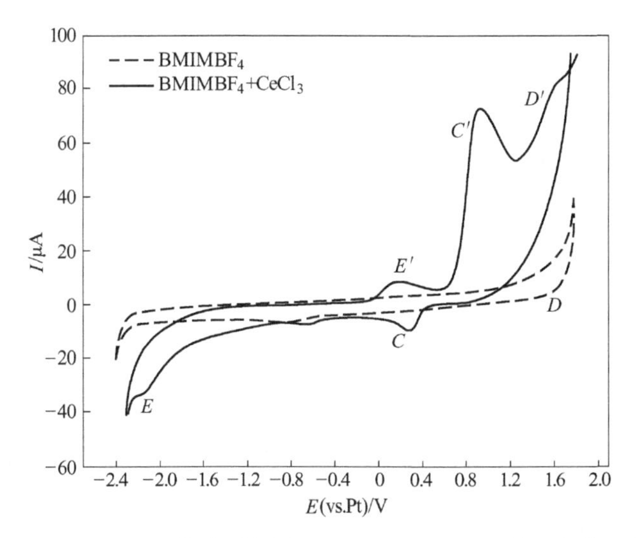

图 3.11 363K 时，$BMIMBF_4$ 离子液体中加入 0.05mol/L $CeCl_3$前（虚线）后（实线）的循环伏安图工作电极（GC 电极，扫描速度：50mV/s）

图 3.11 实线中还原峰 E 对应于 Ce(Ⅲ) 的一步还原过程，Ce(Ⅲ) → Ce(0)，还原峰 E 的出现意味着铈在 GC 电极表面优先以成核的形式存在，而不是游离在 GC 电极表面。同样，在玻碳电极上氧化还原峰 C/C'对应于氯的两电子准可逆氧化还原，对应公式为 $2Cl^- - 2e \rightarrow Cl_2\uparrow$，氧化峰 D'是由于离子液体自身反应引起的，与铂电极上发生的反应相一致。改变转向电位，考察氧化还原峰

的对应归属，如图3.12所示。图中氧化峰E'是由还原峰E引起，是由于形成的金属铈溶解后与体系中的BF_4^-和Cl^-发生复杂的界面过程所致，当考察$BMIMBF_4$的循环伏安时，当阴极扫描极限扩大到-2.4V时，会有对应的氧化峰F'出现。

在方波伏安中同样检测到了Ce(Ⅲ)→Ce(0)的电化学信号，如图3.13所示，与循环伏安相对应。

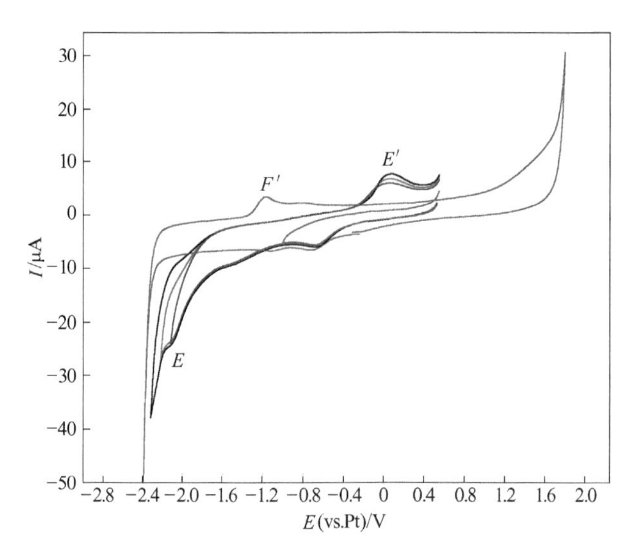

图3.12　363K时，$CeCl_3$(0.05mol/L)-$BMIMBF_4$在GC工作电极上不同转向电位的循环伏安曲线（扫描速度：50mV/s）

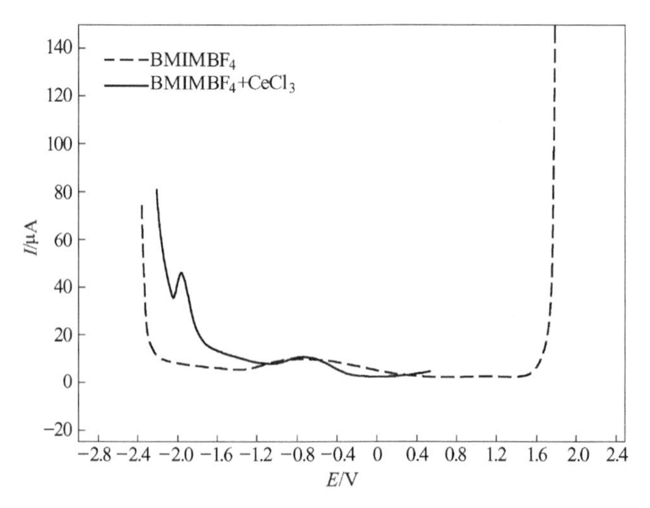

图3.13　363K时，在$BMIMBF_4$中添加$CeCl_3$前后的方波伏安曲线（频率：20Hz，工作电极：GC）

3.2.2.2 $BMIMBF_4$ 中 Ce(Ⅲ) 的扩散系数和扩散活化能

在 0.1mol/L 的 $CeCl_3$-$BMIMBF_4$ 体系中，缩小电位扫描范围，测得不同扫描速率的循环伏安曲线。图 3.14 所示为对应不同扫描速度下，在 GC 电极上 0.1mol/L $CeCl_3$在 $BMIMBF_4$离子液体中的循环伏安曲线。一对阴极还原峰和阳极氧化峰分别表示 Ce(Ⅲ) 的还原和 Ce(0) 的氧化。图 3.15 所示为阴极电流 I_{pc}随扫速平方根（$v^{1/2}$）之间的关系曲线，从图中可知，I_{pc}正比于 $v^{1/2}$，呈现良好的线性关系，这说明 Ce(Ⅲ) 离子的电化学还原反应是传质速率步骤控制的。虽然

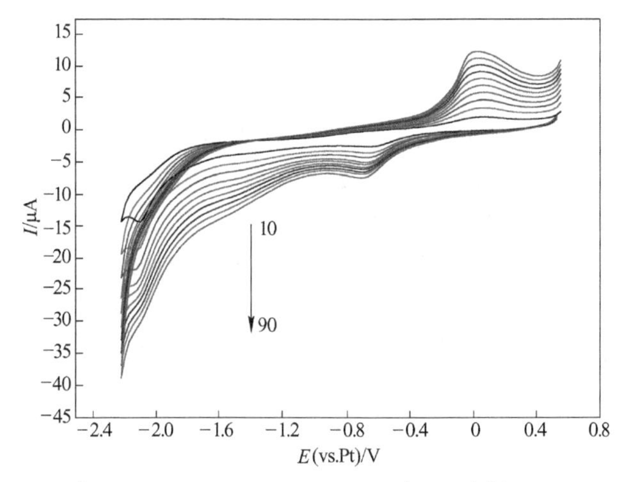

图 3.14　363K 时，$CeCl_3$(0.05mol/L)-$BMIMBF_4$在 GC 电极（S=0.0314cm^2）上不同扫描速率的循环伏安曲线

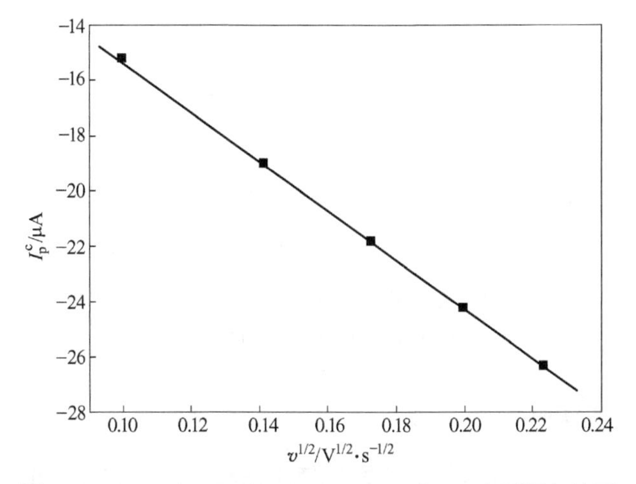

图 3.15　$CeCl_3$(0.05mol/L)-$BMIMBF_4$ 在 GC 上不同扫速下阴极电流和扫速平方根的关系图

在本实验扫描速率小于 100mV/s 条件下阴极峰电位随扫描速率偏移不大，但是阴极峰电势与阳极峰电势差值大于可逆反应的要求，半峰电势与阴极峰电势的差大于可逆反应的要求，所以 Ce(Ⅲ)/Ce(0)反应是不可逆或准可逆的。

对于一个传质速率步骤控制的不可逆的可溶-不可溶体系，Ce(Ⅲ) 离子的扩散系数也通过式（3.1）来计算。从图 3.15 中求出直线的斜率为-8.952×10^{-5}，则可计算出玻碳电极上 363K 时 Ce(Ⅲ) 离子在 $BMIMBF_4$ 离子液体中的扩散系数 D 为 $2.04\times10^{-8}cm^2/s$。同理求出 343~373K 温度下 Ce(Ⅲ) 的扩散系数，列于表 3.8 中。

表 3.8　Ce(Ⅲ) 在 $BMIMBF_4$ 中不同温度下的扩散系数

T/K	343	353	363	373
$D/cm^2 \cdot s^{-1}$	0.63×10^{-8}	1.12×10^{-8}	2.04×10^{-8}	3.67×10^{-8}

根据阿伦尼乌斯方程即式（3.3）中扩散系数与温度的关系，结合表 3.8 中各温度下 Ce(Ⅲ) 的扩散系数，可得如图 3.16 中不同温度下的 Ce(Ⅲ) 的扩散系数的对数（ln$D$）和离子液体温度的倒数（1000/T）之间的曲线。从曲线中可以清晰地看到，两者呈良好正比例线性关系，并且根据这条关系直线可以求出直线的截距和斜率，进而可以求出 Ce(Ⅲ) 离子在熔盐体系中扩散系数 D 与温度 T 之间的关系曲线为 $\ln D=-15.98-7518/T$。则可以得到玻碳电极上，在 $BMIMBF_4$ 离子液体中 Ce(Ⅲ) 扩散过程的扩散活化能为 E_a 为 62.51kJ/mol。

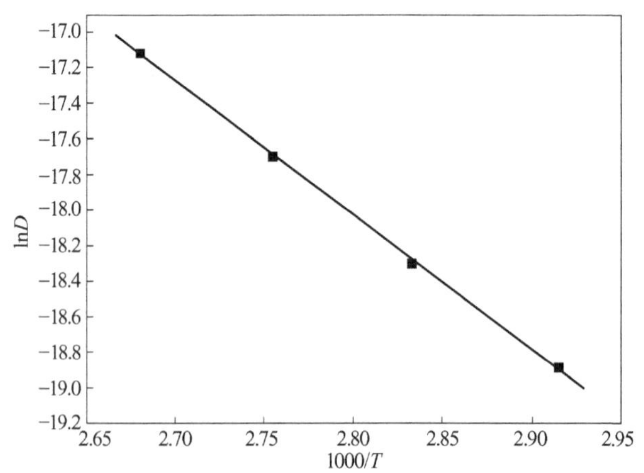

图 3.16　$BMIMBF_4$ 中添加 0.05mol/L $CeCl_3$ 计算得到 Ce(Ⅲ) 离子扩散系数和温度的关系

3.2.2.3　计时电位曲线

图 3.17 中的每一条曲线均是恒电流暂态曲线，表示有某一个阶跃电流通过。阶跃电流由 −26μA 逐渐增加至 −32μA。图 3.18 所示为在 363K 温度下，

0.05mol/L $CeCl_3$-$BMIMBF_4$ 离子液体体系中，在 Pt 电极（S=0.0314cm^2）上施加不同电流强度所得到的计时电位曲线。

从图 3.17 中可以看出，此电流范围内，在-2.15V 处出现一个平台 A，对应稀土离子 Ce(Ⅲ) 还原为金属铈的过程，表明 Ce(Ⅲ) 离子在含 $CeCl_3$ 的 $BMIMBF_4$离子液体中是被一步还原到金属铈的；在-2.35V 处出现第二个平台 B，这对应着 $BMIM^+$的还原。在计时电位曲线中，Ce(Ⅲ) 的沉积电位平台与循环伏安曲线中观察到的还原电位值接近。

当阴极电流增加时，过渡时间（τ）逐渐减少。取电流强度 I 对 $\tau^{-1/2}$ 作图（见图 3.18）。过渡时间 τ，可以通过图 3.17 中平台 A 的持续时间获得，利用电流强度数据 I 对 $\tau^{-1/2}$作图得到是一条直线如图 3.18 所示。此外，在电流强度增加时计时电位曲线中的平台 A 电位也基本稳定。根据这些结果，认为 Ce(Ⅲ) 离子的电化学还原是受扩散控制。因此，在 $BMIMBF_4$ 离子液体里，Ce(Ⅲ) 的扩散系数可以由 Sand 方程计算：

$$I\tau^{1/2} = \frac{nFSC_0D^{1/2}\pi^{1/2}}{2} \tag{3.5}$$

式中，τ 是由计时电位曲线测定得到的过渡时间；C_0是还原离子的溶液本体浓度（mol/cm^3）；D 是扩散系数（cm^2/s）；S 是研究电极的表面积（cm^2）。利用式（3.5）得到扩散系数的数值为 $D_{Ce(Ⅲ)} = 6.066\times10^{-9}cm^2/s$，这一数值与用循环伏安法计算获得的相接近。

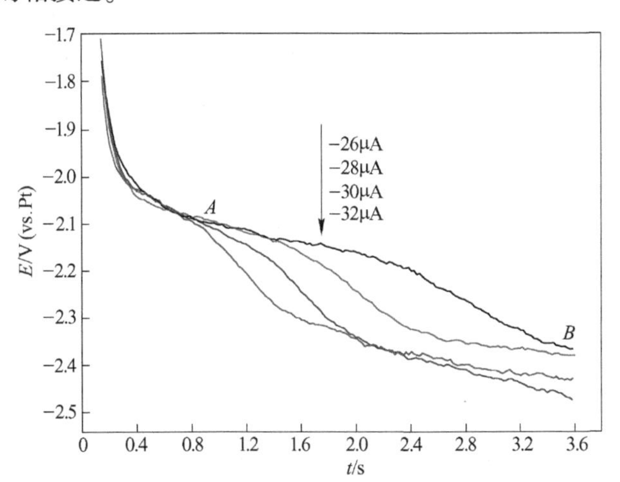

图 3.17 363K 时 $CeCl_3$(0.05mol/L)-$BMIMBF_4$ 中，GC 电极（S=0.0314cm^2）上计时电位曲线

3.2.2.4 计时电流曲线

图 3.19 所示为在 363K 时，$CeCl_3$(0.05mol/L)-$BMIMBF_4$ 体系中，GC 电极

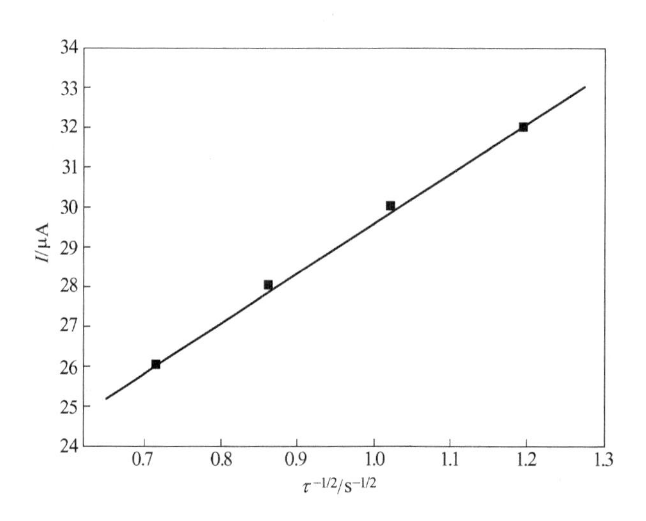

图 3.18　363K 时 $BMIMBF_4$ 中 Ce(Ⅲ) 在玻碳电极上还原过程 I 与 $\tau^{-1/2}$ 关系曲线

(S=0.0314cm^2) 上的一组计时电流曲线。图中的每条曲线表示在某一阶跃电位下的恒电位暂态，可以看到电流在短时间内迅速下降后趋于平稳，电流值随电位变化较小，说明该电极过程受 Ce(Ⅲ) 扩散控制。观察图中阴极电位由−2.08V逐渐增加至−2.28V 的电流变化情况，可看到阴极电流急剧增大即有明显的阶跃，表明在这个阶跃上有电子转移，即 Ce(Ⅲ) 在此放电，变为铈金属，在阴极上有铈这种物质析出。这个结论与循环伏安法曲线（图 3.12 中出现的还原峰）E（−2.08V)得出的结论一致。

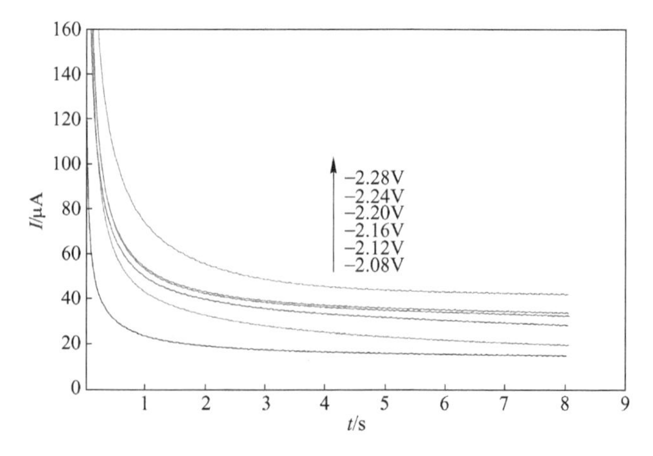

图 3.19　363K 时 $CeCl_3$(0.05mol/L)-$BMIMBF_4$ 在玻碳电极上的计时电流曲线

图 3.20 所示为计时电流曲线（-2.08~-2.16V）中电流 I 对 $\tau^{-1/2}$关系曲线图。由图可见，电流随 $\tau^{-1/2}$衰减，I 对 $\tau^{-1/2}$有较好的线性关系，其中电流强度随 $\tau^{-1/2}$衰减，且从计时电流曲线中可以看出，电流在短时间内迅速下降后趋于稳定，电流值随着电位值变化小，因此也可以判断 Ce(Ⅲ) 离子在 $BMIMBF_4$ 离子液体中以 GC 做电极时的阴极还原过程是受扩散控制的。

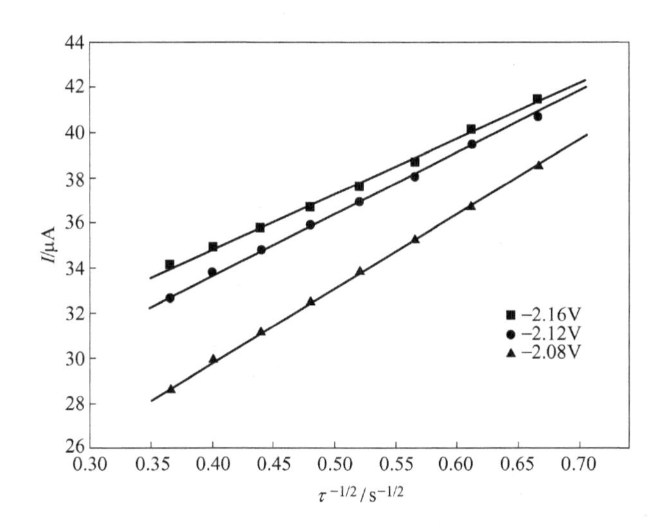

图 3.20 363K 时 $CeCl_3$(0.05mol/L)-$BMIMBF_4$ 中 Ce(Ⅲ) 在玻碳电极上还原过程 I 与 $\tau^{-1/2}$关系曲线

对于一个平板电极，其反应过程符合康奈尔方程：

$$i = -\frac{nFSD^{1/2}C_0}{\pi^{1/2}\tau^{1/2}} \tag{3.6}$$

式中，τ 是计时电位的过渡时间（s）。

根据康奈尔方程，计算 Ce(Ⅲ) 离子在 363K 下的扩散系数为 9.93×10^{-9} cm^2/s，这与之前根据循环伏安曲线法和计时电位法得出的计算结果比较接近。由循环伏安法、计时电位法、计时电流法计算的 Ce(Ⅲ) 离子在 $BMIMBF_4$ 中的扩散系数列于表 3.9 中。

表 3.9 三种电化学方法测量得到的 Ce(Ⅲ) 的扩散系数

电化学方法	$D/cm^2 \cdot s^{-1}$
循环伏安	2.044×10^{-8}
计时电位	0.606×10^{-8}
计时电流	0.993×10^{-8}

3.2.3　离子液体 BMIC 中 Ce(Ⅲ) 的电化学行为

3.2.3.1　循环伏安曲线

图 3.21 所示为温度为 363K 下，Pt 工作电极（$S=0.0314cm^2$）上，在 BMIC 离子液体及加入 0.05mol/L $CeCl_3$前后的 BMIC 中的循环伏安图，辅助电极为铂片（$S=0.5cm^2$），铂丝为准参比电极，扫描速度为 50mV/s。

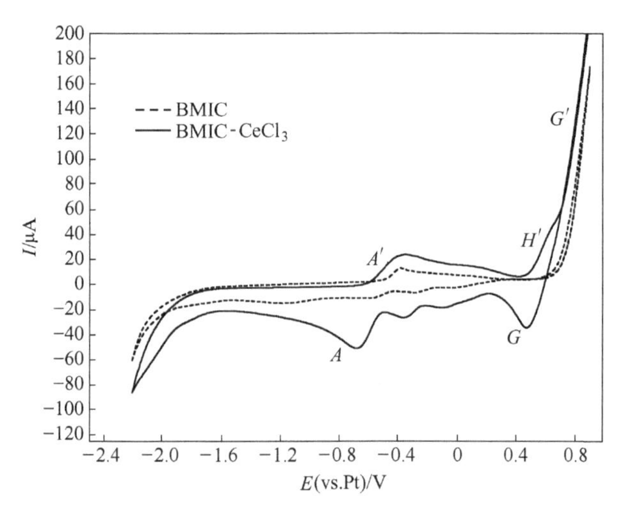

图 3.21　363K 时 BMIC 离子液体中加入 0.05mol/L $CeCl_3$前（虚线）后（实线）的循环伏安曲线（工作电极：Pt 电极，扫描速度：50mV/s）

图 3.21 中在 0.68V 出现的主要的较大的阳极电流对应于Cl^-的氧化，反应为 $2Cl^- - 2e \rightarrow Cl_2$，氯离子失去电子，在 Pt 电极上发生氧化反应，生成氯气。还原峰 G 对应于 Cl_2 的还原，$Cl_2 + 2e \rightarrow 2Cl^-$ 。阴极电流急剧增大对应于 $BMIM^+$经历多步过程还原为碳的反应。

当$CeCl_3$溶于 BMIC 时，$CeCl_3(s)$ 会与 BMIC 离子液体中存在的大量的Cl^-反应，溶解为八面体络合物 $[CeCl_6]^{3-}$。 $[CeCl_6]^{3-}$会被氧化为 $[CeCl_6]^{2-}$，图 3.21 中实线为 $CeCl_3$(0.05mol/L)-BMIC 的循环伏安曲线，氧化峰 H'对应为 $[CeCl_6]^{3-}$的氧化，起始电位为 0.48V。在图 3.21 实线中同样也观察到了 Ce(Ⅲ) 被还原到 Ce(Ⅱ) 的还原峰 A/A'，还原峰起始电位为−0.51V，对应的氧化峰起始电位为−0.59V。

图 3.22 中 BMIC 离子液体在 GC 电极上的电化学窗口为 2.6V。图中主要的阳极电流在−2V 处对应于Cl^-的氧化，还原峰 G 对应于 Cl_2 的还原，−0.66V 处对应于 $BMIM^+$的还原。Ce(Ⅲ) 在 BMIC 离子液体中 GC 电极上的电化学行为与在

Pt 电极上不同，GC 电极在 $CeCl_3$(0.05mol/L)-BMIC 测得的循环伏安曲线上只观察到了 $[CeCl_6]^{3-}$被氧化为 $[CeCl_6]^{2-}$的现象，对应于氧化峰 H'，起始电位也为 0.48V，与 Pt 电极上的相同。在 GC 电极上没有发现 Ce(Ⅲ)/Ce(Ⅱ) 反应的对应电化学信号，原因可能是与 GC 电极相比，Pt 电极因为是金属，在电沉积成核时有更低的过电位，使铈在上面沉积比较困难。

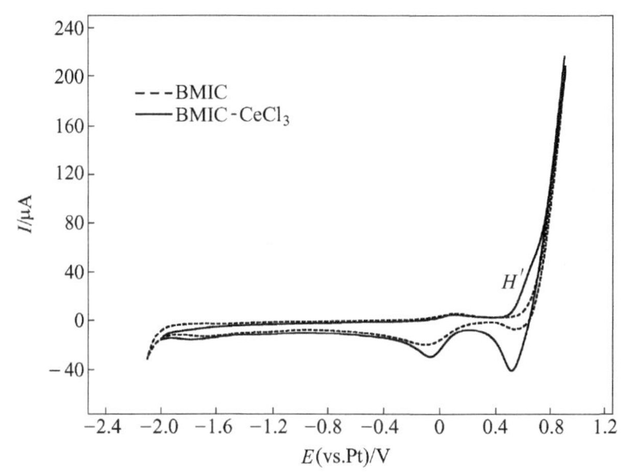

图 3.22 363K 时 BMIC 离子液体中加入 0.05mol/L $CeCl_3$前（虚线）后（实线）的循环伏安曲线（工作电极：GC 电极，扫描速度：50mV/s）

3.2.3.2 Ce(Ⅲ) 在 BMIC 中的扩散系数、扩散活化能和速率常数

图 3.23 所示为 Ce(Ⅲ)/Ce(Ⅱ) 在 Pt 电极上不同扫速下的循环伏安曲线，由图可以看出，随着扫描速度的增加，阴极峰值电流 I_{pc}随扫速的增加而增大。

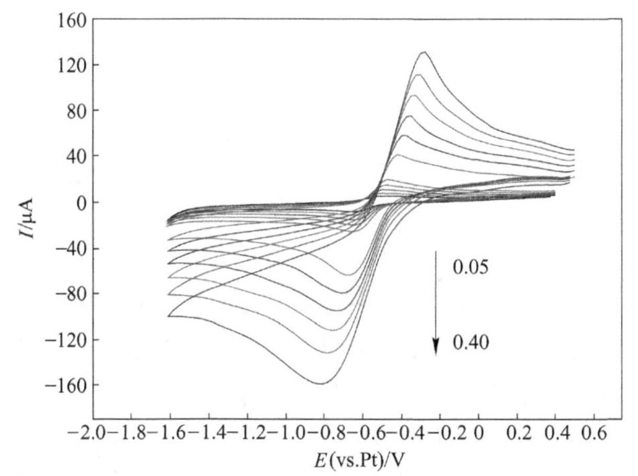

图 3.23 $CeCl_3$(0.05mol/L)-BMIC 在 Pt 电极（$S=0.0314cm^2$）不同扫描速率的循环伏安曲线

当扫描速率大于100mV/s时阴极和阳极峰电位分别向负方向和正方向发生了轻微的偏移，并且ΔE_p大于可逆反应的值，$|E_p^c - E_{p/2}^c|$和（$E_{pc}+E_{pa}$）/2均随扫描速度增加而变大。所以Ce(Ⅲ）在BMIC离子液体中Pt电极上的反应是不可逆或准可逆的，循环伏安数据表以及可逆性数据验证见表3.10、表3.11。

表3.10 363K时Ce(Ⅲ）在BMIC中的循环伏安曲线数据表

v/V·s^{-1}	E_{pc}/V	I_{pc}/A	E_{pa}/V	I_{pa0}/A
0.05	−0.6427	0.83×10^{-5}	−0.4974	0.54×10^{-5}
0.06	−0.6427	1.16×10^{-5}	−0.4975	0.8×10^{-5}
0.07	−0.6426	1.56×10^{-5}	−0.4974	1.11×10^{-5}
0.08	−0.6424	2.01×10^{-5}	−0.4733	1.51×10^{-5}
0.09	−0.6423	2.58×10^{-5}	−0.4733	2×10^{-5}
0.10	−0.6639	6.36×10^{-5}	−0.4216	4.14×10^{-5}
0.15	−0.7124	7.98×10^{-5}	−0.3732	5.85×10^{-5}
0.20	−0.7366	9.53×10^{-5}	−0.349	7.56×10^{-5}
0.25	−0.7617	11.2×10^{-5}	−0.3247	9.39×10^{-5}
0.30	−0.7861	13.2×10^{-5}	−0.3005	11.2×10^{-5}
0.35	−0.8099	15.9×10^{-5}	−0.2763	13.1×10^{-5}

表3.11 363K时Ce(Ⅲ）在BMIC中反应可逆性验证数据表

v/V·s^{-1}	ΔE_p/V	I_{pa}/I_{pc}	$\|E_p^c - E_{p/2}^c\|$/V	$\|E_{pc}+E_{pa}\|$/V
0.05	0.1452	0.885	0.0637	0.5701
0.06	0.1452	0.936	0.0697	0.5701
0.07	0.145	0.973	0.0826	0.5701
0.08	0.169	1.031	0.0874	0.5578
0.09	0.1689	1.06	0.0773	0.5578
0.10	0.2423	0.88	0.1199	0.5428
0.15	0.3391	1	0.1564	0.5428
0.20	0.3876	1.092	0.1796	0.5428
0.25	0.4369	1.165	0.2057	0.5432
0.30	0.4856	1.173	0.2211	0.5433
0.35	0.5336	1.146	0.2489	0.5431

对于Ce(Ⅲ)/Ce(Ⅱ）在BMIC中发生的准可逆或不可逆的氧化还原反应，Ce(Ⅲ）的扩散系数可用式（3.1）计算，其中阴极电流与扫描速度平方根的关系如图3.24所示，直线斜率为-3.95×10^{-4}，可计算出363K时Ce(Ⅲ）在BMIC中的扩散系数为2.02×10^{-7}cm^2/s。同理求出其他温度下的扩散系数列于表3.12中。

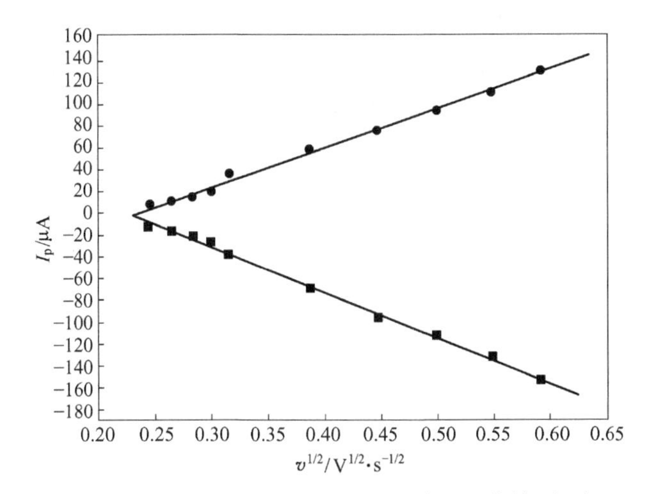

图 3.24 $CeCl_3$(0.05mol/L)-BMIC 在 Pt 不同扫速下阳极（上）和阴极（下）电流和扫速平方根的关系曲线

表 3.12 GC 电极上 Ce(Ⅲ) 在 BMIC 中不同温度下的扩散系数

温度/K	343	353	363	373
$D/cm^2\cdot s^{-1}$	5.13×10^{-8}	9.62×10^{-8}	20.2×10^{-8}	31.4×10^{-8}

图 3.25 所示为相同扫描速度下 Pt 电极上 343～363K 温度范围内 Ce(Ⅲ)/Ce(Ⅱ)反应的循环伏安曲线，可以看出，随温度升高，Ce(Ⅲ) 还原峰电流增大，峰电位负移。

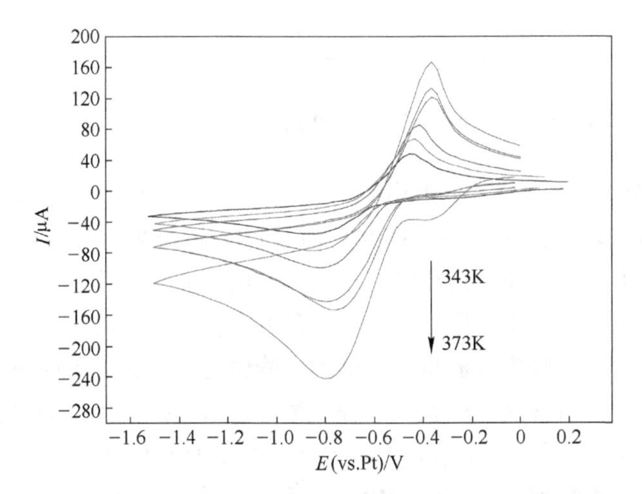

图 3.25 Pt 电极上 Ce(Ⅲ) 在 BMIC 中不同温度下的循环伏安曲线（扫描速度：50mV/s）

根据阿伦尼乌斯方程可以表示扩散系数和温度之间的关系，则根据式（3.3）绘制 $\ln D$ 与 $1/T$ 的关系线如图 3.26 所示，可以得到其线性回归方程为，$\ln D_{Ce(Ⅲ)}=-15.56-7911/T$，故 Ce(Ⅲ) 在 BMIC 离子液体中的扩散活化能为 65.78kJ/mol。

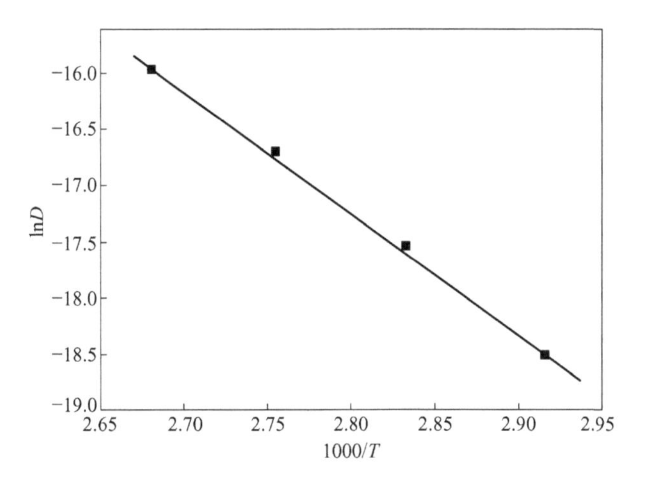

图 3.26　Ce(Ⅲ) 在 BMIC 中扩散系数和温度的关系

继续根据式（3.4）考察 Ce(Ⅲ) 的动力学数据，计算在 BMIC 离子液体中 Pt 电极上的速率常数 k_s，计算所得各温度下反应速率常数列于表 3.13 中。

表 3.13　Pt 电极上 Ce(Ⅲ) 在 BMIC 中不同温度下的反应速率常数

T/K	343	353	363	373
k_s/cm · s^{-1}	7.66×10^{-5}	9.82×10^{-5}	11.9×10^{-5}	12.1×10^{-5}

3.2.4　离子液体 $BMIMBF_4$ 中电沉积铈的探索

图 3.27 所示为在 $CeCl_3$-$BMIMBF_4$ 中以-1.5V 沉积电位在铜电极表面沉积铈元素过程中电流随时间 t 的变化曲线。曲线可大致分为三个阶段，对于第一阶段，电流下降非常快，这个过程对应于电极双电层充电过程。紧接着，电流又迅速增加达到最大值，这个阶段对应于电结晶的形核过程。随着铈离子浓度的增加和体系温度的升高，峰值电流也不断增大。峰值电流变大，说明电结晶过程生成的晶核增多。最后阶段是晶核长大过程，最终进入由扩散控制的电沉积过程。

以 $BMIMBF_4$ 离子液体中溶入 1mol/L $CeCl_3$ 作为电解液，363K 温度下，在铜基体上以-1.5V 电压对 $CeCl_3$-$BMIMBF_4$ 进行恒电位电解 8h，在金属铜电极上电解制备获得含铈元素的金属薄膜镀层。为了检测铈元素从离子液体中沉积所得薄膜镀层形貌和含量，对沉积获得的金属薄膜镀层进行了 SEM 照片和 EDS 谱图分

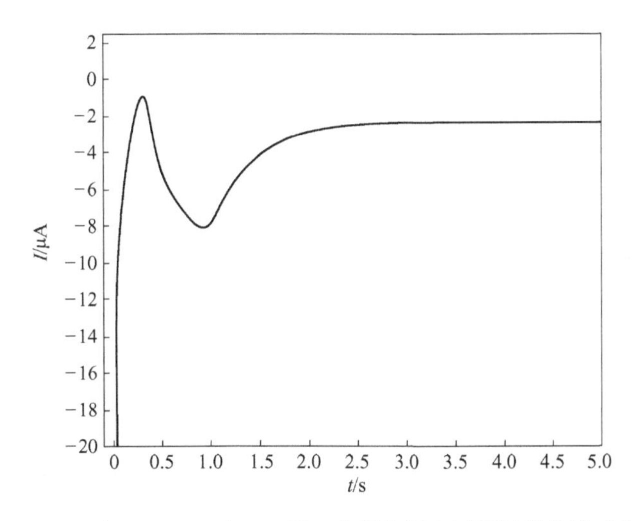

图 3.27 363K 下 $BMIMBF_4$ 中 Ce(Ⅲ) 在铜电极上还原过程的计时电流曲线

析。图 3.28 所示为在包含 1mol/L $CeCl_3$的 $BMIMBF_4$ 离子液体中电沉积得到的铜电极表面金属薄膜镀层的 SEM 照片。

从 SEM 照片可以看出，铈元素以小颗粒形状均匀分布在铜电极表面。由元素含量能谱分析（图 3.29）也可以知道铈元素的存在，化合物中存在少量的氟是由于离子液体吸附在电极表面或者形成一些氟铈化合物，同时证实 Ce(Ⅲ) 还原的不可逆性。由于离子液体中电沉积过程电流密度比较小，镀层较薄，X 射线容易穿透沉积层，因此 XRD 只能检测到 Cu 的衍射峰出现，但在 EDS 分析中可以很好地检测到铈元素，以及元素面扫描分析（图 3.30）也检测到了铈元素的存在，均说明了含铈元素的薄膜镀层可以在 $BMIMBF_4$ 离子液体中通过恒电位沉积得到。

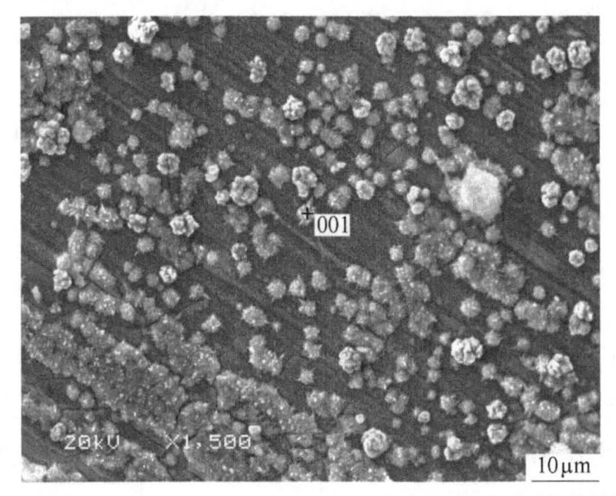

图 3.28 铜电极在 $CeCl_3$(1mol/L)-$BMIMBF_4$中电沉积所获薄膜镀层 SEM 照片

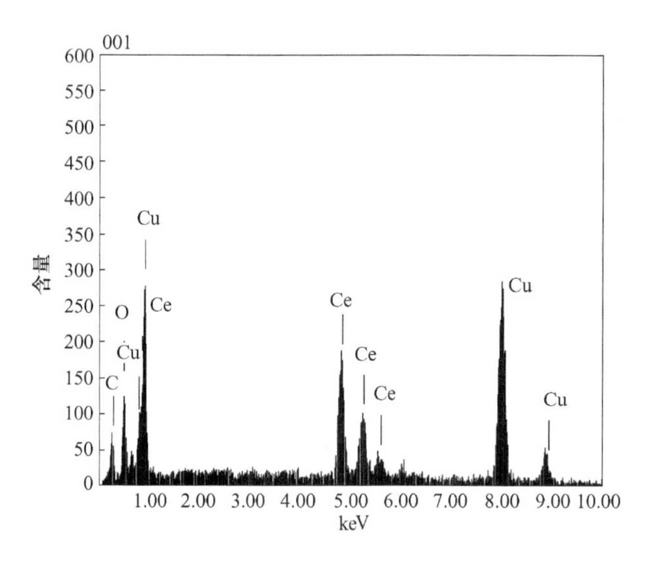

图 3.29　铜电极在 $CeCl_3$(1mol/L)-$BMIMBF_4$中电沉积所获薄膜镀层 001 点 EDS 谱图

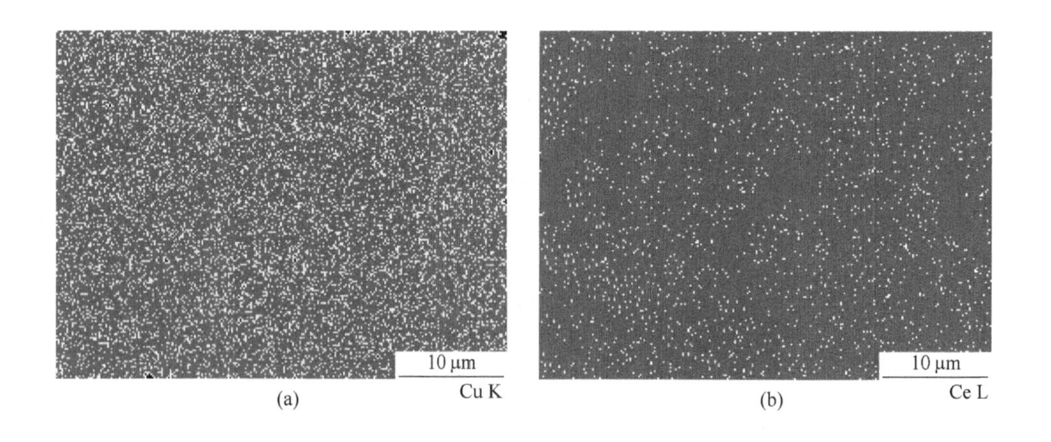

图 3.30　铜电极在 $CeCl_3$(1mol/L)-$BMIMBF_4$中电沉积得到的薄膜镀层 EDS 面扫描图

从图 3.31 中可以看到，以不含 $CeCl_3$的 $BMIMBF_4$离子液体作为电解液，在铜片上同样恒电位-1.5V 电解 8h 后所得铜电极 SEM 扫描图像表面光滑平整，没有如图 3.28 所示的含铈元素的小颗粒。在图 3.32 元素 EDS 谱图中也并未检测到铈元素的存在。

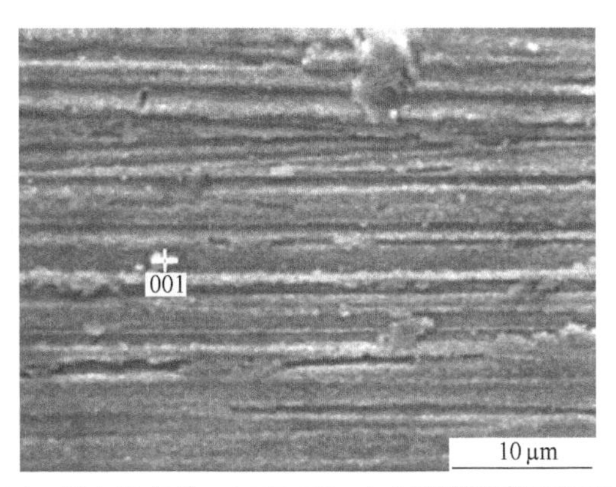

图 3.31 铜电极在单一 $BMIMBF_4$ 中电沉积后表面 SEM 照片

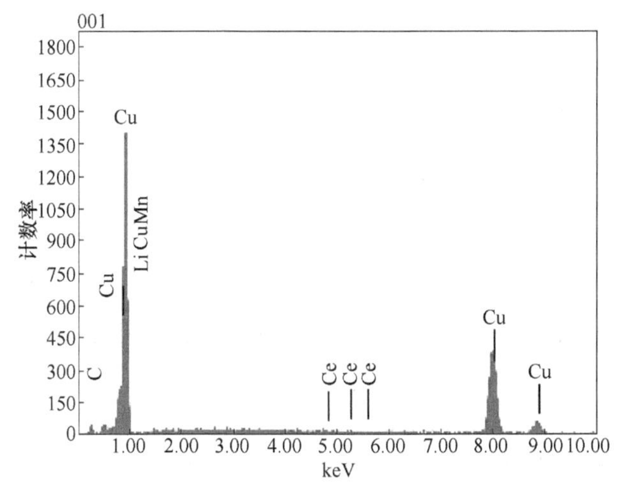

图 3.32 铜电极在单一 $BMIMBF_4$ 中电沉积后表面 001 点 EDS 谱图

3.3 离子液体中铝箔的电沉积

3.3.1 离子液体 BMIC 中 Al(Ⅲ) 在 GC 电极上的电化学行为

3.3.1.1 循环伏安曲线

电化学行为测量采用的三电极体系中工作电极为玻碳圆盘电极（$d=3$mm），对电极为玻碳片（2cm×2cm），铝丝为参比电极，电解槽为石英瓶（20mm×60mm）。

图 3.33 所示为50℃含有 66.6mol% $AlCl_3$ 的 BMIC 离子液体中玻碳电极上的循环伏安曲线，扫描速度为 0.05mV/s。由图可得出，从该三电极体系中由开路

向负扫，扫到-0.01V 时 Al(Ⅲ) 开始在阴极上被还原，随着电位升高，铝的沉积速度加快，Al(Ⅲ) 还原电流升高，电流峰值出现在-0.69V。当电极表面电活性 $[Al_2Cl_7]^-$被还原而减小，电流会随着电位的负扫变小，铝的还原峰的形成。电位正扫，电极表面的 $[Al_2Cl_7]^-$继续被还原，所以电流还未转向，直至电极上的 $[Al_2Cl_7]^-$耗尽。电位继续正扫，沉积在电极表面的铝单质被氧化，形成铝的氧化峰。

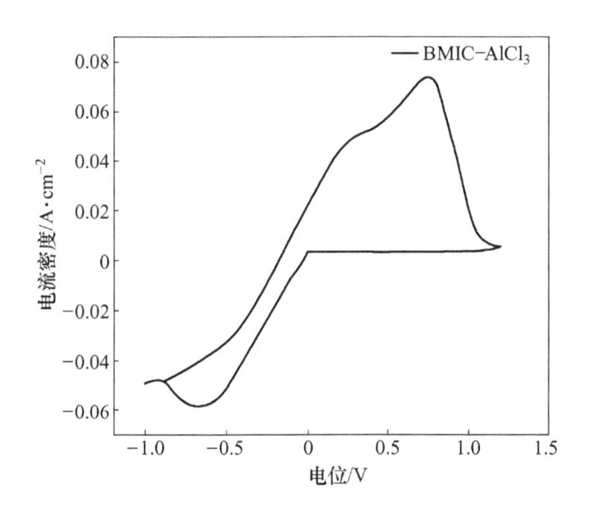

图 3.33　50℃时 Al(Ⅲ) 的 BMIC-$AlCl_3$体系中玻碳电极上的循环伏安曲线

3.3.1.2　计时电位曲线

BMIC-$AlCl_3$体系中铝箔的电沉积均采用恒电流沉积。如图 3.34 所示，图 3.34 (a) 为沉积之前抛光清洗后玻碳电极表面相片，图 3.34 (b) 是在 BMIC-$AlCl_3$体系中沉积铝箔后玻碳电极相片，图 3.34 (c) 为 BMIC-$AlCl_3$体系中电沉积后剥离玻碳电极，再用 CH_2Cl_2 经过清洗后吹干的铝箔相片。从图中可以看到，沉积得到的铝箔剥落后很完整，铝箔直径跟玻碳基底直径一样。

图 3.35 所示为 50℃时 Al(Ⅲ) 在玻碳电极上 BMIC-$AlCl_3$中不同电流密度下的计时电位曲线。从图中可以发现随着电流密度的增大，电沉积的过电位变大。相同条件下，过电位的越大表明铝核的生成速率越大。电流密度由 16mA/cm^2 增大到 57mA/cm^2，新核的生成过电位的生长过电位。这表明电流密度增大，导致核的生成速率越来越高于核的生长速率。沉积的铝更倾向于核的生成而不是核的生长，生成的新核更多，新核长大放缓，所以形成的颗粒较小同时大小均一，大电流密度趋于小颗粒沉积。

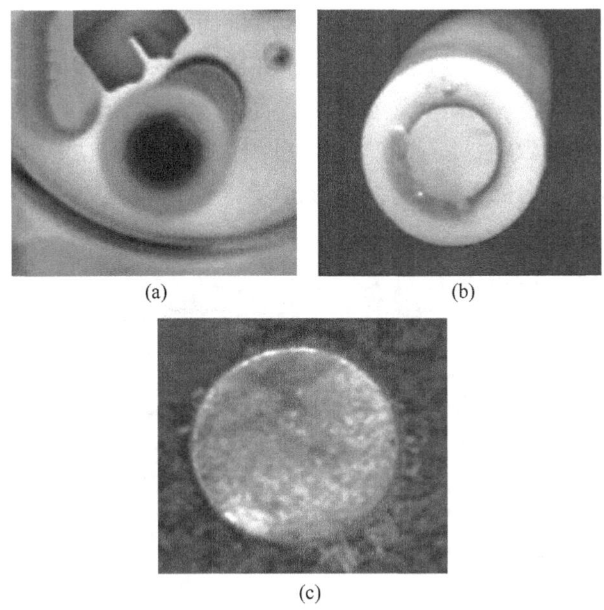

(a) (b)

(c)

图 3.34 BMIC-$AlCl_3$ 体系中铝箔的电沉积

(a) 沉积之前玻碳电极表面照片；(b) 在 BMIC-$AlCl_3$体系中沉积铝箔后玻碳电极相片；

(c) BMIC-$AlCl_3$体系中沉积后剥离玻碳电极清洗后的铝箔相片

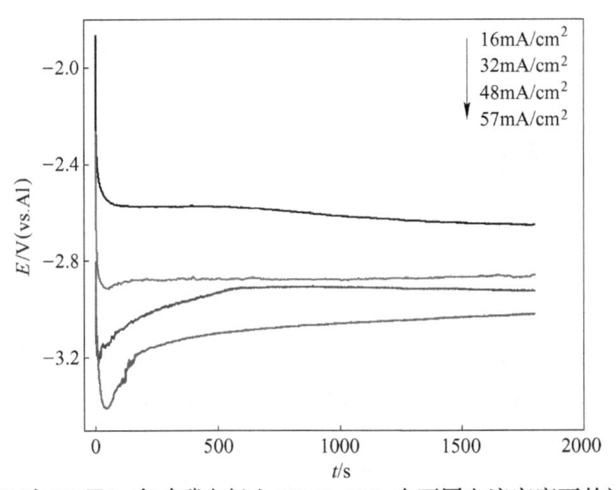

图 3.35 50℃时 Al(Ⅲ) 在玻碳电极上 BMIC-$AlCl_3$中不同电流密度下的计时电位曲线

3.3.2 电流密度对铝箔的影响

3.3.2.1 电流密度对铝箔形貌的影响

为了考察电流密度铝沉积层形貌的影响，采用恒电流沉积法，从沉积铝层的正面和背面研究电流密度的作用。图 3. 36 所示为 50℃时，在玻碳基底上不同电流密度、沉积相同库仑量下的铝箔正面的 SEM 图像。从图中可以看出，在低电流密度（$16mA/cm^2$）下沉积的颗粒较大，而且容易团簇在一起，形成大小不一的块状，整个铝箔不致密。随着电流密度的增大，沉积颗粒变小，而且颗粒没有发生团簇，而是颗粒分布均一，大小一致，整个铝箔较为致密。

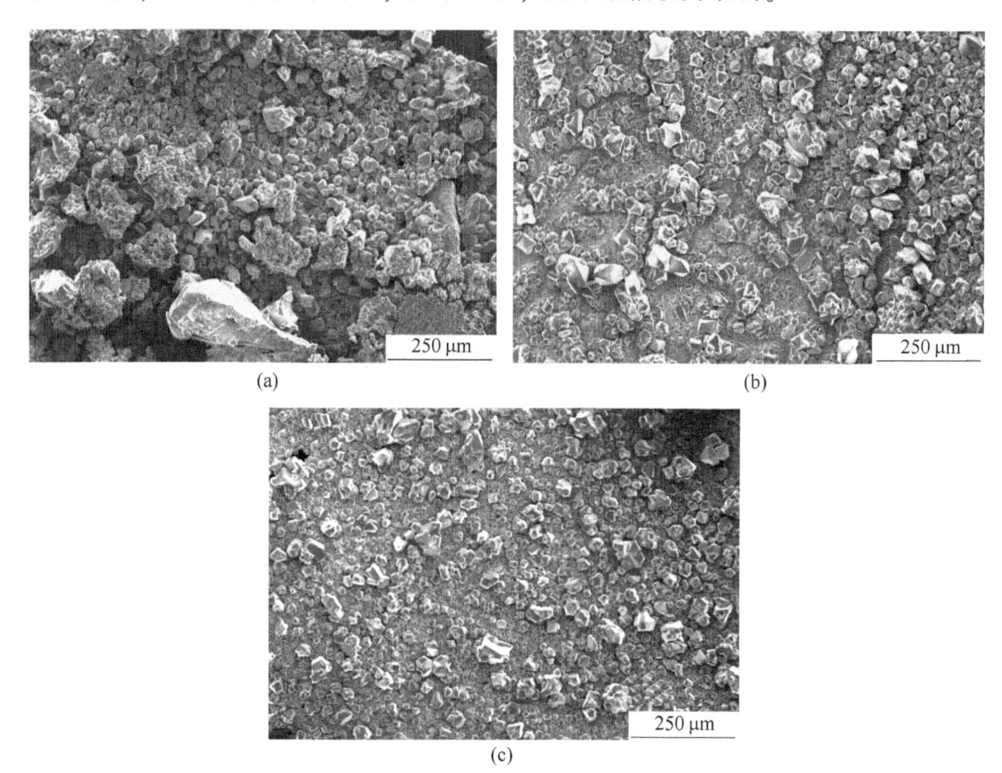

(a)　(b)　(c)

图 3. 36　50℃时恒电流沉积相同电量下不同电流密度沉积的铝箔 SEM 图

（a）$16mA/cm^2$，2h；（b）$32mA/cm^2$，1h；（c）$57mA/cm^2$，0. 55h

图 3. 37 所示为 50℃时，在玻碳基底上不同电流密度下沉积的铝箔背面的 SEM 图。由于箔背面铝的沉积为最初沉积在玻碳基底上的铝颗粒，所以背面的铝沉积形貌与沉积时间无关。从图中可以看出，在低电流密度（$16mA/cm^2$）下沉积的空隙裂痕较多较大，而且块状的沉积物较大。随着电流密度的增大，沉积的空隙裂痕越来越小，同时沉积颗粒越来越小。可以证实上文中正面沉积在高电流密度更容易得到沉积致密均一，表面光滑的铝箔产品。出现该现象的原因与正面的形貌原因相同。

3. 3. 2. 2　电流密度对铝箔晶型的影响

为了更系统的研究铝沉积物形貌和晶体晶型之间的关系，对产物进行了

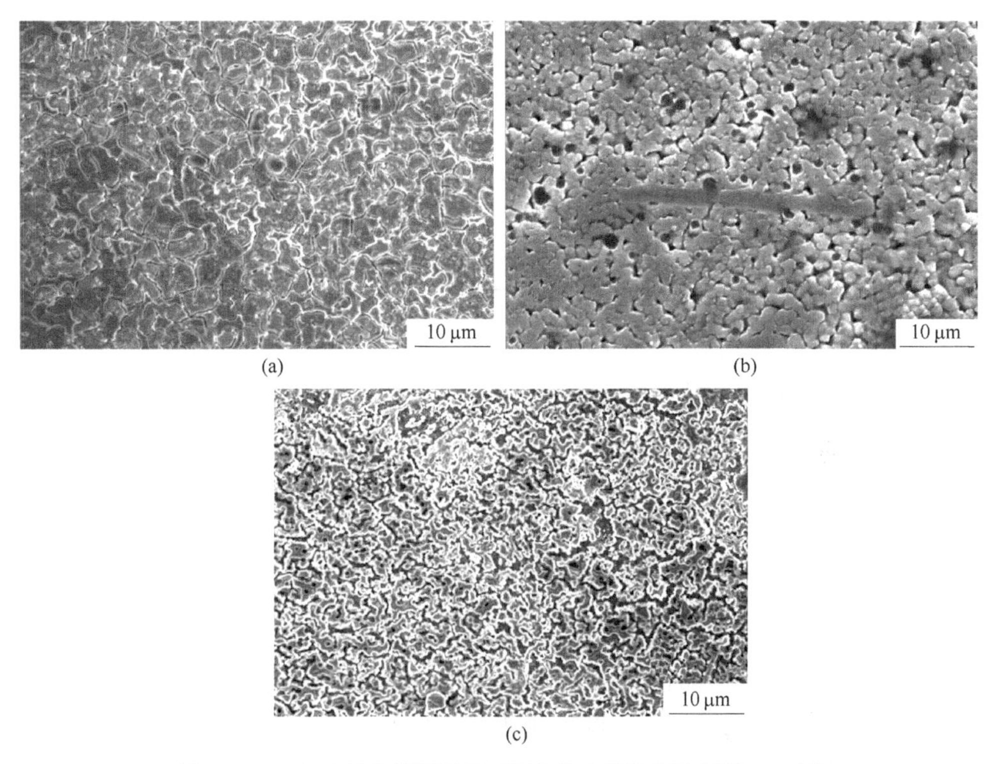

图 3.37 50℃时恒电流沉积下不同电流密度沉积的铝箔 SEM 图

（a）16mA/cm²；（b）32mA/cm²；（c）57mA/cm²

XRD 的测定。图 3.38 所示为电流密度 16mA/cm²、32mA/cm² 和 57mA/cm² 沉积相同电量得到铝箔的 XRD 测试结果。结果表明，该条件下得到的所有铝晶体的晶型与铝的标准 JCPDS No. 01-089-2769 卡片值完全地吻合，沉积得到的所有铝箔具有很高的纯度。

铝箔 XRD 谱图在 20°~90°的衍射角范围内出现了（200），（111），（220），（211）与（222）晶面的铝的典型特征峰。谱图分析（200），（111）取向较强，铝的晶格取向随着实验条件的变化而发生相对的峰强度改变，本节研究不同电流密度铝的 5 个特征峰强度的变化趋向。在 50℃下当电流密度由 16mA/cm² 变化到 57mA/cm² 时，铝的晶面取向也发生了有规律的变化。

电沉积铝晶体结构的测量采用 Harris 法。在该分析方法中，P_{hkl}被定义为位于垂直沉积物表面的（hkl）面的晶格分数，该值是归一化单元。P_{hkl}值大于 1，说明沉积表面上该晶面是正交优选取向面。（200），（111），（220），（211）和（222）面的 P_{hkl}值计算如以下公式：

$$P_{hkl} = \frac{l_{hkl} \sum I_{hkl}}{Ir_{hkl} / \sum Ir_{hkl}} \tag{3.7}$$

式中，l_{hkl}为沉积样品的（*hkl*）晶面的峰强度；$\sum I_{hkl}$ 为沉积样品的所有峰的强度和；Ir_{hkl}为标准 JCPDS 卡（*hkl*）晶面的峰强度，$\sum Ir_{hkl}$为标准 JCPDS 卡所有晶面的强度和。

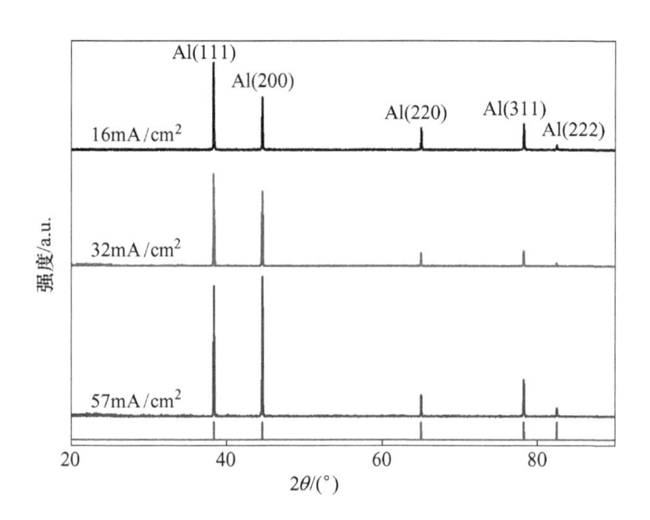

图 3.38　50℃时在玻碳电极上不同电流密度下沉积 1h 得到铝箔正面的 XRD 图谱

沉积铝的晶面取向经计算如图 3.39 所示。电流密度的改变导致晶体的晶面取向在（111）、（200）面上的变化较大且呈现趋势的改变。随着电流密度的升高，沉积物沿（111）晶面取向强度降低，同时电流密度高于 32mA/cm^2 时，P_{111}小于 1；而沿（200）晶面强度在上升而且 P_{200}始终大于 1。分析表明，大电流密度沉积的铝箔晶型更倾向（200）面生长。大电流密度下沉积可以得到致密的铝层，致密程度随电流密度的升高而变大。说明（200）面趋于生长均一、致密晶型；而当温度较高且电流密度较大时，铝的择优晶型为（111）面对应的趋于大颗粒、粗糙和疏松生长。要想得到更为致密的铝箔，应该适当地调整反应条件，促使铝更多地在（200）型晶面上进行电沉积生长。

3.3.2.3　电流密度对电流效率的影响

图 3.40 所示为 50℃时，在相同电流密度下不同沉积时间的平均电流效率与电流密度曲线。随着电流密度 16mA/cm^2 增大到 57mA/cm^2 电流效率由 79.1%到 89.5%。在 16mA/cm^2 下电流效率较低（80%左右），电流升高效率明显上升，32mA/cm^2 之后效率几乎没有改变。是因为在低电流密度下，铝箔不致密，在形成或者在铝箔清洗过程中铝枝晶的脱落损失，所以 16mA/cm^2 电流密度较小。

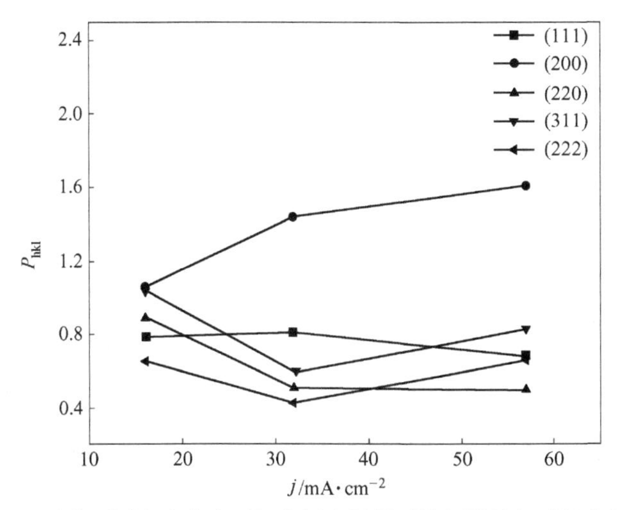

图 3.39 50℃时在不同电流密度下沉积同电量得到的铝箔的相对标准峰强度 P_{hkl}

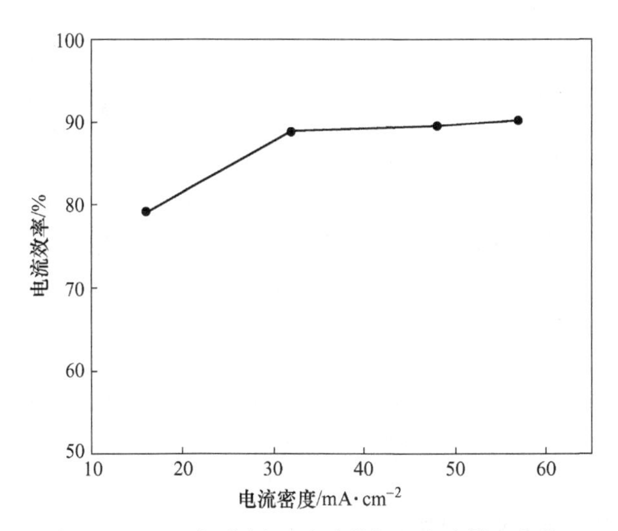

图 3.40 50℃时不同电流密度的沉积电流效率曲线

3.3.3 沉积时间对铝箔形貌的影响

为了研究不同沉积时间对铝箔致密度的影响，本节选取了在 57mA/cm^2 电流密度分别沉积 0.55h、1h、2h、4h。图 3.41 所示为得到的不同沉积时间的铝箔 SEM。图 3.41（a）中清楚地看到，颗粒大小均一，铝箔表面平整致密；图 3.41（b）中颗粒也比较规则，但是有少许较大的颗粒存在，大颗粒应该就是小颗粒堆积形成，图 3.41（b）整体是致密的；然而随着沉积时间增长，颗粒堆积更为明显，如图 3.41（c）中致密均一的铝层表面出现片状团簇；图 3.41（d）中沉积颗粒堆积变大，长成针状、枝晶状，沉积4h就有枝晶生成。在$57mA/cm^2$下恒电流沉积，在沉积时间为1h到2h之间会有铝枝晶的形成。结果表明，铝在GC基体上的沉积主要分为两步：（1）铝在基体上沉积出致密层；（2）沉积持续进行，在致密层上慢慢长出枝状堆积，直至生成枝晶。

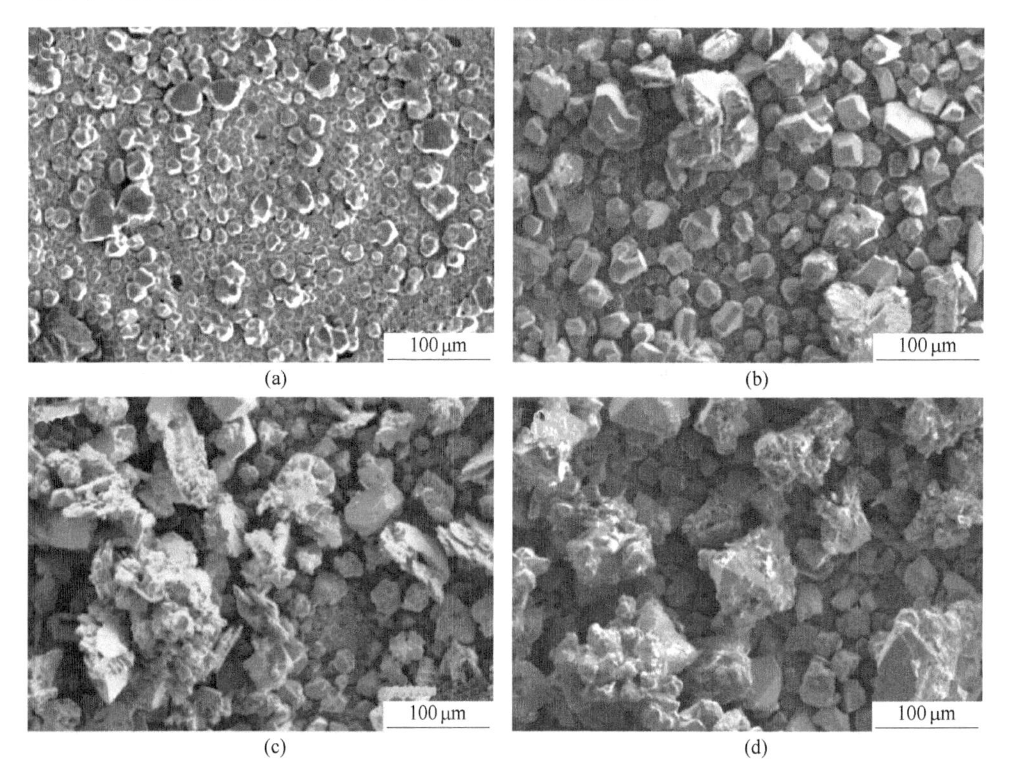

图3.41　50℃时在GC电极上$57mA/cm^2$下不同沉积时间沉积得到的铝箔的SEM图
（a）0.55h；（b）1h；（c）2h；（d）4h

3.3.4　温度对铝箔沉积的影响

3.3.4.1　温度对铝箔形貌的影响

图3.42所示为$32mA/cm^2$电流密度时，分别考察了40℃、50℃、60℃和70℃时沉积1h铝箔的SEM图。如图中所示，40℃时铝箔表面沉积的颗粒大小均一，形状一致，排列整齐致密；50℃时沉积表面颗粒大小均一，但排列没有40℃时整齐、平整；60℃时沉积层表面颗粒大小不一、排列杂乱，不规则多面体颗粒较多，而且因为叠层生长，晶粒之间有空隙出现；70℃时，得到粉末块状堆积，极不致密在GC基体表面无法形成箔状沉积（无图片）。较低温度下更容易沉积

得到光滑、致密的铝箔。随着温度升高，沉积颗粒不规则，沉积排列空隙变大，故 70℃时无法形成箔状。

图 3.42 32mA/cm^{2}电流密度时不同温度沉积 1h 铝箔的 SEM 图
（a）40℃；（b）50℃；（c）60℃

3.3.4.2 温度对铝箔的厚度和电流效率的影响

图 3.43 所示为在电流密度 32mA/cm^2 沉积 1h 时，电流效率与铝箔厚度随温度变化曲线。随着温度的上升铝箔的厚度由 40℃时的 56.2μm 增大到 60℃时的 60μm。图 3.43 中看出电流效率随温度升高而降低，40℃和 50℃时电流效率几乎不变为 89.1%。到温度升高到 60℃时，电流效率将为 87.2%。电流效率下降的因素有两个：一是当沉积温度升高时，杂质离子向阴极的迁移速率更快，会有更多的杂质在阴极上反应而导致电流效率的下降；二是当离子液体体系的温度升高，电活性物质（$Al_2Cl_7^-$）与阳极产生的氯气在离子液体中的扩散加快，加速了氯气与铝和电活性物质（$Al_2Cl_7^-$）的接触，同时升高的温度加快这些反应。所以温度上升，电流效率会下降。

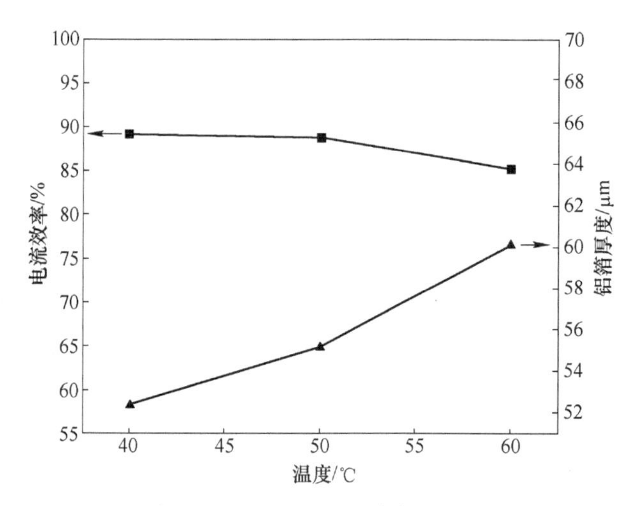

图 3.43　32mA/cm^2 下沉积 1h 时电流效率与铝箔厚度随温度变化曲线

3.3.5　铝箔元素分析表征

为了研究沉积产品的纯度，本节采用 XRD 和 EDX 谱图表征。图 3.44 所示为 50℃时 32mA/cm^{2}沉积时间 1h 的铝箔的 SEM 和 EDX 面扫谱图，结果表明铝的元素质量分数高于 94%，元素分析结果中还有少量的 O 元素和 Cl 元素。从 O 元素的分布谱图看出，O 元素分布在颗粒上容易接触空气的地方，O 元素可能是铝箔清洗和转移过程中被空气氧化的原因。可能是Cl 元素含量较少的原因，未

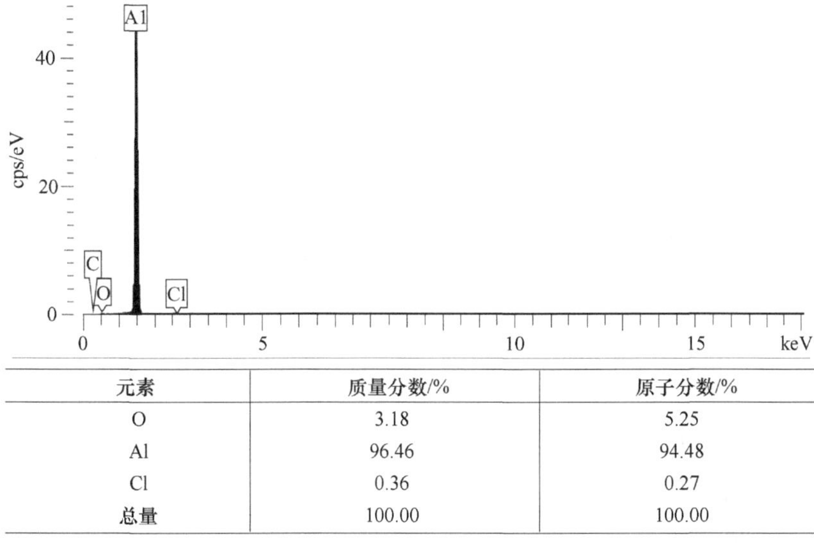

元素	质量分数/%	原子分数/%
O	3.18	5.25
Al	96.46	94.48
Cl	0.36	0.27
总量	100.00	100.00

图 3.44 50℃时 32mA/cm²沉积时间 1h 铝箔的 SEM 和 EDX 面扫谱图

出现 Cl 元素的元素分布谱图。EDX 面总分布谱图中还有未标记的元素峰，为 C 元素峰（碳导电胶），碳导电胶为样品测试基底，因此将其去除。

为了更好地分析 O 元素来源分析，图 3.45 所示为 50℃时 57mA/cm²沉积时间 1h 的铝箔的 SEM 和 EDX 面扫谱图。图中 O 元素分布较为集中的地方正好是 Cl 元素较为集中的位置，说明 O 元素的主要来源沉积物上残留的电解液在空气中氧化或水解产生。沉积物中残留的电解液决定了铝箔的厚度。

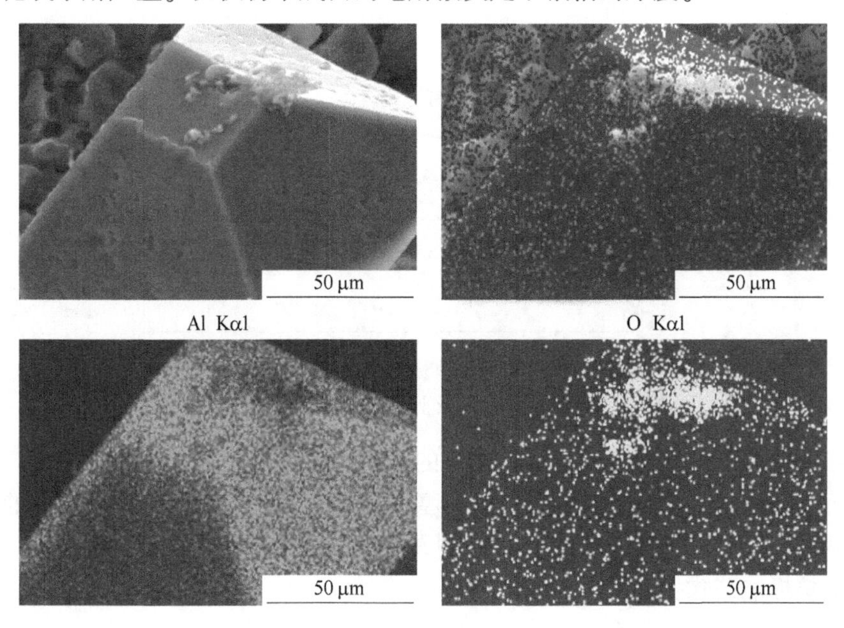

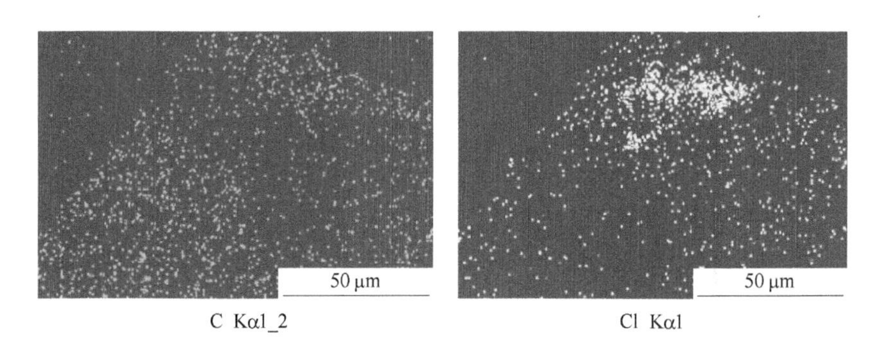

图 3.45　50℃时 57mA/cm^{2}沉积时间 1h 的铝箔的 SEM 和 EDX 面扫谱图

3.3.6　玻碳电极上铝沉积的成核机理

图 3.46 所示为 50℃时，玻碳基底上不同电位的计时电流曲线。三条曲线都出现电流密度先升高再降低，最后趋于稳定。是因为开始通电，体系中双电层充电，电流升高，双电层达到饱和；沉积时间的增加，阴极表面电活性物质减少，沉积受扩散控制，导致电流下降；当电活性物质扩散的补充与其在电极上的消耗达到动态平衡，电流趋于稳定。众多的模型的发展主要是用来推断不同机理的电流暂态。

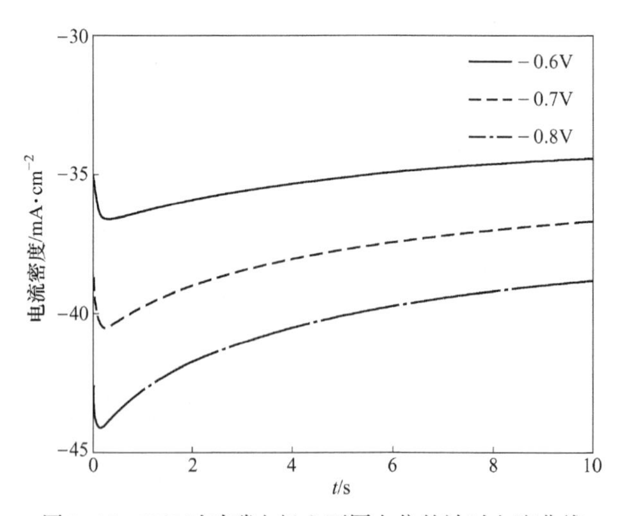

图 3.46　50℃时玻碳电极上不同电位的计时电流曲线

铝的电沉积初始阶段在活性位点上的沉积过程符合三维成核生长模型。对于金属沉积过程常常被考察其三维成长模型。基体表面三维生长机理通过核的形成分为两种：瞬时成核和连续成核。瞬时成核与连续成核标准曲线分别计算得出，理论成核标准公式：

$$\left(\frac{j}{j_m}\right)^2 = 1.9542(t/t_m)^{-1}\{1 - \exp[-1.2564(t/t_m)]\}^2 \tag{3.8}$$

$$\left(\frac{j}{j_m}\right)^2 = 1.2254(t/t_m)^{-1}\{1 - \exp[-2.3367(t/t_m)^2]\}^2 \tag{3.9}$$

式中，j 为电流密度（mA/cm^2）；j_m为计时电流中最大电流密度（mA/cm^2）；t_m为最大电流密度时所对应的沉积时间（s）。

模拟成核过程如图 3.47 所示，三条曲线分别为不同过电位下电流-时间曲线$(j/j_m)^2$ 对（t/t_m）作图和瞬时成核、连续成核的标准曲线。可以看出，BMIC-$AlCl_3$体系中铝在 GC 阴极的电沉积遵循典型的三维瞬时成核过程，并受扩散控制的影响。

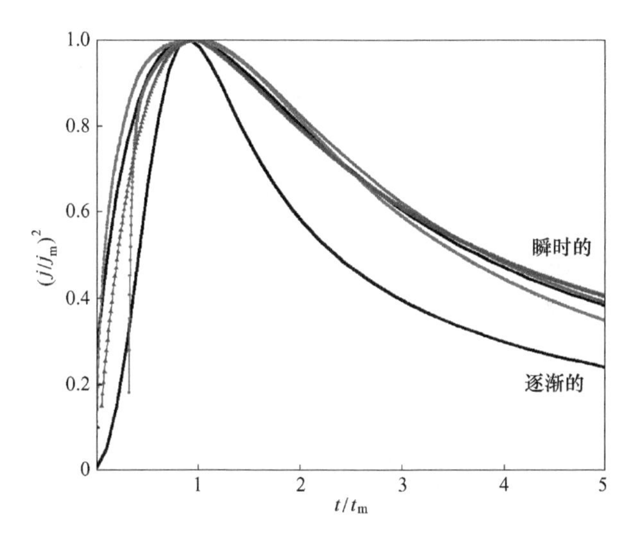

图 3.47 50℃标准模拟成核和不同过电位下模拟成核 $(j/j_m)^2$-(t/t_m) 曲线

3.3.7 铝箔在玻碳上的生长机制

为了研究该体系中铝箔在玻碳上的生长机制，需要考察铝箔横截面的生长过程中的形貌结构的变化，本节采用两种方法研究了铝箔的横截面，分别是 EDX 面扫描和 EDX 线扫描。图 3.48 为 50℃时 $32mA/cm^2$沉积时间 1h 的铝箔的 SEM 和 EDX 线扫不同元素线分布谱图。垂直铝箔横截面采集一条元素线分布，通过对 Al 元素的线分布图可得到铝箔厚度，该方法简单高效，但不能很好地测量枝晶的长度，所以还需采用 EDX 面扫描谱图测量。

图 3.49 所示为 50℃时 $32mA/cm^2$ 沉积时间 1h 的铝箔的 SEM 和 EDX 面扫不同元素分布谱图。图中的 SEM 图为镶在树脂中的铝箔横截面，其他的图为 EDX

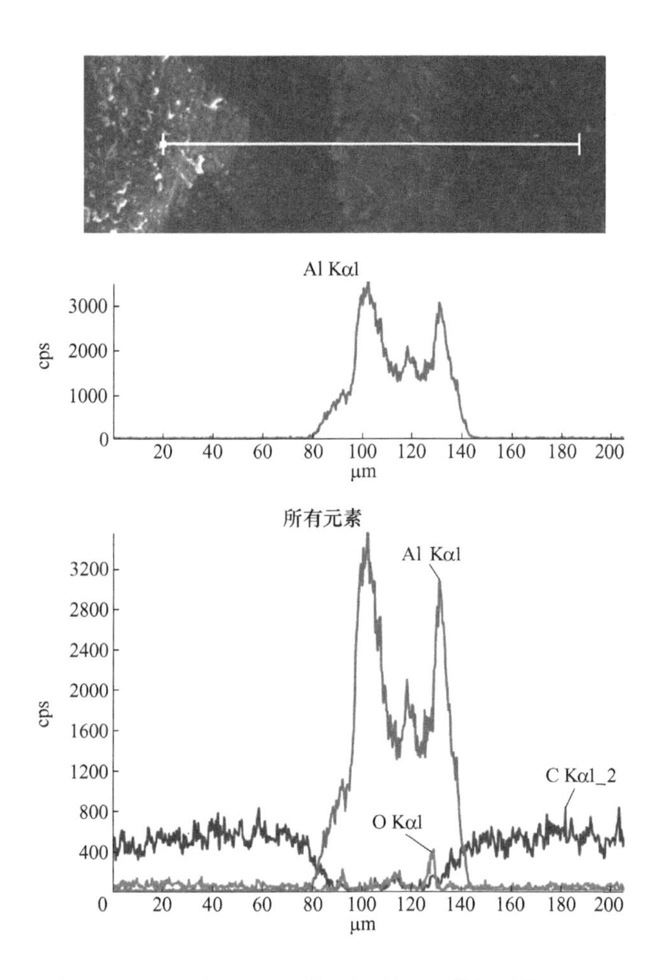

图 3.48　50℃时 32mA/cm²沉积时间 1h 的铝箔的 SEM 和 EDX 线扫不同元素线分布谱图

面扫描得到的不同元素分布谱图，铝元素分布图铝箔的横截面包括致密层和枝晶，所以铝箔的厚度分为致密层厚度和总厚度。

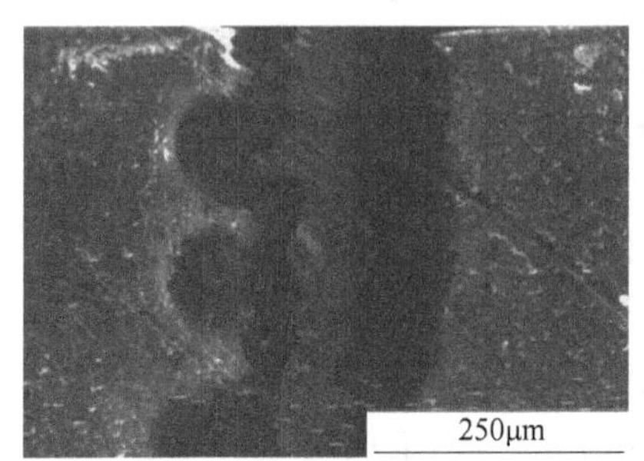

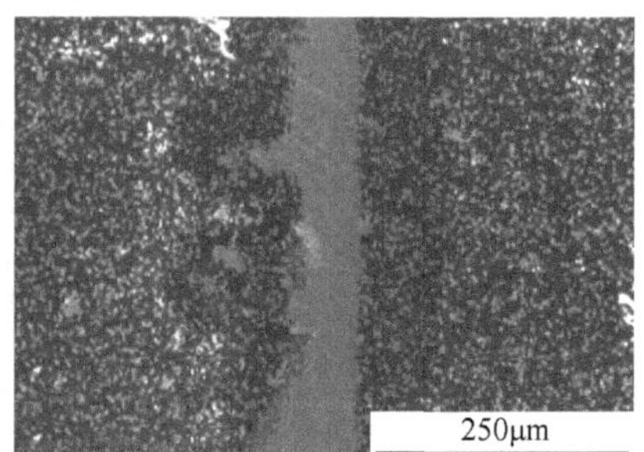

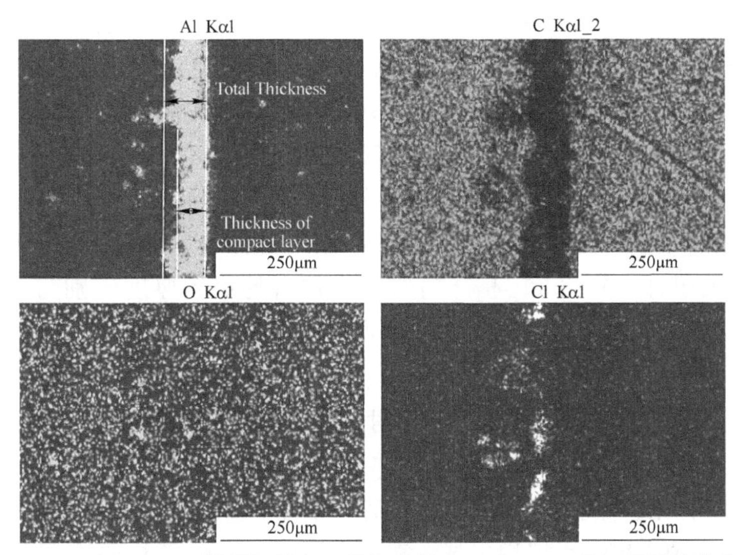

图 3.49 50℃时 32mA/cm^{2}沉积时间 1h 的铝箔的 SEM 和 EDX 面扫不同元素分布谱图

在不同电流密度下，沉积铝箔致密层生长到多厚开始长出枝晶是本节研究的重点。在 50℃，在 GC 电极上不同电流密度、不同沉积时间条件下铝箔的厚度见表 3.14。表中“—”的数据是因为沉积形貌过于疏松、铝箔致密层太薄或枝晶太长，无法形成箔状，而导致无法得到实验数据。

表 3.14 50℃在 GC 电极上不同电流密度、不同沉积时间条件下铝箔的厚度

电流密度 /mA · cm^{-2}	沉积时间/h	致密层厚度/μm	总厚度②/μm
	0.55	55.3	55.3
57	1	101.6	101.6
	2	184.3	188.5
	4	240.2	310.8
	0.5	46.0	46.0
	1	71.0	71.0
48	2	118.0	118.0
	4	161.0	217.2
	0.5	30.0	30.0
	1	54.1	55.2
32	2	70.0	120.0
	4①	—	—
	0.5①	—	—
	1	23.5	41.0
16	2	26.0	60.0
	4①	—	—

①在该实验条件下无法沉积形成铝箔；

②总厚度：指包括枝晶的铝箔厚度。

从表中看出，57mA/cm² 下沉积的铝箔沉积 0.55h、1h 没有枝晶产生，铝的致密层厚度分别为 55.3μm、101.6μm。继续沉积到 2h 有少许枝晶产生，铝箔总厚度 188.5μm，其中致密层 184.3μm，生成的枝晶有 4.2μm。继续沉积到 4h，铝箔总厚度增加到 310.8μm，其中致密层厚度 240.2μm。说明枝晶的生长的同时沉积颗粒也会填充枝晶之间的间隙，从而使沉积致密层变厚。在 57mA/cm² 下大约在沉积到 2h 铝箔 184μm 时开始有枝晶生成。当电流密度 48mA/cm²沉积时，0.5h 和 1h 得到的均是致密的铝箔厚度分别为 46.0μm 和 71.0μm，沉积到 2h 有枝晶产生，开始产生枝晶时的铝箔厚度大约 150μm。当在 32mA/cm² 沉积时，枝晶生成开始在沉积 1h 左右此时致密层厚度大约 54μm。当在电流密度 16mA/cm² 沉积时，枝晶生成开始在沉积 0.5h 之内此时致密层厚度无法判断。

结果表明，随着沉积电流密度地升高，开始生成枝晶时的致密层厚度也在增大，说明了电流密度越大沉积层越致密。该结论再次证实了前文所提出的理论。沉积电流决定了铝箔的致密程度。

3.3.8 大面积铝箔沉积研究

本小节主要研究在价格低廉的石墨电极上沉积大面积铝箔，同时探索工业化大面积铝箔沉积可行性。采用直径为 10mm 的光滑的石墨圆盘电极作为工作电极，石墨属于非金属，所以其与金属铝之前的结合能跟玻碳电极相仿。50℃在 25mA/cm²时沉积 1h 得到铝箔如图 3.50 所示，该铝箔容易剥落，沉积层平整、没有破损。

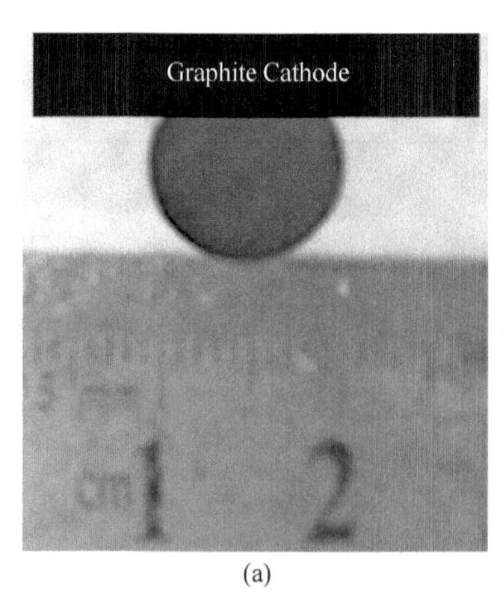

(a)

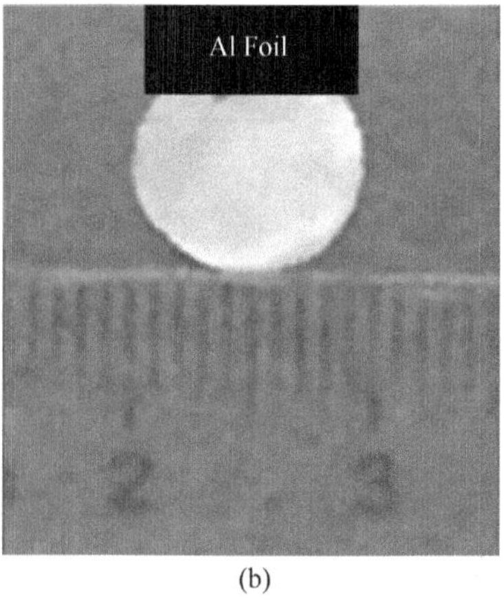

(b)

图 3.50 石墨电极和 50℃时 25mA/cm²时沉积 1h 铝箔图片

图 3.51 所示为 50℃，大面积石墨阴极上 25mA/cm^2 沉积 1h 铝箔 SEM。铝箔表面平整，表面存在少许不规则颗粒，不规则大颗粒是由规则的小颗粒随着沉积进行生长而成的。

图 3.51 50℃大面积石墨阴极上 25mA/cm^2 沉积 1h 铝箔 SEM 图

图 3.52 所示为 50℃时大面积石墨阴极上 25mA/cm^2 沉积 1h 大铝箔的 SEM 和 EDX 面扫元素分布谱图。从元素分析中可以看出沉积的铝质量纯度达到 84%。出现较多的 O 元素，主要还是沉积物表面残留的电解液的氧化或水解导致 O 元素含量偏高。

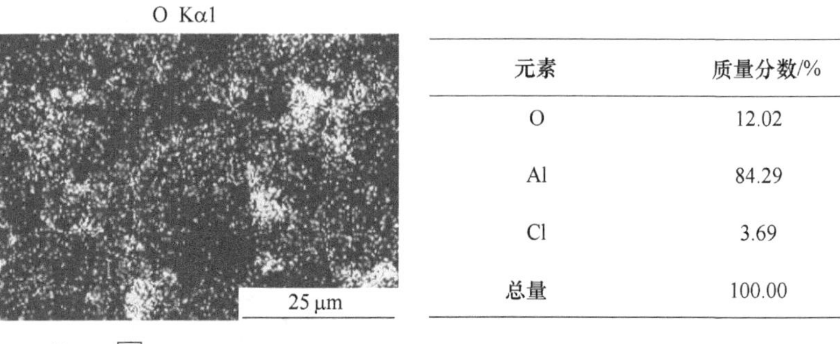

元素	质量分数/%
O	12.02
Al	84.29
Cl	3.69
总量	100.00

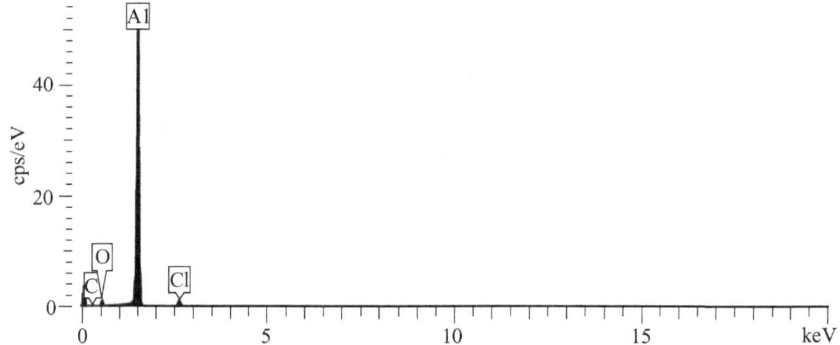

图 3.52　50℃时大面积石墨阴极上 25mA/cm^2 沉积 1h 大铝箔的 SEM 和 EDX 面扫元素分布谱图

3.4　离子液体中球形铝粉的制备

3.4.1　铝粉沉积反应条件的选择

3.4.1.1　沉积过程的电位和电流的筛选

图 3.53 所示为 BMIC-2$AlCl_3$ 体系中，不同温度下玻碳电极上的线性扫描曲线（LSV，扫描速度 0.05V/s），沉积电流温度分别选取为 40℃、50℃、60℃、70℃、80℃和 90℃。如图 3.53 所示，阴极的电位从开路电位向负扫，在 40℃时玻碳基底上的还原电流出现在-2.5V（vs. 玻碳电极），电流还原峰值出现在-3.2V附近。Al(Ⅲ）的还原峰与离子液体的还原峰在-3.5V 附近出现叠加，说明在该值处在电沉积 Al 的同时伴随着电解液的分解还原，电位超过-3.5V 时电解液的还原反应占主导，直至电极表面的电活性 Al(Ⅲ）被消耗完，将会只发生离子液体的分解，因此选取-3.5V 作为电解液的极限电压。

随着反应温度的升高，反应响应的电流依次增大，由于温度升高，体系中的电活性物质的迁移速度及其在电极表面反应加快。与此同时 Al(Ⅲ）还原的起始电位正移，而且还原峰正移，然而离子液体的分解起始电位随着温度的增大的加速向正移。升高的温度降低了电活性离子的反应活化能，从而使反应更容易进

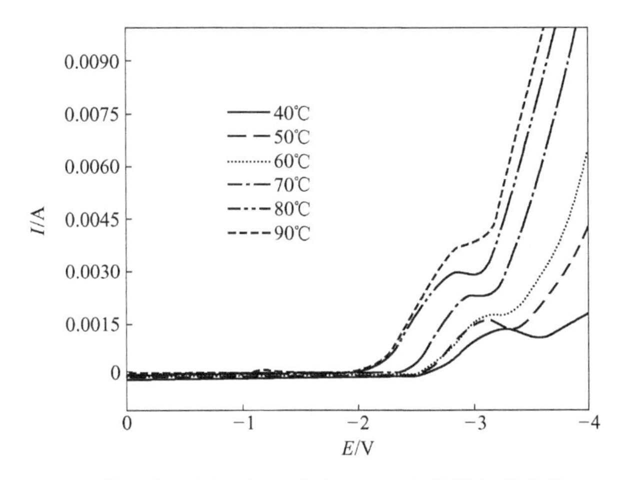

图 3.53　BMIC-$AlCl_3$ 体系中不同温度下玻碳电极上的线性扫描曲线（vs. 玻碳电极）

行。离子液体的热稳定性差，温度升高加上电位作用促使其更易于电分解。综合考虑，所以选择在温度 50℃时，−3.5V 作为电解液的分解电压，也是电解过程中的最低限制电压，依据以上结果选择适当的沉积电流密度进行 Al 沉积。

3.4.1.2　沉积铝粉过程搅速的选择

图 3.54 所示为 $AlCl_3$-BMIC 体系 50℃，恒电位−3.5V 时，0r/min、333r/min、566r/min、1032r/min 搅拌速度沉积过程的计时电流曲线。图中所示，不同搅速下恒电位沉积电流在 50s 左右达到稳定。随着搅速的升高恒电位沉积过程中的稳定电流密度逐渐升高，当搅速达到 566r/min 时，电流密度达到最大 40mA/cm^2，而在 1032r/min 稳定时电流却下降了。

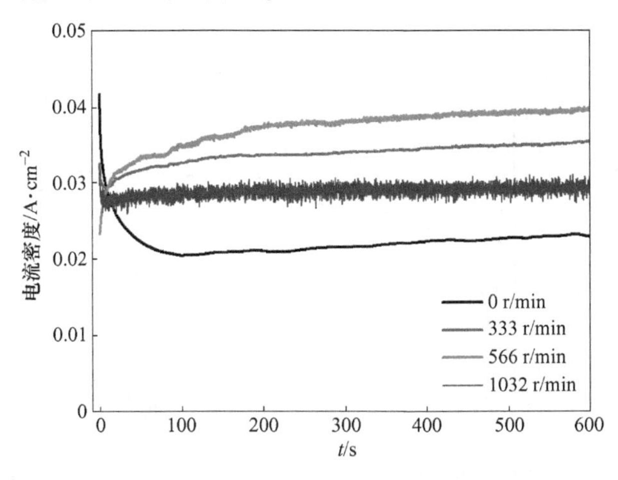

图 3.54　50℃时恒电位−3.5V 下不同搅拌速沉积过程的计时电流曲线

电流出现稳定，是 Al(Ⅲ) 扩散到电极表面的速度与电极表面上 Al(Ⅲ) 的还原消耗达到动态平衡。在不搅拌时沉积电流密度较低，搅拌加快的电活性离子的迁移速率，间接加快了电极表面的反应速率，在该条件下 Al(Ⅲ) 的还原受扩散控制。与此同时随着搅速的增加，曲线出现波动，是因为搅拌过程中由于搅速过大导致电极表面产生气泡，电极表面出现气泡电极表面积变小同时波动，所以在 1032r/min 时的计时电流曲线在 566r/min 曲线之下，铝的沉积过程不稳定沉积曲线波动较大。

3.4.2　BMIC-$AlCl_3$ 体系中铝电极预处理

在沉积过程中，应用上节筛选的电流进行沉积时，发现存在电压过载现象导致反应终止，电压达到电解液的分解电位，沉积无法在该电流下进行。针对此现象进行分析：电极表面不易沉积导致。铝较为活泼在空气中表面很容易形成氧化层。出现此情况可能原因：(1) 电极表面存在氧化层；(2) 电极表面粗糙所致。于是对基底采取活化处理研究，将铝基底做阳极在 BMIC-$AlCl_3$ 体系恒电位-1.2V 预电解，预电解法除去铝基底表面的氧化层，再在该电极上电沉积。

如图 3.55 所示为 50℃时，分别对处理前后的基底进行恒电流沉积的计时电位曲线。图中预处理前的基底沉积计时电位曲线初始电压迅速增加，是因为在氧化层电极表面成核较为困难，沉积需要更大的成核过电位。随后沉积电位下降，沉积进行氧化层慢慢被沉积物铝覆盖，电位慢慢下降，这样的铝更容易在铝沉积上沉积而不是在基底上沉积的现象，容易导致沉积颗粒的堆积。处理过的基底沉积过程，沉积电位快速达到稳定，而且沉积过程的过电位始终低于为处理过的基底。预处理过的基底可以较容易地沉积铝，不容易发生堆积。

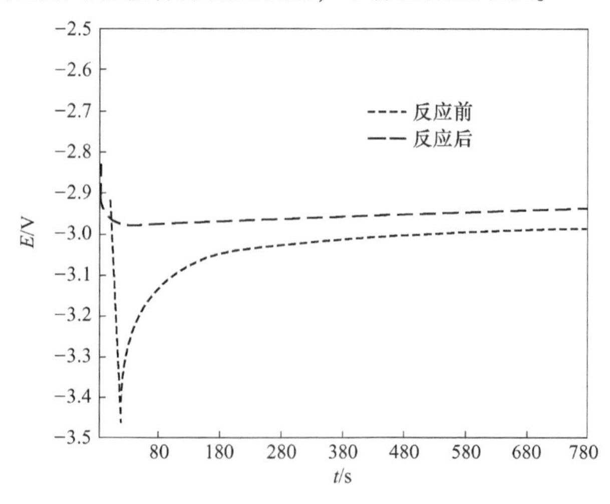

图 3.55　50℃时预处理电极与未处理电极上恒流 40mA/cm^2 沉积计时电位曲线

当然计时电位曲线的不同也有可能是因为预电解处理使基底表面粗糙度发生变化所致，为了研究未处理的基底计时电位曲线突变原因，本节还考察了基底的粗糙度的变化图 3.56 所示，预电解处理前后铝基底表面的 AFM 图。未处理的铝片较为粗糙，粗糙程度有 600nm，而且表面有很多颗粒状凸起；而预电解处理后的铝片粗糙程度有 419nm，粗糙程度变化不大，说明活化后表面粗糙度变化不明显。

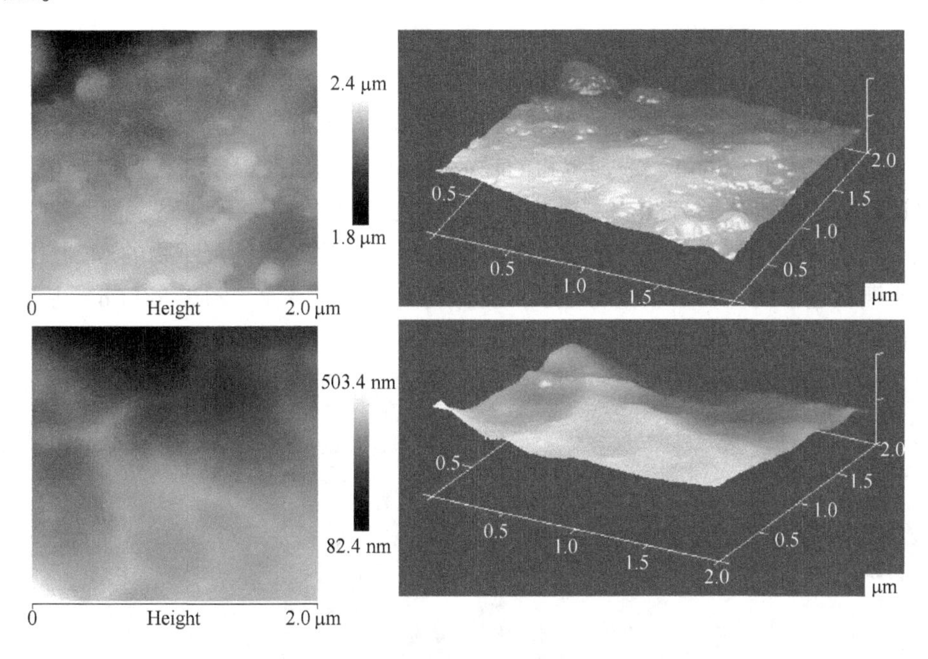

图 3.56 预处理电极与未处理电极的 AFM 图

图 3.57 所示为预电解处理前后铝基底表面的 SEM，图 3.57（a）和（b）表面平整度并没有太大的区别，证明电压突变的原因是由于基底表面氧化层的影响。

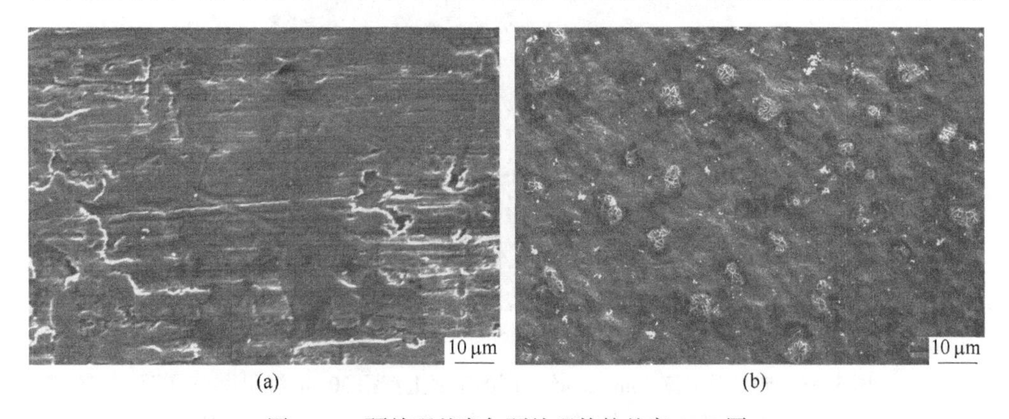

图 3.57 预处理基底与预处理前的基底 SEM 图

在沉积初期铝片基底的氧化层会抑制铝在其表面的沉积，在铝粉沉积研究中将会采用电解铝基底预处理所有的阴电极。

图 3.58 所示为 50℃时，恒流 20mA/cm^2 分别在预处理的铝基底、预电解后再在空气中 80℃干燥 2h、未预处理基底上沉积 30min 的沉积物 SEM。同电流密度下图 3.58（a）中沉积紧凑，沉积颗粒大，大都是堆积在一起，而不是彼此分开的颗粒；图 3.58（b）中颗粒都时细小，没有堆积，零散地分布在铝基底上；图 3.58（c）中沉积颗粒也是零散地分布在基底上，颗粒尺寸与图 3.58（b）中颗粒相比略大。预处理的基底上容易发生沉积，沉积的颗粒较大，沉积出现堆积。预电解后再在空气中 80℃干燥 2h 的基底表面形成氧化层，沉积的颗粒零散，尺寸较小。未处理的基底表面沉积的颗粒与形成氧化层的铝基底相类似。三者的对比分析，说明预处理除去了基底上的氧化层，氧化层导致基底表面小颗粒沉积。从预处理基底到未处理基底再到处理之后在氧化基底的沉积物的 SEM 对比，说明颗粒越小则说明了氧化层越厚，没有氧化层颗粒最大，图 3.58（b）基底的氧化层与图 3.58（c）相比较厚。

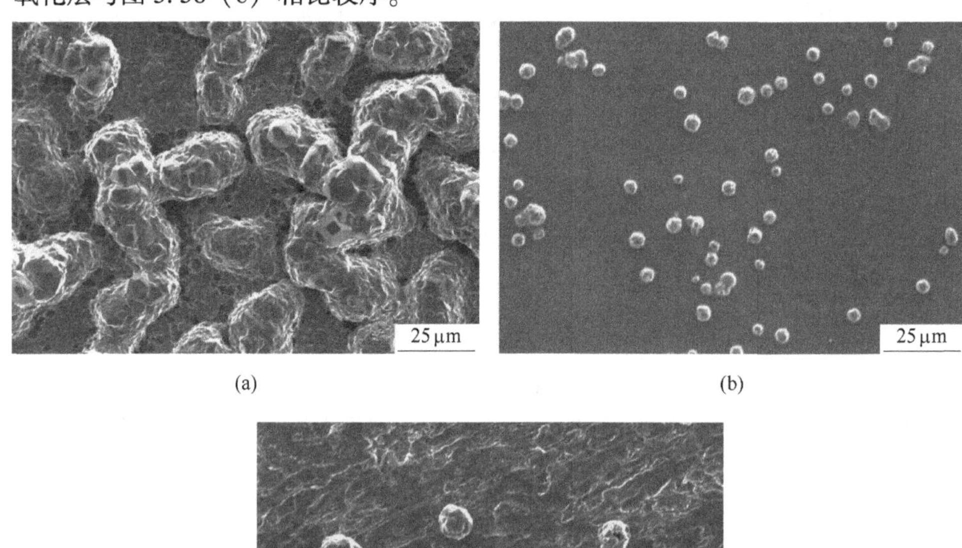

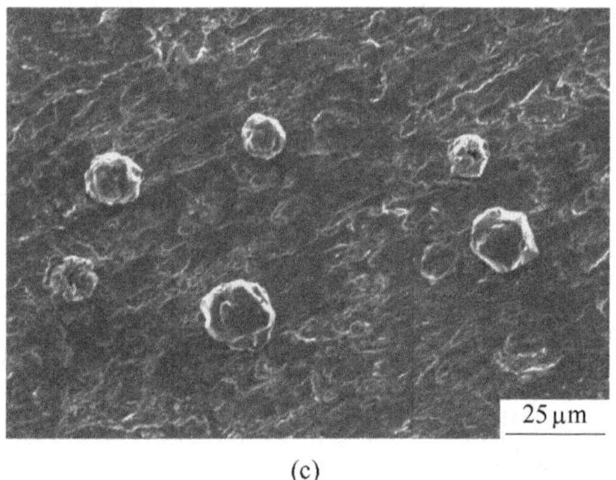

图 3.58　50℃时恒流 20mA/cm^2 不同的基底上沉积 30min 沉积物 SEM 图

（a）预处理的铝基底；（b）预电解后再在空气中 80℃干燥 2h；（c）未预处理基底

3.4.3 电流密度对铝粉沉积形貌的影响

为了考察不同电流密度下的铝的沉积形貌，本节采用恒电流沉积法得到产物。图 3.59 所示为 50℃时，不同电流密度、相同库仑量下在铝基底上沉积的铝粉 SEM 图。沉积电量为 200C，沉积电流密度分别选取为 2mA/cm^2、10mA/cm^2、20mA/cm^2、30mA/cm^2 和 40mA/cm^2，因此不同电流下沉积时间依次分别为 1×10^5s、2×10^4s、1×10^4s、6.666×10^3s 和 5×10^3s。图中可以看出，在电流密度 2mA/cm^2

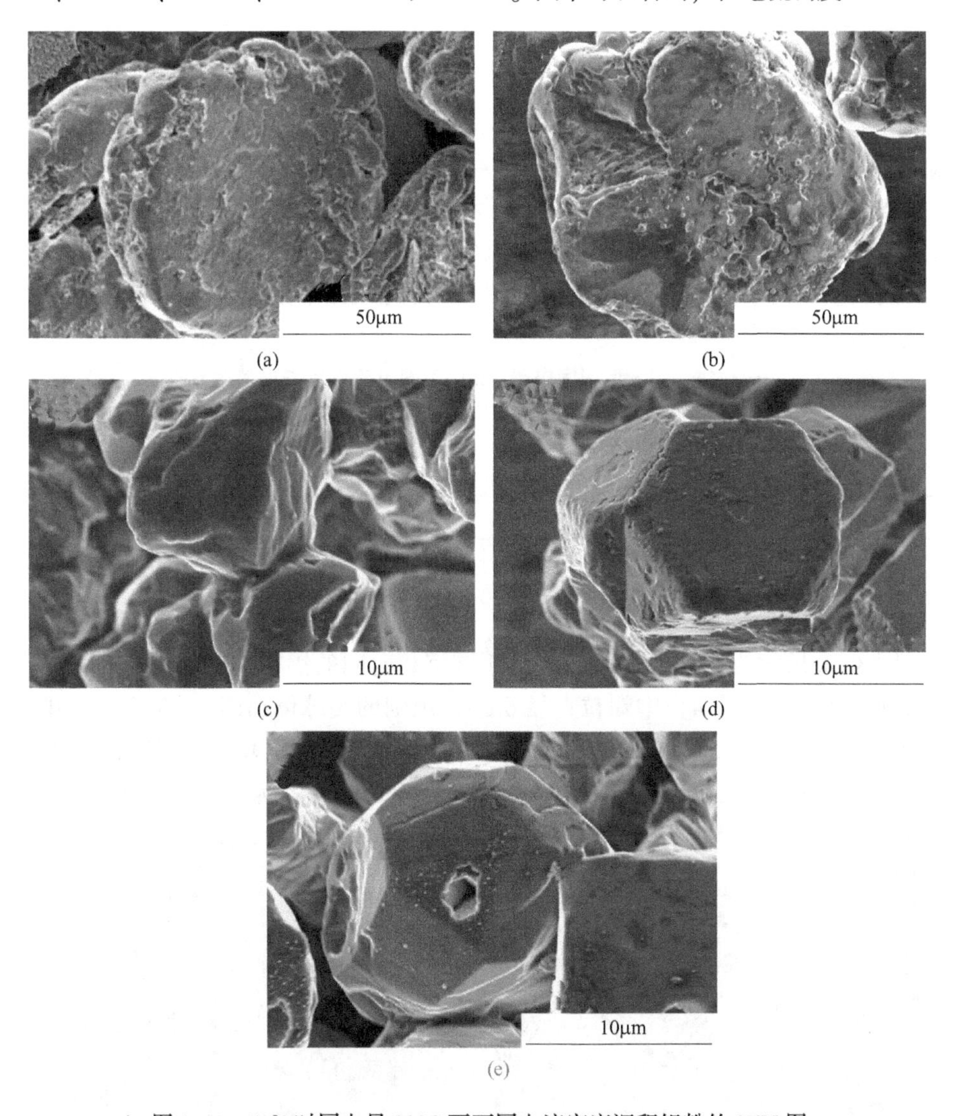

图 3.59 50℃时同电量 200C 下不同电流密度沉积铝粉的 SEM 图

(a) 2mA/cm^2；(b) 10mA/cm^2；(c) 20mA/cm^2；(d) 30mA/cm^2；(e) 40mA/cm^2

下沉积的颗粒为饼状，直径有 80μm，而且容易团簇在一起而且大小不一；电流密度 $10mA/cm^2$ 下沉积的颗粒为不规则体，直径有 70μm；电流密度 $20mA/cm^2$ 下沉积的颗粒形状为不规则体，直径有 15μm，同时堆积现象比较严重，颗粒不好分散开；电流密度 $30mA/cm^2$ 下沉积的颗粒为规则多面体型，大小均一，直径为 20μm；电流密度 $40mA/cm^2$ 下沉积的颗粒为规则类球体，颗粒大小均一，直径为左右 15μm。在低电流密度下沉积的颗粒较大，而且容易团簇在一起，形成大小不一的块状。研究结果表明，高电流密度更容易得到沉积致密均一，表面光滑的铝粉产品。

50℃时沉积同电量 200C 不同电流密度与电流效率见表 3. 15。随着电流密度 $2mA/cm^2$ 增大到 $40mA/cm^2$ 电流效率由 74%到 94%。在 $2mA/cm^2$ 下电流效率较低 74%左右，电流升高效率明显上升，$40mA/cm^2$ 电流效率达到 94%。相同电量下，电流效率随着电流密度的增加而增大。在小电流密度下沉积电流效率偏低，是因为同电量沉积，小电流密度沉积时间更长，阳极产生的氯气溶解在电解液中，阴极生成的铝被氯气溶解的时间更长，沉积的铝溶解的更多，所以电流效率较低。

表 3. 15　50℃沉积同电量 200C 不同电流密度与电流效率

电流密度/$mA \cdot cm^{-2}$	2	10	20	30	40
沉积时间/s	1×10^5	2×10^4	1×10^4	6.666×10^3	5×10^3
电流效率/%	74	90	89	82	94

3.4.4　沉积时间对铝粉沉积的影响

图 3. 60 所示为 50℃，沉积得到的不同沉积时间的铝粉 SEM。图 3. 60 中清楚地看到，在图 3. 60（a）中颗粒直径 6μm，规则的类球体；图 3. 60（b）中颗粒相对不规则直径 10μm，颗粒大小均一；然而随着沉积时间增长，颗粒出现堆积，如图 3. 60（c）中之前独立均一的颗粒堆积在一起，颗粒为不规则的多面体直径 11μm 左右；图 3. 60（d）中沉积颗粒堆积变大，类球状，直径为 20μm。在

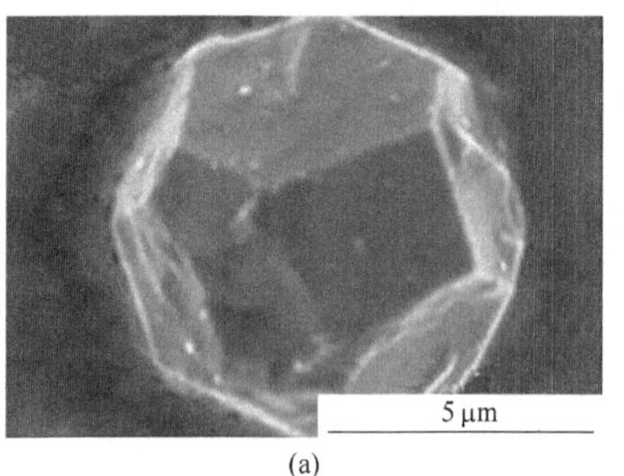

(a)

(b)

图 3.60 50℃时同电流密度沉积不同时间的铝粉 SEM 图
(a) 50s；(b) 500s；(c) 1×10^3s；(d) 5×10^3s

40mA/cm^2 下沉积，随着沉积时间的增加，沉积颗粒变大，随后出现堆积。短时间沉积更易于球型铝颗粒的形成。

3.4.5 温度对铝粉沉积的影响

图 3.61 所示为 40mA/cm^2 时，分别考察了 30℃、40℃和 50℃温度下的沉积时间 1000s 铝产品的 SEM 图。如图中所示，30℃温度下铝产品表面沉积的颗粒大

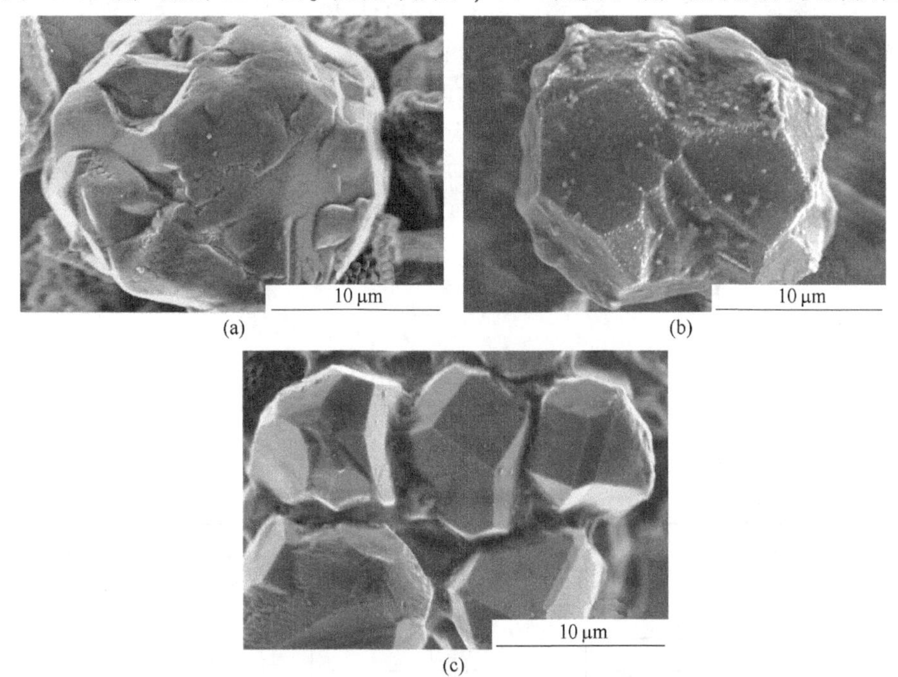

图 3.61 恒定电流密度 40mA/cm^2 沉积 1000s 下在不同温度下沉积得到的铝粉 SEM 图
(a) 30℃；(b) 40℃；(c) 50℃

小均一，形状均一，排列整齐致密，铝颗粒直径为 20μm；40℃下沉积表面颗粒大小均一，颗粒时多面体形状，直径为 15μm，但形状没有 30℃下棱角圆润；50℃下沉积表面颗粒大小不一、堆积不规则，不规则多面体颗粒较多，直径为 8μm。较低温度下更容易沉积得到光滑、均一的球形铝粉。随着温度升高，沉积颗粒虽然变小但是不规则，沉积颗粒出现堆积，50℃下形成块状。

3.4.6　铝产品元素分析表征

图 3.62 所示为 50℃时 40mA/cm^2 沉积时间 1000s 的铝颗粒的 SEM 和 EDX 点扫谱图。所选的点扫描在铝颗粒表面 B 点处。

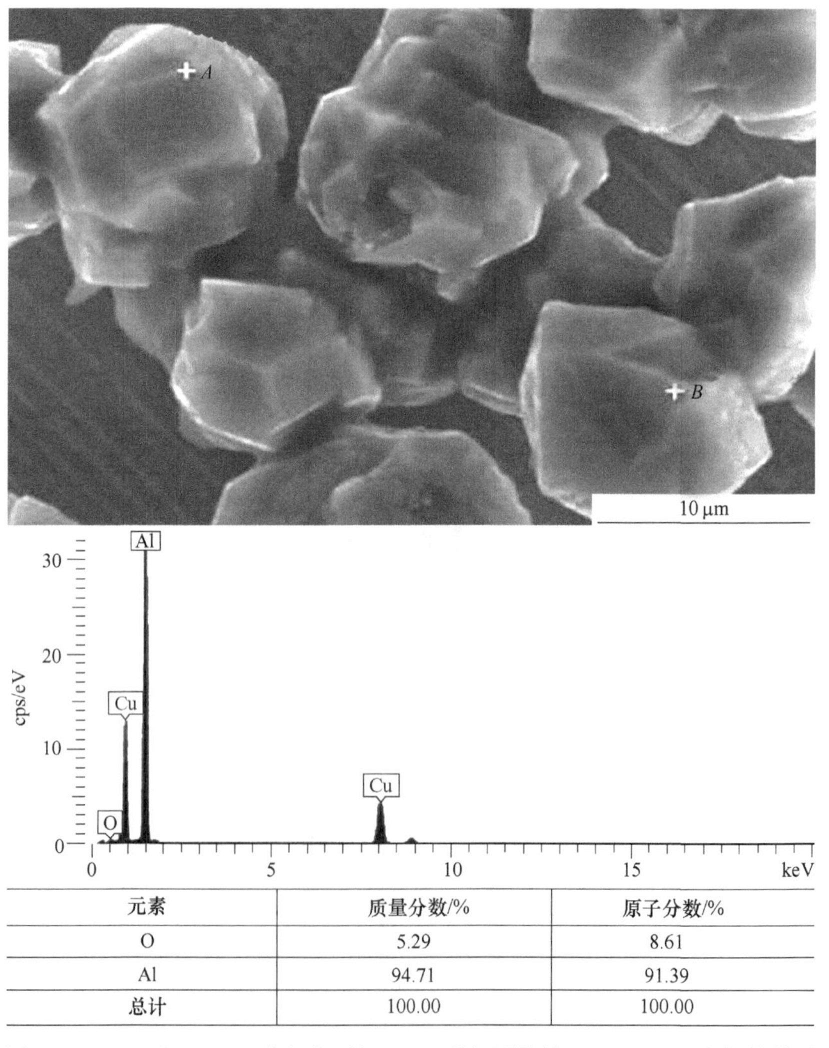

元素	质量分数/%	原子分数/%
O	5.29	8.61
Al	94.71	91.39
总计	100.00	100.00

图 3.62　50℃时 40mA/cm^2 沉积时间 1000s 的铝颗粒的 SEM 和 EDX 点扫描谱图

图 3.62 所示为 50℃时，电流密度 40mA/cm^2 沉积 1000s 铝产品 EDX 点扫描谱图，图中结果表明沉积物中含有铝和氧元素，铝含量占绝大百分数。图 3.62 中表为铝颗粒 EDX 点扫描元素含量表，铝的质量含量占 94.71%，氧的质量含量占 5.29%；铝的原子分数为 91.39%，氧的原子百分比占 8.61%。铝的纯度高于 90%，还检测出含有少许的氧元素，是铝产品接触空气时被氧化的结果。

图 3.63 所示为 50℃时，恒电流密度 40mA/cm^2 沉积 1000s 铝的 XRD 谱图结果表明，该条件下沉积得到的所有铝的晶型与铝的标准 JCPDS No. 01-089-2769 卡片值完全地吻合，沉积得到的所有铝箔具有较高的纯度。铝箔 XRD 谱图在 20°~90°的衍射角范围内出现了（200），（111），（220），（211）和（222）五个铝的典型特征峰。谱图分析（200），（111）取向较强，铝的晶格取向随着实验条件的变化而发生相对的峰强度改变。XRD 谱图结果表明，该产品只有铝晶体，沉积产品纯度较高。

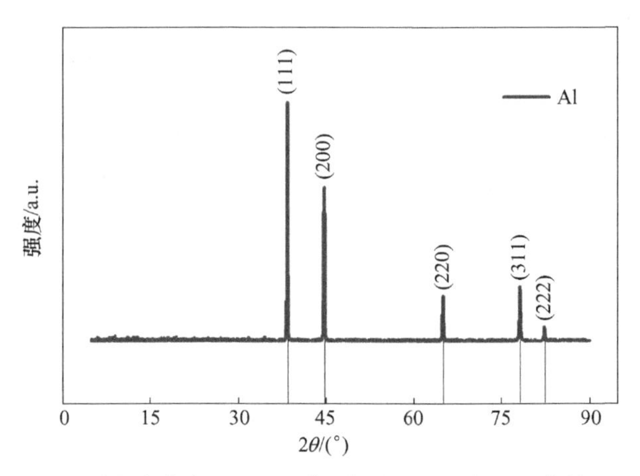

图 3.63　50℃时电流密度 40mA/cm^2 下沉积 1000s 铝沉积物的 XRD 谱图

参 考 文 献

[1] 李云娜. Ce(Ⅲ)、Gd(Ⅲ) 和 Nd(Ⅲ) 在离子液体中电化学行为研究 [D]. 哈尔滨：哈尔滨工程大学，2015.

[2] 涂贤能. 离子液体中电沉积铝箔与铝粉的机理研究 [D]. 哈尔滨：哈尔滨工程大学，2017.

[3] Jagadeeswara R C, Venkatesan K A, Nagarajan K, et al. Electrochemical and thermodynamic properties of europium(Ⅲ), samarium(Ⅲ) and cerium(Ⅲ) in 1-butyl-3-methylimidazolium chloride ionic liquid [J]. Journal of Nuclear Materials. 2010, 399 (1): 81-86P.

[4] Chou L H, Cleland W E, Hussey C L. Electrochemical and spectroscopic study of Ce(Ⅲ) coordination in the 1-butyl-3-methylpyrrolidinium bis (trifluoromethylsulfonyl) imide ionic liquid containing chloride ion [J]. Inorganic Chemistry, 2012, 51 (21): 11450-11457P.

[5] Hatchett D W, Droessler J, Kinyanjui J M, Martinez B, Czerwinski K R. The direct dissolution of Ce_2 (CO_3)$_3$ and electrochemical deposition of Ce species using ionic liquid trimethyl-n-butyl-ammonium bis (trifluoromethanesulfonyl) imide containing bis (trifluoromethanesulfonyl) imide [J]. Electrochimica Acta, 2013, 89: 144-151.

[6] Leigh Aldous, Debbie S. Silvester, Constanza Villagran, William R. Pitner, Richard G. Compton, M. Cristina Lagunas and Christopher Hardacre. Electrochemical studies of gold and chloride in ionic liquids [J]. New Journal of Chemistry, 2006, 30: 1576-1583P.

[7] Constanza Villagran, Craig E. Banks, Christopher Hardacre, and Richard G. Compton. Electroanalytical Determination of Trace Chloride in Room-Temperature Ionic Liquids [J]. Analytical Chemistry, 2004, 76 (7): 1998-2003P.

[8] Berzins T, Delahay P. Oscillographic polarographic waves for the reversible deposition of metals on solid [J]. Journal of the American Chemical Society, 1953, 75: 555-559P.

[9] Laity R W, McIntyre J D E. Chronopotentiometric Diffusion Coefficients in Fused Salts I. Theory [J]. Journal of the American Chemical Society, 1965, 87 (17): 3806-3812P.

[10] Bard A J. Faulkner L R. Electrochemical Methods Fundamentals and Applications [J]. New York: John Wiley & Sons, 1980: 156-163P.

[11] Tu X, Zhang J, Zhang M, et al. Electrodeposition of aluminium foils on carbonelectrodes in low temperature ionic liquid. RSC Advances, 2017, 7: 14790-14796P.

4　室温熔盐体系萃取铈的研究

4.1　实验部分

4.1.1　实验仪器及药品

4.1.1.1　实验仪器

实验中所使用的实验仪器型号和生产厂家信息见表 4.1。

表 4.1　实验仪器

实 验 仪 器	型号（规格）	生 产 厂 家
电感耦合等离子体质谱仪（ICP-MS）	X-Ⅱ	美国赛默飞世尔公司
电感耦合等离子体发射光谱仪（ICP-AES）	IRIS Intrepid Ⅱ XSP	美国赛默飞世尔公司
Volumetric KF Titrator	V10S	梅特勒-托利多公司
傅里叶红外光谱仪	WQF-510A	北京瑞利分析仪器有限公司
多用途微波合成仪	XH-8000	北京祥鹄仪器有限公司
分析天平	T214	北京赛多利斯仪器系统有限公司
高速离心机	LG16B	北京雷勃尔医疗器械有限公司
摩尔超纯水机	元素型 1840A	西安优普仪器设备有限公司
数显鼓风干燥箱	GZX-9076MBE	上海博讯实业有限公司医疗设备厂
超声波清洗器	KQ5200E	昆山市超声仪器有限公司
Eppendorf Reserch 单道可调量程移液器	0.1-1mL/10-100uL	Eppendorf 公司
漩涡混合器	QL-861	海门市其林贝尔仪器制造有限公司
电阻炉温度控制器	KSW-8D-13	上海博讯实业有限公司医疗设备厂
箱式电阻炉	SX_2-5-12	上海博讯实业有限公司医疗设备厂

4.1.1.2　实验药品

实验中所使用的实验试剂纯度和生产厂家信息见表 4.2，其中萃取剂 N，N′-二甲基-N，N′-二辛基-3-氧-二戊酰胺荚醚(DMDODGA)（图注中简写为 DM）的结构式如图 4.1 所示，离子液体 1-丁基-3-甲基咪唑六氟磷酸盐（$BMIMPF_6$）的结构式如图 4.2 所示。

表 4.2 实验试剂

实验试剂	规格	生产厂家
1-丁基-3-甲基咪唑氯盐（BMIC）	99%	上海成捷化学有限公司
1-丁基-3-甲基咪唑六氟磷酸盐（$BMIMPF_6$）	99%	上海成捷化学有限公司
煤油	A. R.	国药集团化学试剂有限公司
正辛醇	A. R.	国药集团化学试剂有限公司
硝酸	A. R.	国药集团化学试剂有限公司
硝酸铈	A. R.	国药集团化学试剂有限公司
邻苯二甲酸氢钾	A. R.	国药集团化学试剂有限公司
3，3-二（4-羟苯基）-3H-异苯并呋喃酮	A. R.	国药集团化学试剂有限公司
氢氧化钠	A. R.	国药集团化学试剂有限公司
丙酮	A. R.	国药集团化学试剂有限公司
无水乙醇	A. R.	国药集团化学试剂有限公司
溴化钾	G. R.	天津市光复精细化工研究所
磷 P 单元素标准溶液	1g/L 介质 H_2O	国家有色金属及电子材料分析测试中心
铈 Ce 单元素标准溶液	1g/L 介质 C（HNO_3）= 1mol/L	国家有色金属及电子材料分析测试中心
DMDODGA	98%	中国原子能科学研究院

注：A. R. =分析纯，G. R. =光谱纯，实验过程中所用的水均为二次蒸馏水。

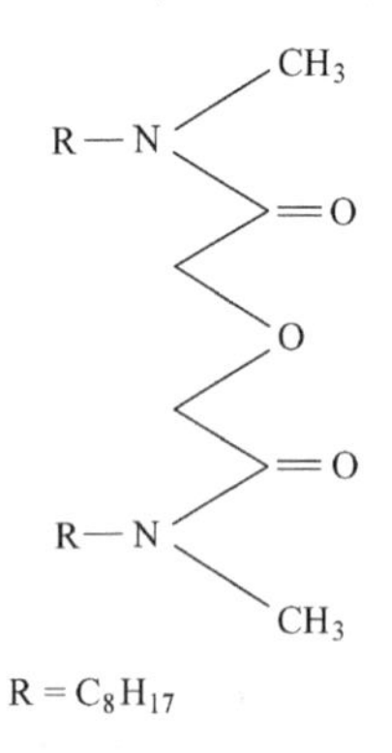

图 4.1 DMDODGA 的结构式

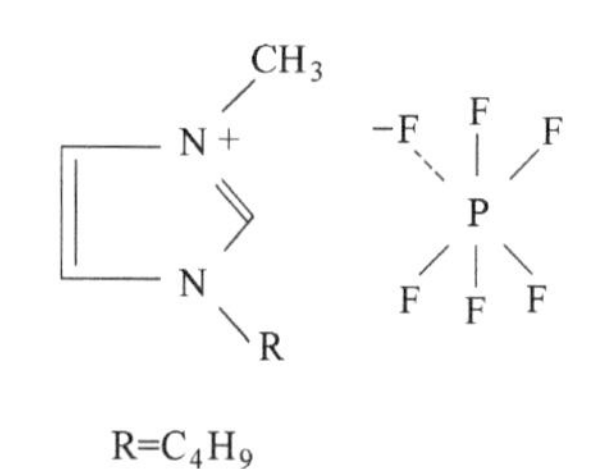

图 4.2 $BMIMPF_6$的结构式

4.1.2 实验方法

4.1.2.1 试剂预处理

配制溶液前，需对固体药品和稀释剂（40%正辛醇/煤油）进行预处理，防止因固体药品潮解引起的称量误差和有机相在萃取过程中溶解水引起的水相体积变化。

干燥：取固体试剂置于分析天平上称重，使用数显鼓风干燥箱或箱式电阻炉中干燥，干燥结束后，取出试剂并在真空干燥器中冷却然后称重，若前后两次药品称量的质量差在 1mg 以下，即可取出使用；反之，需重复上述操作直到满足条件，各试剂干燥温度和干燥时间见表 4.3。

表 4.3 试剂处理

药品	干燥温度/℃	干燥时间/h	干燥器
硝酸铈	110	1	数显鼓风干燥箱
氯化钠	110	2	数显鼓风干燥箱
硝酸钠	200	2	箱式电阻炉
溴化钾	120	4	数显鼓风干燥箱
氯化甲基咪唑	55	1	数显鼓风干燥箱
邻苯二甲酸氢钾	105	2	数显鼓风干燥箱

稀释剂预处理：取一定体积的稀释剂（40%正辛醇/煤油或离子液体）与相等体积的硝酸溶液混合，用漩涡振荡器震荡 5min 后离心，静置 1h，去除硝酸溶液，反复重复以上操作三次可得到硝酸饱和的稀释剂。

差减法测量有机试剂密度：用天平称取一定量的有机试剂，每次取出相等体积的有机试剂，记录质量的变化，重复多次，取质量变化的平均数除以每次取出的体积则是该有机试剂的密度。

4.1.2.2 试剂配制及标定

(1) 稀硝酸溶液的配制：根据实验所需，将质量分数 65%~68%的浓硝酸稀释定容并用已标定的标准氢氧化钠溶液滴定。

(2) 硝酸铈溶液的配制：根据实验所需，称量相应质量的硝酸铈固体，用所需酸度的稀硝酸溶解并用该浓度的稀硝酸溶液定容。

(3) 氯化钠：根据实验所需，称量相应质量的氯化钠固体，用去离子水溶解后定容。

(4) 氯化甲基咪唑：根据实验所需，称量相应质量的氯化甲基咪唑固体，用去离子水溶解后定容。

(5) 氯化甲基咪唑和硝酸的混合液：根据实验所需，称量相应质量的氯化甲基咪唑固体，用所需酸度的稀硝酸溶解并用该浓度的稀硝酸溶液定容。

(6) 硝酸钠和硝酸的混合液：根据实验所需，称量相应质量的硝酸钠固体，用所需酸度的稀硝酸溶解并用该浓度的稀硝酸溶液定容。

（7）硝酸和盐酸的混合液：根据实验所需，量取相应体积的盐酸溶液和硝酸溶液，混合后用去离子水定容。

（8）1%酚酞试剂：称 1g 酚酞于 70%酒精 100 mL 中（用95%乙醇74mL，加26mL 去离子水）混匀。

（9）40%正辛醇/煤油溶液的配制：称取体积比为 4：6 的相应质量的正辛醇，煤油混匀。

（10）DMDODGA-40% 正辛醇/煤油有机相的配制：称量所需质量的 DMDODGA 用已配制好的 40%正辛醇/煤油定容。

（11）DMDODGA-$BMIMPF_6$有机相的配制：称量所需质量的 DMDODGA 用 $BMIMPF_6$定容。

（12）氢氧化钠溶液标定：参考 GB/T 601—2016 使用邻苯二甲酸氢钾标定氢氧化钠溶液。

（13）Ce 标准液：量取所需铈 Ce 标准溶液，用 1mol/L 硝酸定容。

（14）P 标准液：量取所需磷 P 标准溶液，用 1mol/L 硝酸定容。

4.1.2.3　实验条件和步骤

实验步骤如下：

（1）萃取实验步骤。DMDODGA-40%正辛醇/煤油体系：取相比 V_O ：V_{aq}为 1：2的有机相和原水相于漩涡混合器上充分混合 3min 后，放入高速离心机中离心分相，转速 3500r/min，时间 2min，测量萃余相中 Ce(Ⅲ）浓度。

DMDODGA-$BMIMPF_6$体系：取相比 V_O ：V_{aq}为 1：4 的离子液体相和原水相于漩涡混合器上充分混合 7min 后，放入高速离心机中离心分相，转速 3500r/min，时间 5min，测量萃余相中 Ce(Ⅲ）浓度。

（2）反萃步骤。DMDODGA-40%正辛醇/煤油体系：取相比 V_O ：V_{aq}为 1：2 的萃取 Ce(Ⅲ）后的有机相和反萃相于漩涡混合器上充分混合 3min 后，放入高速离心机中离心分相，转速：3500r/min，时间 2min。重复 3 次，测量三次反萃后的反萃相中 Ce(Ⅲ）浓度，计算反萃相中 Ce(Ⅲ）的总量。

DMDODGA-$BMIMPF_6$体系：取相比 V_O ：V_{aq}为 1：4 的萃取 Ce(Ⅲ）后的离子液体相和反萃相于漩涡混合器上充分混合 7min 后，放入高速离心机中离心分相，转速：3500r/min，时间 5min。重复 3 次，测量三次反萃后的反萃相中 Ce(Ⅲ）浓度，计算反萃相中 Ce(Ⅲ）的总量。

（3）负载实验步骤。DMDODGA-40%正辛醇/煤油体系：取相比 V_O ：V_{aq}为 1：2的有机相和原水相于漩涡混合器上充分混合 3min 后，放入高速离心机中离心分相，转速 3500r/min，时间 2min，测量萃余水相中 Ce(Ⅲ）浓度，分离萃余水相后，将有机相中加入新鲜原水相重复上述步骤，直到萃余水相中 Ce(Ⅲ）浓度和原水相中 Ce(Ⅲ) 浓度相等。

DMDODGA-BMIMPF$_6$体系：取相比 V_O : V_{aq}为 1 : 4 的离子液体相和原水相于漩涡混合器上充分混合 7min 后，放入高速离心机中离心分相，转速 3500r/min，时间 5min，测量萃余水相中 Ce(Ⅲ) 浓度，分离萃余水相后，向离子液体相中加入新鲜原水相重复上述步骤，直到萃余水相中 Ce(Ⅲ) 浓度和原水相中 Ce(Ⅲ) 浓度相等。

(4) 红外光谱测量步骤。DMDODGA-40% 正辛醇/煤油体系：取纯 DMDODGA 和 DMDODGA 饱和萃取 Ce(Ⅲ) 后的有机相作为待测样品。

DMDODGA-BMIMPF$_6$体系：取纯 DMDODGA、纯 BMIMPF$_6$、1% DMDODGA-BMIMPF$_6$和 1%DMDODGA-BMIMPF$_6$饱和萃取 Ce(Ⅲ) 后的有机相作为待测样品。

将 KBr 研磨后放入模具中，使用压片机压成均匀透光的薄片，测量 KBr 薄片的透光度作为本底，将待测样品均匀涂抹在 KBr 薄片表面测量其透射红外光谱。

(5) 水相 Ce(Ⅲ) 浓度测量样品制备：将待测样品用 1mol/L 硝酸稀释 11 倍后使用 ICP-MS 或 ICP-AES 测量 Ce(Ⅲ) 浓度，计算原水样中 Ce(Ⅲ) 浓度。

(6) 有机相 Ce(Ⅲ) 浓度测量样品制备：将待测样品与浓硝酸混合后，用多用途微波合成仪消解，将残余液定容后测量 Ce(Ⅲ) 浓度，计算原有机相中 Ce(Ⅲ) 浓度。

(7) 有机相中硝酸浓度测定：使用乙醇溶解有机相，后滴加 0.01mol/L EDTA 掩蔽 Ce(Ⅲ)，滴加酚酞指示剂后用氢氧化钠标准液滴定。

各个实验中所采用的实验条件见表 4.4 和表 4.5。

表 4.4 DMDODGA-40%正辛醇/煤油实验条件

有机相	DMDODGA-40%正辛醇/煤油
温度/℃	25
水相铈初始浓度/g · L^{-1}	0.468
相比 (V_O : V_{aq})	1 : 2
时间/min	0.5, 1.0, 2.0, 3.0, 4.0, 5.0
初始水相中硝酸浓度/mol · L^{-1}	0.1, 0.5, 1.0, 2.0, 3.0, 4.0, 5.0, 6.0, 7.0
DMDODGA 体积分数/%	2, 3, 4, 5, 6
$NaNO_3$ 浓度/mol · L^{-1}	0.1, 0.5, 1.0, 1.5, 2.0
HCl 浓度/mol · L^{-1}	0, 0.5, 1.0, 1.5, 1.9
反萃液种类	HNO_3, H_2O
反萃硝酸浓度/mol · L^{-1}	0.1, 0.5, 1.0, 2.0, 3.0, 4.0, 5.5, 6.0

表 4.5　DMDODGA-BMIMPF$_6$实验条件

有机相	DMDODGA-BMIMPF$_6$
温度/℃	25
水相铈初始浓度/g · L^{-1}	0.468
相比（V_0 : V_{aq}）	1 : 4
时间/min	4.0，5.0，6.0，7.0，8.0，9.0
初始水相中硝酸浓度/mol · L^{-1}	0.1，0.2，0.3，0.4，0.5，1.0，2.0，3.0，4.0，5.0，6.0
DMDODGA 体积分数/%	0.5，1，1.5，2.0，2.5
盐析 BMIC 浓度/mmol · L^{-1}	2.3，0.460，0.230，0.0460，0.0230
反萃液种类	BMIC，HNO_3，H_2O
反萃 BMIC 浓度/mol · L^{-1}	0.01，0.05，0.1，0.5，1.0，2.0
反萃硝酸浓度/mol · L^{-1}	0.1，0.5，1.0，2.0，3.0，4.0

4.1.2.4　分析方法

实验中使用电感耦合等离子体质谱仪（ICP-MS）与电感耦合等离子体发射光谱仪（ICP-AES）测量原水相、萃余水相、反萃水相及负载水相中 Ce(Ⅲ) 浓度，原水相、萃余水相、萃余有机相、反萃水相中的酸度用酸碱滴定法测量，用已标定的标准氢氧化钠标准液滴定三次取平均值。

各有机试剂的红外光谱，以及萃余有机相的红外光谱用傅立叶红外光谱仪进行测量。

4.1.3　分配比、萃取率、回收率的计算方法

分配比（D_{Ce}）指达到萃取平衡后被萃取的金属离子在有机相中的浓度与萃余液中的浓度之比。

本书通过 ICP-AES 或 ICP-MS 测量原水相中 Ce(Ⅲ) 浓度、萃余水相中 Ce(Ⅲ)浓度，通过差减法得有机相的 Ce(Ⅲ) 浓度。由稀释剂在实验前经过硝酸溶液平衡处理，认为萃取前后两相体积几乎不变，DMDODGA-40%正辛醇/煤油中相比为：有机相 : 水相=1 : 2，得分配比（D_{Ce}）的表达式如下：

$$D_{Ce} = \frac{C(Ce)_0}{C(Ce)_{aq}} = \frac{V_{aq}(C(Ce)_{ini} - C(Ce)_{aq})}{V_0(C(Ce)_{aq})} = \frac{2(C(Ce)_{ini} - C(Ce)_{aq})}{(C(Ce)_{aq})} \tag{4.1}$$

式中　$C(Ce)_0$——萃取平衡后有机相中 Ce(Ⅲ) 浓度，mol/L;

$C(\mathrm{Ce})_{\mathrm{ini}}$——原水相中 Ce(Ⅲ) 浓度，mol/L；

$C(\mathrm{Ce})_{\mathrm{aq}}$——萃取平衡后萃余水相 Ce(Ⅲ) 浓度，mol/L；

V_{aq}——水相体积，L；

V_{O}——有机相体积，L。

DMDODGA-BMIMPF$_6$中相比为：有机相：水相=1：4，得分配比（D）的表达式如下：

$$D_{\mathrm{Ce}}=\frac{C(\mathrm{Ce})_{\mathrm{ILs}}}{C(\mathrm{Ce})_{\mathrm{aq}}}=\frac{V_{\mathrm{aq}}(C(\mathrm{Ce})_{\mathrm{ini}}-C(\mathrm{Ce})_{\mathrm{aq}})}{V_{\mathrm{ILs}}(C(\mathrm{Ce})_{\mathrm{aq}})}=\frac{4(C(\mathrm{Ce})_{\mathrm{ini}}-C(\mathrm{Ce})_{\mathrm{aq}})}{(C(\mathrm{Ce})_{\mathrm{aq}})} \tag{4.2}$$

式中 $C(\mathrm{Ce})_{\mathrm{ILs}}$——萃取平衡后离子液体相中 Ce(Ⅲ) 浓度，mol/L；

$C(\mathrm{Ce})_{\mathrm{ini}}$——原水相中 Ce(Ⅲ) 浓度，mol/L；

$C(\mathrm{Ce})_{\mathrm{aq}}$——萃取平衡后萃余水相 Ce(Ⅲ) 浓度，mol/L；

V_{aq}——水相体积，L；

V_{ILs}——离子液体相体积，L。

萃取率（E）指达到萃取平衡后被萃取的金属离子在有机相中的量与原水相中的量之比。DMDODGA-40%正辛醇/煤油中相比为：有机相：水相=1：2，得萃取率（E）的表达式如下：

$$E=\frac{n_{\mathrm{O}}}{n_{\mathrm{ini}}}=\frac{V_{\mathrm{aq}}(C(\mathrm{Ce})_{\mathrm{ini}}-C(\mathrm{Ce})_{\mathrm{aq}})}{V_{\mathrm{aq}}C(\mathrm{Ce})_{\mathrm{ini}}}=\frac{C(\mathrm{Ce})_{\mathrm{ini}}-C(\mathrm{Ce})_{\mathrm{aq}}}{C(\mathrm{Ce})_{\mathrm{ini}}} \tag{4.3}$$

式中 n_{O}——萃取平衡后有机相中 Ce(Ⅲ) 的量，mol；

n_{ini}——原水相中 Ce(Ⅲ) 的量，mol；

$C(\mathrm{Ce})_{\mathrm{ini}}$——原水相中 Ce(Ⅲ) 浓度，mol/L；

$C(\mathrm{Ce})_{\mathrm{aq}}$——萃取平衡后萃余水相 Ce(Ⅲ) 浓度，mol/L；

V_{aq}——水相体积，L。

DMDODGA-BMIMPF$_6$中相比为：有机相：水相=1：4，得萃取率（E）的表达式如下：

$$E=\frac{n_{\mathrm{ILs}}}{n_{\mathrm{ini}}}=\frac{V_{\mathrm{aq}}(C(\mathrm{Ce})_{\mathrm{ini}}-C(\mathrm{Ce})_{\mathrm{aq}})}{V_{\mathrm{aq}}C(\mathrm{Ce})_{\mathrm{ini}}}=\frac{C(\mathrm{Ce})_{\mathrm{ini}}-C(\mathrm{Ce})_{\mathrm{aq}}}{C(\mathrm{Ce})_{\mathrm{ini}}} \tag{4.4}$$

式中 n_{ILs}——萃取平衡后离子液体相中 Ce(Ⅲ) 的量，mol；

n_{ini}——原水相中 Ce(Ⅲ) 的量，mol；

$C(\mathrm{Ce})_{\mathrm{ini}}$——原水相中 Ce(Ⅲ) 浓度，mol/L；

$C(\mathrm{Ce})_{\mathrm{aq}}$——萃取平衡后萃余水相 Ce(Ⅲ) 浓度，mol/L；

V_{aq}——水相体积，L。

回收率（S）指达到反萃平衡后被反萃的金属离子在反萃水相中的量与原水相中的量之比。DMDODGA-40%正辛醇/煤油中相比为：有机相：水相=1：2，得回收率（S）的表达式如下：

$$S = \frac{n_s}{n_{ini}} = \frac{V_s C(\mathrm{Ce})_{ini}}{V_{ini} C(\mathrm{Ce})_{ini}} \tag{4.5}$$

式中 n_s——反萃平衡后反萃水相中 Ce(Ⅲ) 的量，mol；

n_{ini}——原水相中 Ce(Ⅲ) 的量，mol；

$C(\mathrm{Ce})_{ini}$——原水相中 Ce(Ⅲ) 浓度，mol/L；

V_s——反萃水相体积，L；

V_{ini}——原水相体积，L。

DMDODGA-$BMIMPF_6$中相比为：有机相∶水相=1∶4，得回收率（S）的表达式如下：

$$S = \frac{n_s}{n_{ini}} = \frac{V_s C(\mathrm{Ce})_{ini}}{V_{ini} C(\mathrm{Ce})_{ini}} \tag{4.6}$$

式中 n_s——反萃平衡后反萃水相中 Ce(Ⅲ) 的量，mol；

n_{ini}——原水相中 Ce(Ⅲ) 的量，mol；

$C(\mathrm{Ce})_{ini}$——原水相中 Ce(Ⅲ) 浓度，mol/L；

V_s——反萃水相体积，L；

V_{ini}——原水相体积，L。

4.2 DMDODGA 在 40%正辛醇/煤油中萃取 Ce(Ⅲ)

4.2.1 平衡时间的影响

为了后续实验的进行，需确定在 DMDODGA-40%正辛醇/煤油体系中，DMDODGA 对 Ce(Ⅲ) 萃取达到萃取平衡时所需时间。在实验研究中，本书选取萃取时间 30s~5min，共 6 个考察点，以 40%正辛醇/煤油为稀释剂，用体积分数为 4%的 DMDODGA（图表中简写为：DM）萃取水相中的 Ce(Ⅲ)。Ce(Ⅲ) 分配比随萃取时间的变化关系如图 4.3 所示。

如图 4.3 所示，萃取时间从 0.5min 变化到 2min 阶段，Ce(Ⅲ) 分配比迅速上升，萃取时间从 2min 变化到 5min 阶段，曲线出现坪区，Ce(Ⅲ) 分配比几乎不再增加。可以认为当萃取时间为 3min 时达到萃取平衡。通过图 4.3 可以看出，Ce(Ⅲ) 被 DMDODGA 萃取过程很迅速，这与 DMDODGA 作为镧系和锕系元素的特效萃取剂有关。为保证实验中萃取达到平衡，在 DMDODGA-40%正辛醇/煤油体系中，DMDODGA 对 Ce(Ⅲ) 的萃取时间取 3min。

4.2.2 水相硝酸浓度的影响

为了探究在 DMDODGA-40%正辛醇/煤油体系中，DMDODGA 萃取 Ce(Ⅲ)

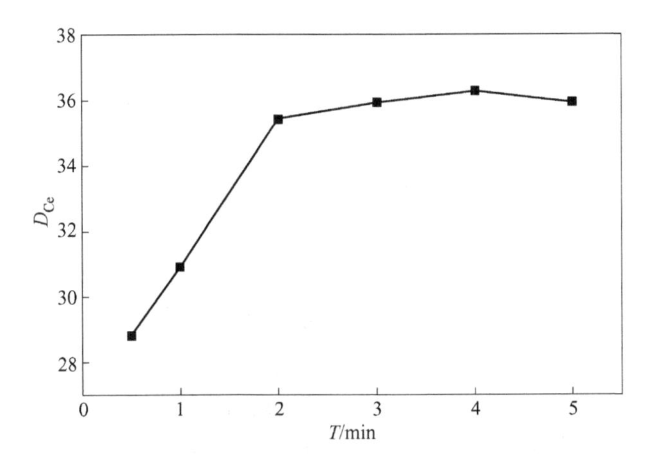

图 4.3 DMDODGA-40%正辛醇/煤油中 Ce(Ⅲ) 分配比随萃取时间的变化
(C(DM)= 0.0969mol/L, $C(HNO_3)$= 1.0mol/L, C(Ce)= 3.27mmol/L, $O:A$=1:2)

时，初始水相中硝酸浓度对 Ce(Ⅲ) 分配比的影响，本书选取初始水相中硝酸浓度 0.1~7mol/L，共 9 个考察点，用体积分数为 4%的 DMDODGA 萃取初始水相中 Ce(Ⅲ)。考察 Ce(Ⅲ) 分配比随初始水相中硝酸浓度变化关系如图 4.4 所示。

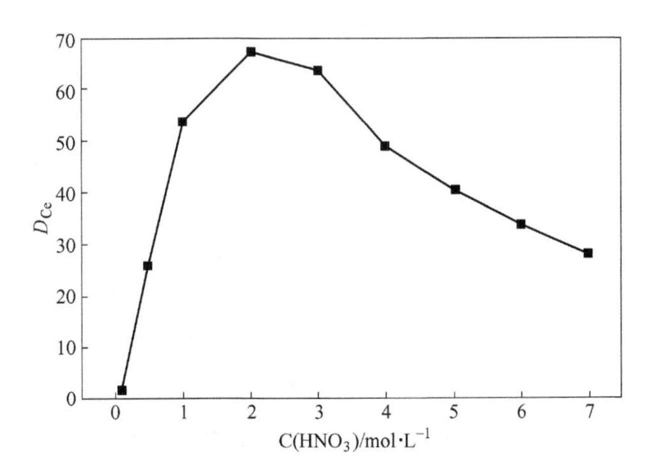

图 4.4 DMDODGA-40%正辛醇/煤油中 Ce(Ⅲ) 分配比随酸度的变化
(C(DM)= 0.112mol/L, $O:A$=1:2)

如图 4.4 所示，在 DMDODGA-40% 正辛醇/煤油体系中，DMDODGA 对 Ce(Ⅲ)的分配比随初始水相中硝酸浓度的改变，呈现出先上升后下降的趋势，在 2mol/L 时出现峰值。这与其他文献上 DMDODGA 对镧系元素的萃取趋势一致，DMDODGA 对三价镧系元素具有很好的萃取作用，分配比较高。在中性络合萃取中，当初始水相中硝酸浓度小于 2mol/L 时，NO_3^- 的盐析作用大于 H^+的竞争作用，NO_3^- 的盐析作用占主导地位，使得 Ce(Ⅲ) 更容易与 NO_3^- 结合，DMDODGA 更容易萃取 Ce(Ⅲ)，此时，初始水相中硝酸浓度的上升使得 Ce(Ⅲ) 分配比也随之上升。当酸度超过 2mol/L 时，H^+的竞争作用大于 NO_3^- 的盐析作用，H^+的竞争作用占主导地位，H^+与 NO_3^- 的结合阻止了 Ce(Ⅲ) 与 NO_3^- 的结合，从而使得 DMDODGA 对 Ce(Ⅲ) 的萃取作用变得相对困难，此时，初始水相中硝酸浓度的上升使得 Ce(Ⅲ) 分配比随之下降。

在 DMDODGA-40%正辛醇/煤油体系中，DMDODGA 会萃取硝酸分子，在萃取过程中随着 Ce(Ⅲ) 被萃取，通过酸平衡进入有机相中的硝酸会进入水相，即在实验中水相初始 HNO_3 浓度并不准确，在数据处理时，硝酸浓度应为 DMDODGA 对 Ce(Ⅲ) 达到萃取平衡后，萃余水相中硝酸浓度。为了得到在初始水相中 H^+和 NO_3^- 浓度对 Ce(Ⅲ) 的分配比变化的具体影响，本书研究了在固定其中一个因素，改变另一个因素时，Ce(Ⅲ) 分配比的变化趋势，为此进行了如下实验：

(1) 使用 $NaNO_3$ 和 HNO_3 固定 NO_3^- 浓度为 2mol/L，改变 H^+的浓度，如图 4.5 所示；

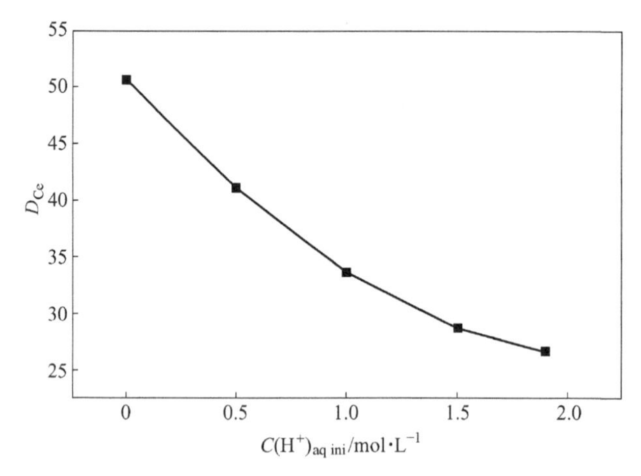

图 4.5　H^+浓度对 Ce(Ⅲ) 分配比的影响

($C(NO_3^-)_{ini}$=2mol/L, C(DM)=0.0715mol/L, $O:A$=1:2)($C(H^+)_{ini}$=2mol/L, C(DM)=0.0715mol/L, $O:A$=1:2)

(2) 使用盐酸和 HNO_3 固定 H^+浓度为 2mol/L，改变 NO_3^- 的浓度，如图 4.6 所示。

如图 4.5 所示，固定水相中 NO_3^- 浓度为 2mol/L，改变 H^+的浓度，发现随着初始水相中 H^+浓度上升，Ce(Ⅲ) 的分配比呈下降的趋势，由于 Na^+对 Ce(Ⅲ) 的竞争作用很小，则可以认为随着 H^+浓度增加阻碍了 Ce(Ⅲ) 的萃取，说明 H^+

对 Ce(Ⅲ) 的萃取存在竞争作用。这可能是因为酰胺荚醚分子中含有两个酰胺基和一个烃基醚，其中的三个氧原子具有较强的得电子能力，使得 DMDODGA 呈弱碱性，DMDODGA 与 H^+具有较强的结合能力，使得 H^+与 DMDODGA 的结合抑制了 Ce(Ⅲ) 的萃取。

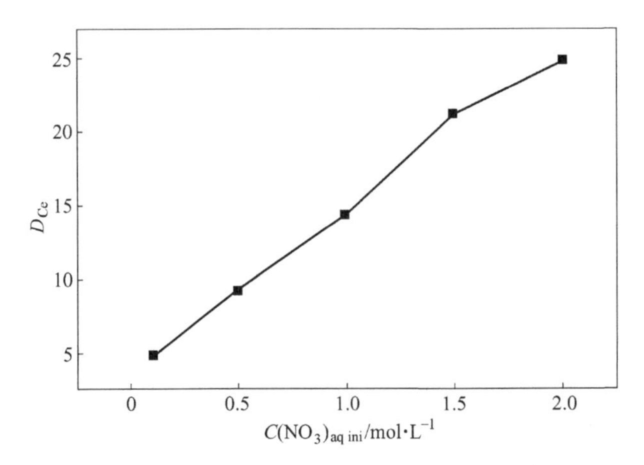

图 4.6 NO_3^- 浓度对 Ce(Ⅲ) 分配比的影响

($C(NO_3^-)_{ini}$=2mol/L，C(DM)= 0.0715mol/L，O : A=1 : 2)($C(H^+)_{ini}$=2mol/L，C(DM)= 0.0715mol/L，O : A=1 : 2)

如图 4.6 所示，通过固定初始水相中 H^+浓度，改变初始水相中 NO_3^- 浓度，Ce(Ⅲ) 的分配比随着初始水相中 NO_3^- 浓度增加呈上升趋势，可以看出 NO_3^- 促进了 Ce(Ⅲ) 的萃取，这是因为通过增加水相 NO_3^- 浓度抑制了水相硝酸分子的解离，促进了 DMDODGA 对硝酸分子的萃取；同时由于在 DMODGA-40%正辛醇/煤油体系中，Ce(Ⅲ) 的萃取机理为中性络合，Ce(Ⅲ) 被萃入有机相时，由于电荷不平衡，需要三个 NO_3^- 作为平衡电荷参与络合，增加初始水相中 NO_3^- 浓度，即增加了 Ce(Ⅲ) 被络合时的阴离子配体浓度，增加了反应物浓度，使得萃取平衡右移，让 DMDODGA 对 Ce(Ⅲ) 的萃取变得更加容易，从而增加了 Ce(Ⅲ) 的分配比。

结合图 4.4，说明当初始水相中硝酸浓度小于 2mol/L 时，NO_3^- 的盐析作用占主导，对 Ce(Ⅲ) 的萃取具有促进效果，此时 Ce(Ⅲ) 的分配比随初始水相中硝酸浓度的增加而呈上升趋势。当初始水相中硝酸浓度大于 2mol/L 时，H^+的竞争作用占主导，对 Ce(Ⅲ) 的萃取具有阻碍效果，此时 Ce(Ⅲ) 的分配比随初始水相中硝酸浓度的增加而下降。

4.2.3 DMDODGA 浓度的影响及机理

由文献可知在以 40%正辛醇/煤油、正十二烷等中性试剂为稀释剂时，稀释剂只作为溶剂，不参与金属离子的萃取；并且酰胺类萃取剂对硝酸介质中的金属离子的萃取机理为中性络合萃取，萃取过程为金属离子与水相中 NO_3^- 先结合成一个中性离子团，随后萃取剂分子与该中性离子团相络合，组成一个大型分子团再溶于稀释剂中。则在 DMDODGA-40%正辛醇/煤油体系中，Ce(Ⅲ）的萃取机理可用如下方程表示：

$$Ce^{3+}_{aq} + mNO^-_{3aq} + nDMDODGA_o \Longleftrightarrow Ce(NO_3)_m \cdot nDMDODGA_o \qquad (4.7)$$

为了推导络合机理，本文在水相初始 HNO_3 浓度为 1mol/L 的条件下，通过改变 DMDODGA 的浓度，得到 Ce(Ⅲ）的分配随萃取剂浓度的变化趋势。通过斜率法推导在 DMDODGA-40%正辛醇/煤油体系中，DMDODGA 对 Ce(Ⅲ）的萃取机理。由于下文计算分析中还要考虑到 DMDODGA 随 HNO_3 的萃取，因此在测量萃余液 Ce(Ⅲ）浓度的同时，也滴定了萃余液的酸度。

由于 DMDODGA 对硝酸具有一定的萃取作用，在使用斜率法推导 DMDODGA 对 Ce(Ⅲ）的萃取机理过程中，需要将萃取剂浓度修正为自由萃取剂浓度。孙国新等人的研究指出，DMDODGA 在氯仿作为稀释剂时，DMDODGA 对于硝酸分子的平均络合数是 1，即在氯仿介质中，硝酸分子与 DMDODG 分子只形成 $HNO_3 \cdot DMDODGA$ 的络合物。徐英波等人的研究中也指出 DMDODGA 在以 40%正辛醇/煤油的介质中萃取硝酸时，DMDODGA 与 HNO_3 分子组成摩尔比为 1∶1 的络合物，即组成 $HNO_3 \cdot DMDODGA$ 的络合物。

假设 DMDODGA 在萃取硝酸介质中的 Ce(Ⅲ）时，HNO_3 与 H_2O 不参与到络合物分子的形成里，且水相中的 $Ce(NO_3)_3$ 完全电离，即水相 $C_{Ce} = C(Ce(Ⅲ))$。有机相中的 DMDODGA 不出现多聚体。且有机相中 Ce(Ⅲ）与 DMDODGA 分子只形成一种络合物，硝酸分子与 DMDODGA 分子也只形成一种络合物，即络合物分子中只出现 $Ce(NO_3)_3 \cdot nDMDODGA$ 和 $HNO_3 \cdot mDMDODGA$。并通过斜率法确定 n 值。DMDODGA 在 40%正辛醇/煤油中对 Ce(Ⅲ）的萃取反应式（4.7）所示。

假设有机相中不含有除 NO_3^- 以外的阴离子，由电荷平衡有 $q = 3$。推导在 DMDODGA-40%正辛醇/煤油体系中，DMDODGA 萃取 Ce(Ⅲ）的萃取机理为：

$$Ce^{3+}_{aq} + 3NO^-_{3aq} + nDMDODGA_o \Longleftrightarrow Ce(NO_3)_3 \cdot nDMDODGA_o \qquad (4.8)$$

萃取平衡常数 K_{ex}：

$$K_{ex} = \frac{C(Ce(NO_3)_3 \cdot nDMDODGA)_o}{C(Ce^{3+})_{aq} C(NO_3^-)^3_{aq} C(DMDODGA)^n_o} \qquad (4.9)$$

分配比 D_{Ce}：

$$D_{Ce} = \frac{2C(Ce)_o}{C(Ce)_{aq}} = \frac{2C(Ce(NO_3)_3 \cdot nDMDODGA)_o}{C(Ce^{3+})_{aq}} \qquad (4.10)$$

将 D_{Ce} 带入 K_{ex} 中：

$$D_{Ce} = 2K_{ex}C(NO_3^-)_{aq}^3 C(DMDODGA)_o^n \tag{4.11}$$

两边取对数：

$$\lg D_{Ce} = \lg K_{ex} + 3\lg C(NO_3^-)_{aq} + n\lg C(DMDODGA)_o + C \tag{4.12}$$

其中 $C(Ce)_{aq}$ 和 $C(NO_3^-)_{aq}$ 分别是水相中 Ce(Ⅲ) 和 NO_3^- 的浓度；$C(DMDODGA)_o$ 和 $C(Ce(NO_3)_3 \cdot nDMDODGA)_o$ 分别是有机相中 DMDODGA 和 $Ce(HNO_3)_3 \cdot n$DMDODGA 络合物的浓度，“n”表示在单个络合物分子中与 Ce(Ⅲ) 相结合的 DMDODGA 分子的数量。

由于 DMDODGA 对硝酸具有萃取作用，在用斜率法求平均络合数时需要对式 (4.12) 进行修正。初始水相 Ce(Ⅲ) 浓度约 3.4mmol/L，DMDODGA 浓度约为 0.106mol/L，有机相中与 Ce(Ⅲ) 相络合的 DMDODGA 浓度与总的 DMDODGA 浓度相比可以忽略，有机相中自由萃取剂浓度等于总的萃取剂浓度减去与硝酸络合的萃取剂浓度。在计算时应将萃取剂浓度替换为自由萃取浓度 $C(DMDODGA)_f$，有机相中自由萃取剂浓度计算：

$$C(DMDODGA)_f = C(DMDODGA)_{ini} - mC(HNO_3 \cdot DMDODGA)_o \tag{4.13}$$

以 40%正辛醇/煤油作为稀释剂时，DMDODGA 萃取硝酸的平均络合数为 1，即公式 (4.13) 中“m”值为 1。将式 (4.13) 带入式 (4.12) 中可修正后：

$$\lg D_{Ce} = \lg K_{ex} + 3\lg C(NO_3^-)_{aq} + n\lg C(DMDODGA)_f + C \tag{4.14}$$

通过滴定有机相中的酸度后计算得到 $C(DMDODGA)_o$，以 $\lg D_{Ce} \sim \lg C(DMDODGA)_f$ 作图，其拟合直线的斜率则为平均络合数 n。如图 4.7 所示。

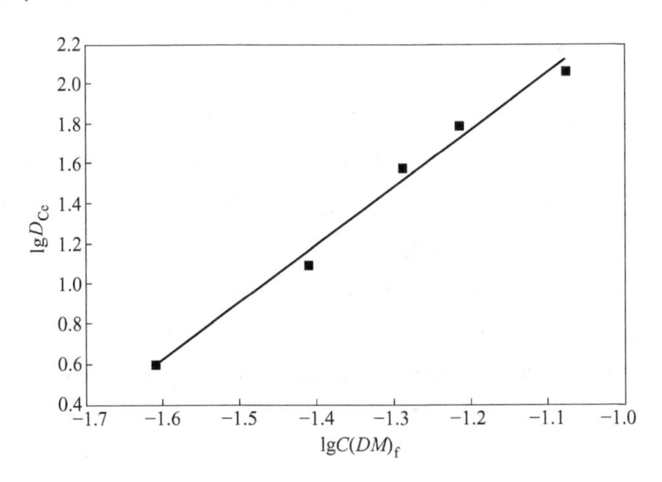

图 4.7 DMDODGA-40%正辛醇/煤油中 $\lg D_{Ce} \sim \lg C(DMDODGA)_f$ 对数坐标图

($C(HNO_3)$ = 1.0mol/L，C (Ce(Ⅲ)) = 3.27mmol/L，$O:A=1:2$)

如图 4.7 所示，以 $\lg D_{Ce} \sim \lg C(DMDODGA)_f$ 作图，拟合直线曲线的斜率趋近于 3，可以推导出平均络合数为 3，可得出在 DMDODGA-40%正辛醇/煤油体系中

DMDODGA 萃取 1.0mol/L HNO_3 介质中的 Ce(Ⅲ) 的络合机理如下：

$$Ce^{3+}_{aq} + 3NO^{-}_{3aq} + 3DMDODGA_{o} \rightleftharpoons Ce(NO_3)_3 \cdot 3DMDODGA_{o} \quad (4.15)$$

4.2.4　40%正辛醇/煤油中 DMDODGA 对 Ce(Ⅲ) 的极限负载

为了推导 DMDODGA-40%正辛醇/煤油体系中，DMDODGA 对 Ce(Ⅲ) 饱和萃取时，络合物的结构，本书研究初始水相中硝酸浓度为 1.0mol/L 时，体积分数为 5%的 DMDODGA 对 Ce(Ⅲ) 的饱和萃取，测得有机相中 DMDODGA 的浓度与 Ce(Ⅲ) 浓度的比值，如图 4.8 所示。

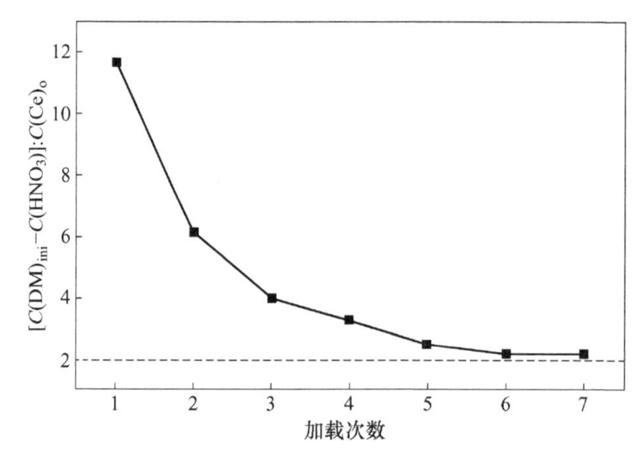

图 4.8　DMDODGA-40%正辛醇/煤油中 DMDODGA 对 Ce(Ⅲ) 的饱和负载
(C(Ce(Ⅲ))= 3.28mmol/L，$C(HNO_3)$= 1.0mol/L，C(DM)= 0.121mol/L，$O:A=1:2$)

实验中使用体积分数为 5%的 DMDODGA 反复萃取固定 Ce(Ⅲ) 浓度的新鲜水相，使有机相中 DMDODGA 萃取 Ce(Ⅲ) 达到饱和，则有机相中 DMDODGA 与 $Ce(NO_3)_3$ 的络合物只有一种，并且该络合物中 DMDODGA 与 Ce(Ⅲ) 的物质的量比值最小，即平均络合数 n 为最小值。

假设 HNO_3 不参与到 DMDODGA 与 Ce(Ⅲ) 的络合过程中，即 DMDODGA 与 Ce(Ⅲ) 的络合形式只有一种，即 $Ce(NO_3)_3 \cdot n$DMDODGA。

则有机相中与 Ce(Ⅲ) 相结合 DMDODGA 的浓度 $nC(Ce \cdot n\mathrm{DMDODGA})$ 即为萃取剂 DMDODGA 的浓度 $C(\mathrm{DMDODGA})_{ini}$减去与硝酸相结合的 DMDODGA 的浓度。

$$nC(Ce \cdot n\mathrm{DMDODGA}) = C(\mathrm{DMDODGA})_{ini} - C(HNO_3)_{o} \quad (4.16)$$

消解有机相后，测量 Ce(Ⅲ) 浓度可得饱和萃取后有机相中 Ce(Ⅲ) 浓度 $C(Ce)_o$，有机相中与 Ce(Ⅲ) 结合的 DMDODGA 的物质的量与 Ce(Ⅲ) 的物质的量之比为：

$$\frac{n(\mathrm{Ce}\cdot n\mathrm{DMDODGA})}{n(\mathrm{Ce})_{\mathrm{o}}}=\frac{V_{\mathrm{o}}C(\mathrm{Ce}\cdot n\mathrm{DMDODGA})}{V_{\mathrm{o}}C(\mathrm{Ce})_{\mathrm{o}}}=\frac{C(\mathrm{DMDODGA})_{\mathrm{ini}}-C(\mathrm{HNO_3})_{\mathrm{o}}}{C(\mathrm{Ce})_{\mathrm{o}}} \tag{4.17}$$

式中　$n(\mathrm{Ce}\cdot n\mathrm{DMDODGA})$——萃取平衡后有机相中与 Ce(Ⅲ) 相络和的 DMDODGA 的物质的量，mol；

$n(\mathrm{Ce})_{\mathrm{o}}$——萃取平衡后有机相中与 Ce(Ⅲ) 的物质的量，mol；

$C(\mathrm{DMDODGA})_{\mathrm{ini}}$——有机相中 DMDODGA 的总浓度，mol/L；

$C(\mathrm{Ce}\cdot n\mathrm{DMDODGA})$——萃取平衡后有机相中与 Ce(Ⅲ) 相络和的 DMDODGAD的浓度，mol/L；

$C(\mathrm{Ce})_{\mathrm{o}}$——有机相中 Ce(Ⅲ) 的总浓度，mol/L；

V_{o}——有机相体积，L。

如图 4.8 所示，随着饱和萃取次数的增加，在 DMDOGA-40%正辛醇/煤油体系中，DMDODGA 饱和萃取 Ce(Ⅲ) 后，测得与 Ce(Ⅲ) 相结合的 DMDODGA 的浓度与 Ce(Ⅲ) 浓度之比趋近于 2，这与萃取剂浓度的实验的结果不一致。

在过去的报道中，镧系金属与酰胺荚醚类萃取剂主要形成 1∶3 的络合物，而在 DMDODGA-40%正辛醇/煤油体系中，Ce(Ⅲ) 与 DMDODGA 形成 1∶2 络合物，造成这种差异可能是在萃取相中 Ce(Ⅲ) 浓度过高，从而使得络合物中三个 NO_3^- 直接键合到 Ce(Ⅲ) 上，而不是作为电平衡离子存在于 Ce(Ⅲ) 与 DMDODGA 的阳离子配位之外。DMODODGA 饱和萃取 Ce(Ⅲ) 形成的络合物中，有两个 DMDODGA 分子与一个 Ce(Ⅲ) 配位，此时配合物中 Ce(Ⅲ) 的配位数可以从 9 变化到 12，其具体值取决于参与配位的 NO_3^- 数量，以及 NO_3^- 是作为二齿配体还是单齿配体参与配位。在相似体系中，较大尺寸的 Ce(Ⅲ) 可能形成的中性萃合物的结果为 $Ce(NO_3)_3\cdot 2DMDODGA$，而较小尺寸的 Ln^{3+}离子所形成的络合物结构为 $Ln(DGA)_3{}^{3+}\cdot 3NO_3^-$。在以前的研究中，用 TiBDGA 萃取 Pu^{4+}时观察到类似的现象，发现在使用 40%正辛醇/煤油作为稀释剂时使用 TiBDGA 作为萃取剂萃取 Pu^{4+}，所形成的中性络合物为 $Pu(NO_3)_4\cdot TiBDGA$，其中 4 个 NO_3^- 可能直接与 Pu^{4+}结合。

推测在有机相中饱和负载 Ce(Ⅲ) 后其萃取络合物结构发生了改变，即当有机相中 Ce(Ⅲ) 浓度的相对较高，而 DMDODGA 浓度相对较低时，则 DMDODGA 在 40%正辛醇/煤油中萃取 1.0mol/LHNO_3 介质中的 Ce(Ⅲ) 饱和萃取络合机理为：

$$Ce^{3+}_{aq}+3NO^-_{3aq}+2DMDODGA_o \rightleftharpoons Ce(NO_3)_3\cdot 2DMDODGA_o \tag{4.18}$$

4.2.5　反萃剂对 Ce(Ⅲ) 的反萃影响

反萃是高放废液分离过程中一个重要环节，对高放废液分离中萃取剂和稀释剂的循环使用具有重要意义，不仅可以实现萃取剂的循环使用，减少高放废液分离的成本；同时还可以进一步实现金属离子的进一步分离和纯化。这一环节对于实现高放废液后分离技术实现工业化极具研究意义。用稀酸作为反萃剂在高放废液处理过程中得到广泛认同，但目前 DMDODGA 在以 40%正辛醇/煤油为稀释剂时，对于 Ce(Ⅲ) 的反萃研究还未见报道。为了探究硝酸作为反萃剂时，DMDODGA-40%正辛醇/煤油体系中 Ce(Ⅲ) 的反萃作用，本书使用不同浓度的硝酸溶液以及去离子水作为反萃剂，使用液液反萃法开展 DMDODGA-40%正辛醇/煤油体系，其结果如图 4.9 所示。

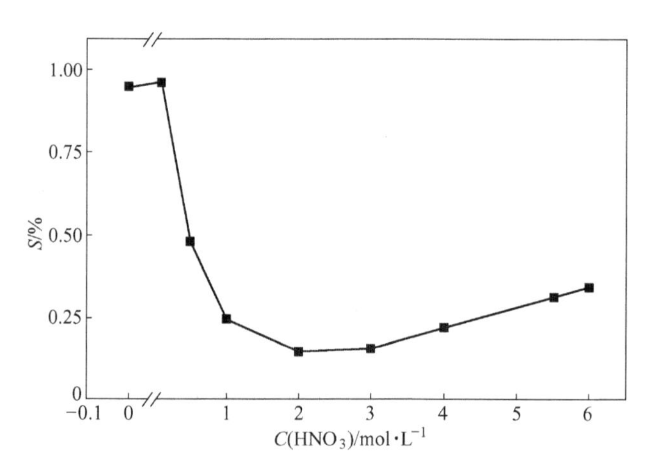

图 4.9　硝酸溶液和水在 DMDODGA-40%正辛醇/煤油体系中对 Ce(Ⅲ) 的反萃
($C(HNO_3)_{初始水相}$=2mol/L，C(DM)=0.0715mol/L，C(Ce(Ⅲ))=3.82mmol/L，O∶A=1∶2)

如图 4.9 所示，对 DMDODGA-40%正辛醇/煤油体系中，体积分数为 3%的 DMDODGA 萃取在 2mol/L 的硝酸介质中 Ce(Ⅲ) 的有机相，使用不同浓度的硝酸溶液进行三次反萃后，对比不同浓度的 HNO_3 对 DMDODGA-40%正辛醇/煤油中 Ce(Ⅲ) 的反萃结果，发现在反萃硝酸浓度小于 2mol/L 时，Ce(Ⅲ) 的回收率随着反萃硝酸浓度增加，呈现出下降趋势，其回收率在反萃硝酸浓度为 2mol/L 处出现最低值，其值约为 14.5%；在反萃硝酸浓度大于 2mol/L 时，Ce(Ⅲ) 的回收率随着反萃硝酸浓度增加，呈现出上升趋势。使用 0.1mol/L 的稀硝酸溶液对 Ce(Ⅲ) 进行反萃，回收率最高，其值约为 96.63%。这个趋势与图 4.4 相符。在图 4.4 中初始水相中硝酸浓度为 2mol/L 时 Ce(Ⅲ) 分配比最大，意味着在初始水相中硝酸浓度为 2mol/L 时，Ce(Ⅲ) 最容易与 DMODGA 相络合，被萃入有机相中，此时 Ce(Ⅲ) 最难大量存在于水相中。在图 4.4 中初始水相中硝酸浓度为 0.1mol/L 时 Ce(Ⅲ) 分配比最小，对应图 4.9 中以 0.1mol/L 硝酸溶液做反萃剂时，Ce(Ⅲ) 的回收率最高，当初始水相中硝酸浓度为 0.1mol/L 时，Ce(Ⅲ) 被 DMDODGA 萃入有机相相对较为困难，相反使用 0.1mol/L 的硝酸溶液反萃

Ce(Ⅲ)将会有较高的回收率。依照图 4.9 的趋势在初始水相中硝酸浓度为 2mol/L 时 Ce(Ⅲ) 的分配比具有最大值。初始水相中硝酸浓度低于 2mol/L 时，Ce(Ⅲ) 的分配比随着初始水相中硝酸浓度的减小而减少，初始水相中硝酸浓度高于 2mol/L 时，Ce(Ⅲ) 的分配比随着初始水相中硝酸浓度的增加而减少。那么使用不同浓度的硝酸溶液对萃取 Ce(Ⅲ) 后的有机相进行反萃，则随着反萃硝酸浓度的增加，Ce(Ⅲ) 的回收率应呈现出先减小后增大的趋势，并且在反萃硝酸浓度为 2mol/L 时，回收率存在最小值，图 4.9 的确反映出了该趋势。但去离子水对 Ce(Ⅲ) 回收率却与该趋势相矛盾。去离子水可以看做反萃硝酸浓度为 0mol/L 的硝酸溶液，以此溶液对有机相中的 Ce(Ⅲ) 进行反萃，按照该趋势，Ce(Ⅲ) 的回收率应该比使用 0.1mol/L 硝酸溶液反萃有机相时，Ce(Ⅲ) 的回收率更高。但在图 4.9 中使用去离子水作为反萃剂反萃有机相时，Ce(Ⅲ) 回收率只有 94.86%，该值相比使用 0.1mol/L 硝酸溶液作为反萃剂时，Ce(Ⅲ) 的回收率更低（96.63%），这与该趋势相矛盾。这可能是因为使用去离子水作为反萃剂时，反萃液中几乎不含有可被 DMDODGA 萃取的分子团，在 Ce(Ⅲ) 被反萃进入反萃液中时，由于电平衡机制会有三个 NO_3^- 与 Ce(Ⅲ) 一同被反萃进入水相，而在有机相中 Ce(Ⅲ) 和 NO_3^- 曾占据过的位置留下空洞。但是去离子水中不含有可被 DMDODGA 萃取，用于填补硝酸铈被反萃后 DMDODGA 中留下的空缺位置的分子团。而在 0.1mol/L 硝酸溶液作为反萃剂时，反萃液中含有足够的硝酸分子用于填补硝酸铈被反萃后 DMDODGA 中留下的空缺位置。但此时随着反萃硝酸浓度的降低，硝酸对有机相中 Ce(Ⅲ) 的回收率越高的趋势仍占主导作用，故使用去离子水作为反萃剂时任具有较高的回收率，但水中几乎不含可被 DMDODGA 萃取的分子团不对这一趋势产生影响，会使去离子水的回收率略微下降。

4.2.6 萃合物的结构表征

为了表征有机相中 DMDODGA 与 Ce(Ⅲ) 结合方式，本书使用傅里叶红外光谱以对有机相中 DMDODGA 与 Ce(Ⅲ) 的络合物进行表征。由于在萃取剂体积分数为 2%~6%的有机相中含有大量稀释剂，即正辛醇和煤油，在红外光谱中正辛醇、煤油的红外吸收峰可能会掩蔽掉硝酸根中 N ═ O 双键的吸收峰和 DMDODGA 中 C-O 的移动；另外正辛醇和煤油仅作为稀释剂并不参与络合，无需分析正辛醇和煤油的红外光谱，故在本实验采用纯 DMDODGA 萃取 1mol/L 的硝酸介质中的 Ce(Ⅲ) 后的有机相作为待测样，使用液膜法将待测样均匀地涂抹在压好的 KBr 片上制得待测样，将压好的 KBr 片的透过光谱作为本底，测得光谱如图 4.10 所示。

如图 4.10 所示，$2926cm^{-1}$ 和 $2857cm^{-1}$ 处是烷基的 C—H 伸缩振动吸收峰；

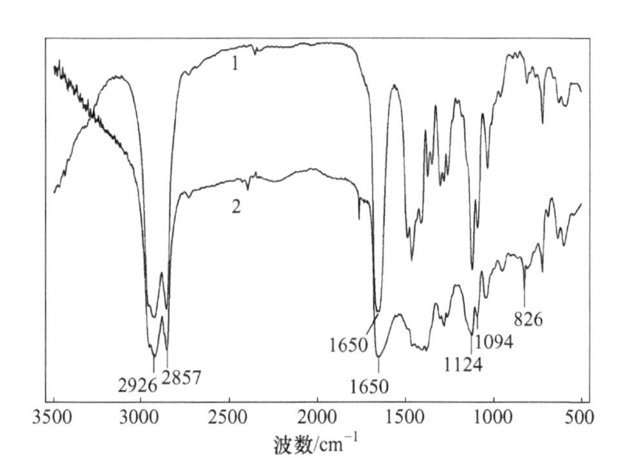

图 4.10　DMDODGA 萃取 Ce(Ⅲ) 的有机相红外光谱图
1—DMDODGA；2—DMDODGA-Ce(Ⅲ)
($C(HNO_3)$ = 1.0mol/L，C(Ce(Ⅲ)) = 3.28mmol/L，O : A = 1 : 2)

1650cm^{-1}处是 DMDODGA 中酰胺羰基的 C ═O 吸收峰，DMDODGA 萃取 Ce(Ⅲ) 后酰胺羰基的 C ═O 吸收峰在低波数方向变宽；1124cm^{-1}和 1094cm^{-1}处是 DMDODGA中烃基醚的 C—O 吸收峰，DMDODGA 萃取 Ce(Ⅲ) 后烃基醚的 C—O 吸收峰几乎没有位移。说明 DMDODGA 萃取 Ce(Ⅲ) 是通过酰胺羰基与 Ce(Ⅲ) 发生配位，酰胺羰基的 C ═O 吸收峰在低波数方向的峰变宽是由于带正电荷的 Ce(Ⅲ) 的存在，使得 C ═O 上的共价电子向氧原子方向移动，使得负电荷中心向氧原子方向偏移，导致酰胺羰基的 C ═O 键能降低，吸收峰在低波数方向变宽。同时由于烃基醚的 C—O 键同样含有一个氧原子，该氧原子也会参与Ce(Ⅲ) 的配位作用，但由于 O—C 键相对较为稳定，不易发生变形，其吸收峰没有观察到非常明显的变化，在文献中报道了，使用 DMDODGA 萃取 Gd、Dy、Ho、Er 后的红外光谱，在该报道中 DMDODGA 的烃基醚的 C—O 键的吸收峰从 1123cm^{-1}移动到了 1130cm^{-1}，说明烃基醚的 C—O 键参与了配位，即 DMDODGA 与镧系元素的络合反应中，不仅有 C ═O 上的氧原子与 Ce(Ⅲ) 存在相互作用，C—O 键上的氧原子与 Ce(Ⅲ) 也存在相互作用。

另外在 DMDODGA 萃取 Ce(Ⅲ) 后的红外光谱中，在 826cm^{-1}处出现了一个新的吸收峰，该吸收峰为 NO_3^- 中 N ═O 双键的特征吸收峰，可以确定 DMDODGA 萃取 Ce(Ⅲ) 后的有机相中存在 NO_3^-，由电中性原理可知在 DMDODGA 萃取 Ce(Ⅲ) 时，会有 3 个 NO_3^- 与 Ce(Ⅲ) 一同进入有机相中与 Ce(Ⅲ)离子相结合，形成电中性络合分子团 $Ce(NO_3)_3$ · 3DMDODGA。

4.3 DMDODGA 在离子液体 BMIMPF$_6$ 中萃取 Ce(Ⅲ)

4.3.1 离子液体的选取

根据陈继等人的研究发现以六氟磷酸根为阴离子的离子液体由于存在Ce(Ⅲ)与氟离子的共萃效果，对于四价的铈具有特效的萃取效果。由于C$_n$MIMPF$_6$类离子液体的水溶性很差，几乎不溶于水，在实验中不会造成因稀释剂的溶解而导致萃取剂浓度的改变；且 C$_n$MIMPF$_6$对于各类有机物的溶解性好，使用 C$_n$MIMPF$_6$作为稀释剂可以很好地防止产生三相。本书选取以甲基咪唑为阳离子，以及以六氟磷酸根为阴离子的离子液体 1-丁基-3-甲基咪唑六氟磷酸盐 BMIMPF$_6$作为稀释剂，以 DMDODGA 作为萃取剂，研究 DMDODGA-BMIMPF$_6$中 DMDODGA 对于 Ce(Ⅲ) 的萃取作用。

4.3.2 平衡时间的影响

为了后续实验的进行，需确定在 DMDODGA-BMIMPF$_6$体系中，DMDODGA 对 Ce(Ⅲ) 萃取达到萃取平衡时所需时间。在实验研究中，本书选取萃取时间 4~9min，共 6 个考察点，以 BMIMPF$_6$为稀释剂，用体积分数为 1%的 DMDODGA 萃取水相中的 Ce(Ⅲ)。Ce(Ⅲ) 分配比随萃取时间的变化关系如图 4.11 所示。

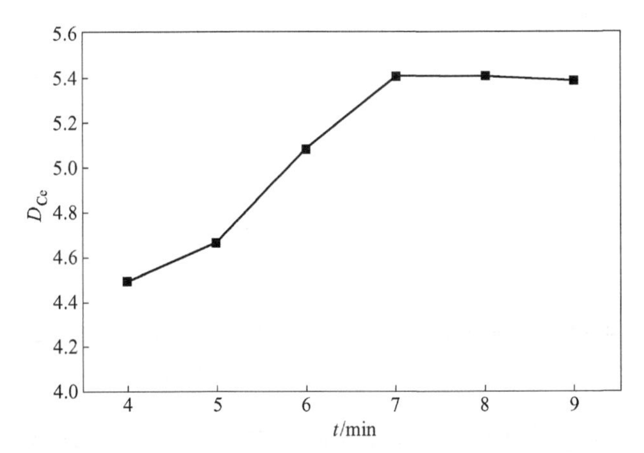

图 4.11 DMDODGA-BMIMPF$_6$中 Ce(Ⅲ) 分配比随萃取时间的变化图

(C(DM)= 0.0242mol/L，C(Ce(Ⅲ))= 3.74mmol/L，C(HNO_3)= 1.0mol/L，O : A=1 : 4)

如图 4.11 所示，萃取时间从 4min 变化到 7min 阶段，Ce(Ⅲ) 分配比迅速上升，萃取时间从 7min 变化到 9min 阶段，曲线出现坪区，Ce(Ⅲ) 分配比几乎不再增加。可以认为当萃取时间为 7min 时达到萃取平衡。通过图 4.11 可以看出，在 DMDODGA-BMIMPF$_6$体系中 Ce(Ⅲ) 被 DMDODGA 萃取过程较为迅速，但相比在 DMDODGA-40%正辛醇/煤油体系中，需要更长时间才能达到萃取平衡，这是因为离子液体的黏度比 40%正辛醇/煤油的黏度大得多，在萃取时需要足够的振荡时间才能使有机相破碎成具有足够大表面积的小液滴，这降低了 Ce(Ⅲ) 从水相传递到离子液体相的时间，所以在 DMDODGA-BMIMPF$_6$体系中 DMDODGA 萃取 Ce(Ⅲ) 时平衡时间大于在 DMDODGA-40%正辛醇/煤油体系中的平衡时间。为保证实验中萃取达到平衡，在 DMDODGA-BMIMPF$_6$ 体系中，后续实验中 DMDODGA 对 Ce(Ⅲ) 的萃取时间都取 7min。

4.3.3　水相硝酸浓度对萃取的影响

为了探究在 DMDODGA-BMIMPF$_6$体系中，DMDODGA 萃取 Ce(Ⅲ) 时，初始水相中硝酸浓度对 Ce(Ⅲ) 分配比的影响，本文选取初始水相中硝酸浓度 0.1~6mol/L，共 11 个考察点，用体积分数为 1%的 DMDODGA 萃取初始水相中 Ce(Ⅲ)。考察 Ce(Ⅲ) 分配比随初始水相中硝酸浓度的变化关系如图 4.12 所示。

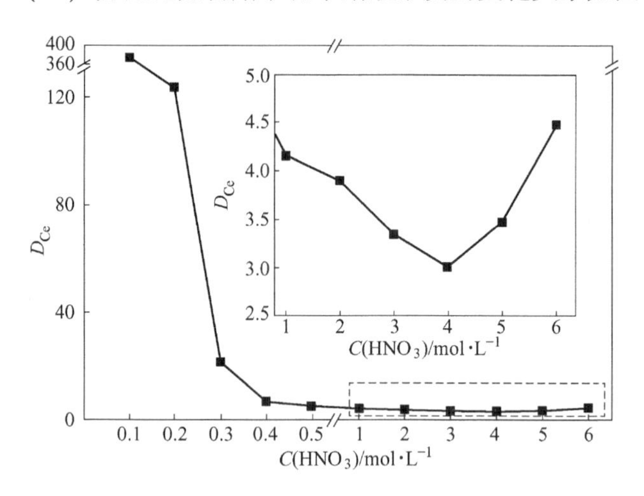

图 4.12　DMDODGA-BMIMPF$_6$中 Ce(Ⅲ) 分配比随酸度的变化

(C(DM) = 0.0264mol/L，O : A = 1 : 4)

如图 4.12 所示，在 DMDODGA-BMIMPF$_6$体系中，DMDODGA 对萃取Ce(Ⅲ) 的分配比随初始水相中硝酸浓度的增加，呈现出先降低后增加的趋势，在初始水相中硝酸浓度小于 1mol/L 时，分配比随初始水相中硝酸浓度的增加急剧下降，在初始水相中硝酸浓度大于 1mol/L 时，分配比随初始水相中硝酸浓度的增加下降速率减缓，随后缓慢上升，初始水相中硝酸浓度约为 4mol/L 时达到最低值。这是由于在低酸度时，水相中 NO_3^- 含量少，Ce(Ⅲ) 与 [PF_6]$^-$的络合作用占主导地位，使得分配比较高。随着水相酸度的上升，水相中 NO_3^- 含量增加，Ce

(Ⅲ) 与 NO_3^- 的络合作用增强，通过抑制 Ce(Ⅲ) 与 $[PF_6]^-$的结合，使得 DMDODGA 络合 $Ce(PF_6)_3$ 分子团变得相对较难，分配比表现出随初始水相中硝酸浓度的上升而下降的趋势。随着初始水相中硝酸浓度的继续上升，可能是因为 Ce(Ⅲ) 与 NO_3^- 的络合作用进一步增强，Ce(Ⅲ) 与过量的 NO_3^- 形成阴离子团 $Ce(NO_3)_x$，使得 DMDODGA 开始萃取 $Ce(NO_3)_x$ 分子团，Ce(Ⅲ) 的分配比表现出随初始水相中硝酸浓度的上升而上升的趋势。

4.3.4 甲基咪唑阳离子对萃取的影响

陈继等人在研究中发现离子液体 C_8MIMPF_6在高浓度硝酸中具有自解离的倾向，为了防止因水相酸度过高而导致的离子液体解离，从而导致萃取剂浓度的变化。本书中选取初始水相中硝酸浓度为 0.1~4mol/L，共 9 个考察点，用体积分数为 1%的 DMDODGA 萃取水相中的 HNO_3，检测萃余相中 P 元素的变化，以确定 C_8MIMPF_6发生自解离的酸度范围，同时测定离子液体相中的硝酸浓度，确定在 DMDODGA-$BMIMPF_6$体系中，DMDODGA 对原水相中硝酸的萃取作用。其结果如图 4.13 所示。

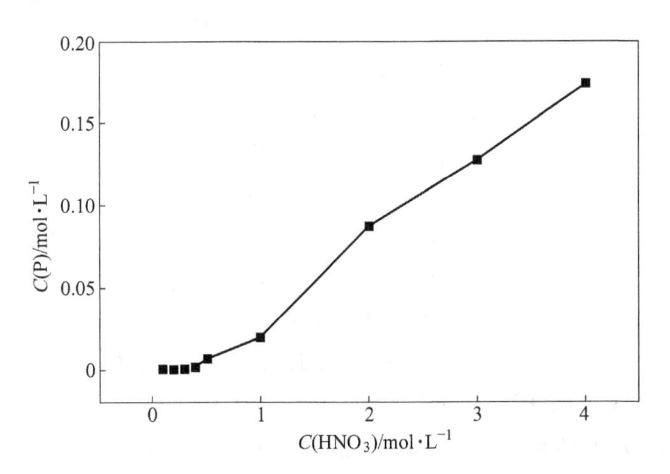

图 4.13 DMDODGA-$BMIMPF_6$体系中水相 P 浓度随水相 HNO_3 浓度的变化

(C(DM) = 0.0264mol/L，$O:A=1:4$)

如图 4.13 所示，在 DMDODGA-$BMIMPF_6$ 体系中，当初始水相中硝酸浓度 2mol/L 时水相 P 元素的浓度较高约为 0.1mol/L，为防止 $BMIMPF_6$ 自解离导致有机相体积变化，从而导致萃取剂浓度的变化，以及因 $BMIMPF_6$ 自解离导致初始水相中引入大量 F^-，由于 Ce(Ⅲ) 与 F^-的强络合作用而引起的实验结果的误差，因此在以后的实验中初始水相中硝酸浓度取值不高于 1mol/L。

在以离子液体等极性分子为稀释剂时，离子液体要参与萃取反应和萃合物的构成，以离子液体作为稀释剂时，酰胺类萃取剂对硝酸介质中的金属离子的萃取机理为阳离子交换或者阴离子交换。当初始水相中酸度较低时，金属离子与离子液体相中离子液体的阳离子发生交换，金属离子与离子液体的阴离子结合成为中性分子，再与萃取剂络合，萃取剂与金属离子和离子液体的阴离子相互络合成为一个可溶于离子液体相的大型分子团，进入离子液体相，此时在低酸度下络合机理为阳离子交换，则在 DMDODGA-BMIMPF$_6$体系中，萃取机理可表示为：

$$\begin{aligned} &Ce^{3+}_{aq} + p(BMIM)^{+}_{ILs} + p(PF_6)^{-}_{ILs} + n\mathrm{DMDODGA}_{ILs} \rightleftharpoons \\ &Ce(PF_6)_P \cdot n\mathrm{DMDODGA}_{ILs} + p(BMIM)^{+}_{aq} \end{aligned} \tag{4.19}$$

当初始水相中酸度较高时，金属离子与水相中的过量的酸根阴离子相络合，形成阴离子团后与离子液体相中离子液体的阴离子发生交换，该阴离子团在与离子液体的阳离子结合成为中性分子后，再与萃取剂相结合，萃取剂与金属离子和离子液体的阳离子以及酸根阴离子络合成为一个可溶于离子液体相的大型分子团，进入离子液体相，此时在高酸度下络合机理为阴离子交换，则在 DMDODGA-BMIMPF$_6$体系中，萃取机理可表示为：

$$\begin{aligned} &Ce^{3+}_{aq} + p(BMIM)^{+}_{ILs} + p(PF_6)^{-}_{ILs} + n\mathrm{DMDODGA}_{ILs} + m\mathrm{NO}^{-}_{3aq} \rightleftharpoons \\ &Ce \cdot (NO_3)_m \cdot (BMIM)_P \cdot n\mathrm{DMDODGA}_{ILs} + p(PF_6)^{-}_{aq} \end{aligned} \tag{4.20}$$

由于离子液体作为稀释剂和离子液体作为萃取剂时，对硝酸介质中金属离子的萃取机理有两种，包括在初始水相中硝酸浓度较低时的阳离子交换机理和在初始水相酸度较高时的阴离子交换机理。萃取机理为阳离子交换时会有大量的 $[BMIM]^+$进入萃余水相，萃取机理为阴离子交换时会有大量 $[PF_6]^-$进入萃余水相。通过向初始水相中加入 BMIC，由于 $[BMIM]^+$的存在，因离子竞争效应会阻碍阳离子交换的进行，因此通过增加水相中 $[BMIM]^+$的浓度，可以抑制 Ce(Ⅲ) 被萃取，则可以判断在 DMDODGA-BMIMPF$_6$体系中，Ce(Ⅲ) 的萃取机理。本文通过向初始水相中硝酸浓度为 0.4mol/L 的 Ce(Ⅲ) 溶液中，加入不同质量的 BMIC，从而改变了初始水相中的 $[BMIM]^+$离子浓度，验证在该酸度下的萃取机理。如图 4.14 所示。

如图 4.14 所示，Ce(Ⅲ) 分配比随着初始水相中 $[BMIM]^+$的浓度的增加而减少，但几乎不随初始水相中氯离子浓度的增加而改变，这与其他文献中甲基咪唑阳离子对甲基咪唑类离子液体作为稀释剂时的影响趋势一致。由于增加了初始水相中甲基咪唑阳离子的浓度，抑制了离子液体相中甲基咪唑阳离子通过阳离子交换进入水相，从而抑制 Ce(Ⅲ) 通过阳离子交换进入离子液体相，同时通过向初始水相中加入氯化钠，从而增加初始水相中氯离子的浓度，分配比略微上升，可以排除相初始水相中加入氯化甲基咪唑导致 Ce(Ⅲ) 的分配比下降是由于氯离子的引入所导致的影响，故可以确定在 DMDODGA-BMIMPF$_6$体系中，DMDODGA

对 Ce(Ⅲ) 的萃取机理为阳离子交换。

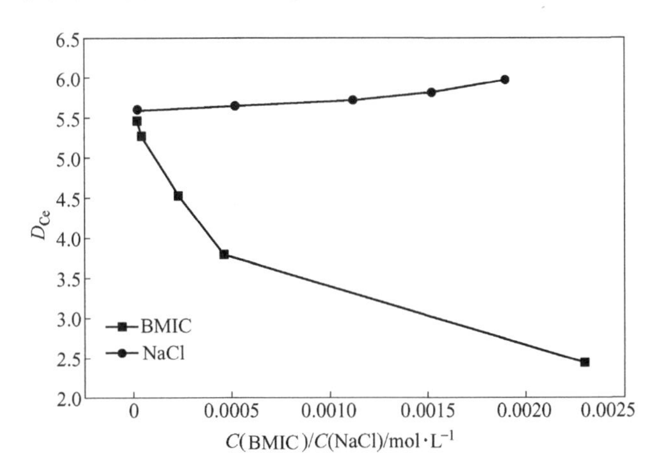

图 4.14 DMDODGA-$BMIMPF_6$中水相中 [BMIM]$^+$浓度对 Ce(Ⅲ) 分配比的影响

($C(HNO_3)$=0.4mol/L, C(DM)=0.244mol/L, $O:A$=1:4)

测定萃后离子液体相中的硝酸浓度，发现 DMDODGA-$BMIMPF_6$与硝酸溶液混合后，离子液体相中都几乎不含有硝酸，这意味着在 DMDODGA-$BMIMPF_6$体系中 DMDODGA 不会对硝酸有萃取作用。

4.3.5 DMDODGA 浓度的影响及机理

文献中 $BMIMPF_6$作为稀释剂时会参与萃取反应，因此在推导络合机理时，需要将 $BMIMPF_6$加入考虑范围。为了进一步考察在 DMDODGA-$BMIMPF_6$体系中，硝酸分子是否会随着 DMDODGA 对 Ce(Ⅲ) 萃取的同时，一同被 DODODGA 萃取，而不是使用 DMDODGA-$BMIMPF_6$单独萃取硝酸时表现出的对硝酸几乎不萃，因此在测量萃余液 Ce(Ⅲ) 浓度的同时，也滴定了萃余液的酸度。

通过测定萃取平衡后的离子液体相的酸度，发现萃取平衡后的离子液体相几乎不含有 HNO_3，认为 HNO_3 不参与到萃取反应中，但根据图 4.2 的结论，初始水相中的 HNO_3 浓度会影响 $BMIMPF_6$中 DMDODGA 对 Ce(Ⅲ) 的萃取作用。另外由于 $BMIMPF_6$的水溶性很差，可以认为离子液体相中不含有 H_2O，即 H_2O 不参与到络合反应中。

假设 DMDODGA 在萃取硝酸介质中的 Ce(Ⅲ) 时，水相中的 $Ce(NO_3)_3$ 完全电离，即水相 $C_{Ce}=C(Ce(Ⅲ))$。离子液体相中的 DMDODGA 不出现多聚体，即络合物分子中只出现 $Ce(PF_6)_3 \cdot n$DMDODGA。假设 DMDODGA 在 $BMIMPF_6$中对 Ce(Ⅲ) 的萃取反应式如式 (4.1) 所示。

为了推导络合机理，本书在水相初始 HNO_3 浓度为 1mol/L 的条件下，通过改变 DMDODGA 的浓度，得到 Ce(Ⅲ) 的分配随萃取剂浓度的变化趋势。假设离子液体相中不含除 $[PF_6]^-$以外的阴离子，由电荷平衡有“p”=3，并通过斜率法推导在 DMDODGA-$BMIMPF_6$体系中平均络合数“n”值。推导在 DMDODGA-$BMIMPF_6$体系中，DMDODGA 萃取 Ce(Ⅲ) 的萃取机理为：

$$Ce^{3+}_{aq} + 3[BMIM^+]_{ILs} + 3[PF_6^-]_{ILs} + n\mathrm{DMDODGA}_{ILs} \Longleftrightarrow$$
$$Ce\cdot(PF_6)_3\cdot n\mathrm{DMDODGA}_{ILs} + 3[BMIM^+]_{aq} \tag{4.21}$$

萃取平衡常数 K_{ex}：

$$K_{ex} = \frac{C(Ce(PF_6)_3\cdot n\mathrm{DMDODGA})_{ILs}C(BMIM^+)^3_{aq}}{C(Ce^{3+})_{aq}C(\mathrm{DMDODGA})^n_{ILs}C(PF_6^-)^3_{ILs}C(BMIM^+)^3_{ILs}} \tag{4.22}$$

分配比 D_{Ce}：

$$D_{Ce} = \frac{4C(Ce)_{ILs}}{C(Ce)} = \frac{4C(Ce(PF_6)_3\cdot n\mathrm{DMDODGA})_{ILs}}{C(Ce)_{aq}} \tag{4.23}$$

带入 K_{ex}中：

$$D_{Ce}C(BMIM^+)^3_{aq} = 4K_{ex}C(\mathrm{DMDODGA})^n_{ILs}C(PF_6^-)^3_{ILs}C(BMIM^+)^3_{ILs} \tag{4.24}$$

两边取对数：

$$\begin{aligned}&\lg D_{Ce} + \lg C(BMIM^+)^3_{aq}\\ &= \lg K_{ex} + n\lg C(\mathrm{DMDODGA})_{ILs} + \lg C(PF_6^-)^3_{ILs} + 3\lg C(BMIM^+)^3_{ILs} + C\end{aligned} \tag{4.25}$$

式中，$C(Ce)_{aq}$和 $C(BMIM^+)_{aq}$分别是提取后水相中 Ce(Ⅲ) 和 $[BMIM]^+$的浓度；$C(BMIM^+)_{ILs}$是离子液体相中 $[BMIM]^+$的浓度；$C(\mathrm{DMDODGA})_{ILs}$和 $C(Ce(PF_6)_3\cdot n\mathrm{DMDODGA})_{ILs}$分别是离子液体相中游离 DMDODGA 和 Ce(Ⅲ)-nDMDODGA 络合物的浓度；“n”表示在单个络合物分子中与 Ce(Ⅲ) 相结合的 DMDODGA分子的数量。

由于初始水相 Ce(Ⅲ) 浓度约 3.4mmol/L，萃取剂浓度约为 0.024mol/L，离子液体相中，与金属离子相络合的 DMDODGA 分子浓度与总的 DMDOGA 浓度相比可以忽略，同时通过酸碱滴定萃取 Ce(Ⅲ) 后离子液体相中硝酸浓度，发现离子液体相中几乎不含硝酸酸，故离子液体相中自由萃取剂浓度可以约等于总的萃取剂浓度。

则以 $\lg D_{Ce}\sim\lg C(\mathrm{DMDODGA})_o$作图，拟合直线的斜率则为平均络合数“$n$”。如图 4.15 所示。

如图 4.15 所示，以 $\lg D_{Ce}\sim\lg C(\mathrm{DMDODGA})_o$作图，拟合直线的斜率趋近于 3，则平均络合数“$n$”值为 3，可得出在 DMDODGA-$BMIMPF_6$体系中，DMDODGA萃取 1.0mol/L HNO_3 介质中的 Ce(Ⅲ) 的络合机理如下：

$$Ce^{3+}_{aq} + 3[BMIM^+]_{ILs} + 3[PF_6^-]_{ILs} + 3DMDODGA_{ILs} \rightleftharpoons Ce(PF_6)_3 \cdot 3DMDODGA_{ILs} + 3[BMIM^+]_{aq} \quad (4.26)$$

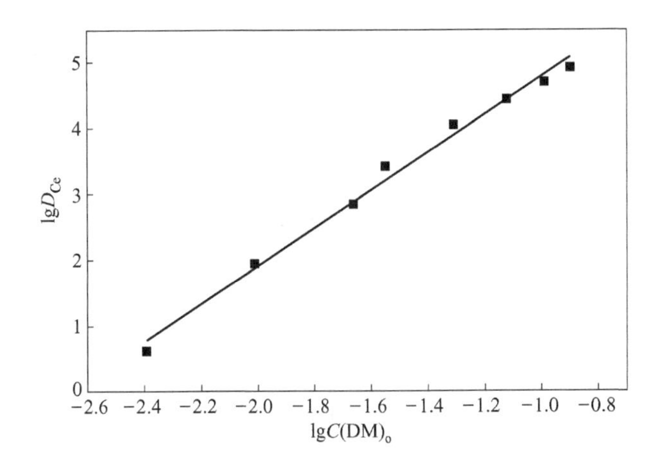

图 4.15 DMDODGA-$BMIMPF_6$中 $lgD_{Ce} \sim lgC(DMDODGA)_o$对数坐标图

($C(HNO_3)$ = 1.0mol/L, C(Ce(Ⅲ)) = 3.38mmol/L, $O : A = 1 : 4$)

与 DMDODGA-40%正辛醇/煤油体系做对比，在相同萃取剂浓度及酸度条件下，在达到萃取平衡后，由于 $BMIMPF_6$参与到萃取反应中，同时 $BMIMPF_6$对金属离子具有很强的结合作用，在初始水相中硝酸浓度较低时，Ce(Ⅲ) 在 DMDODGA-$BMIMPF_6$体系中的分配比，约比 Ce(Ⅲ) 在 DMDODGA-40%正辛醇/煤油体系中的分配比大 30 倍，即 DMDODGA 在以 $BMIMPF_6$作稀释剂时比以 40%正辛醇/煤油作稀释剂时对硝酸介质中的 Ce(Ⅲ) 萃取容量大的多。

4.3.6 离子液体 $BMIMPF_6$ 中 DMDODGA 对 Ce(Ⅲ) 的极限负载

为了推导 DMDODGA-$BMIMPF_6$体系中，DMDODGA 对 Ce(Ⅲ) 饱和萃取时，络合物的结构，本书研究了初始水相中硝酸浓度为 1.0mol/L 时，体积分数为 1%的 DMDODGA 对 Ce(Ⅲ) 的饱和萃取，测得离子液体相中 DMDODGA 的浓度与 Ce(Ⅲ) 的浓度的比值。如图 4.16 所示。

实验中使用体积分数为 1%的 DMDODGA 反复萃取固定 Ce(Ⅲ) 浓度的新鲜水相，使离子液体相中 DMDODGA 萃取 Ce(Ⅲ) 达到饱和，根据测量离子液体相中酸度的结果可知离子液体相中不含硝酸分子，由于离子液体的强疏水性可知在离子液体相中不含有水分子，则离子液体相中 DMDODGA 与 Ce(Ⅲ) 的络合物只有一种，即 $Ce(PF_6)_3 \cdot n$DMDODGA，并且该络合物中 DMDODGA 与 Ce(Ⅲ) 的物质的量比值最小，即平均络合数“n”为最小值。

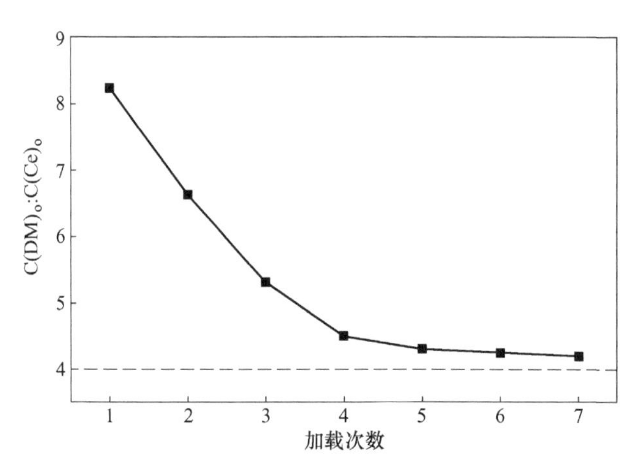

图 4.16　DMDODGA-BMIMPF$_6$中 DMDODGA 对 Ce(Ⅲ) 的饱和萃取

(C(Ce(Ⅲ)) = 3.44mmol/L，C(HNO_3) = 1.0mol/L，C(DM) = 0.0242mol/L，O : A = 1 : 4)

则离子液体相中与 Ce(Ⅲ) 结合的 DMDODGA 的浓度 nC(Ce · nDMDODGA) 即为萃取剂 DMDODGA 的浓度 $C(\mathrm{DMDODGA})_{\mathrm{ini}}$：

$$nC(\mathrm{Ce}\cdot n\mathrm{DMDODGA}) = C(\mathrm{DMDODGA})_{\mathrm{ini}} \tag{4.27}$$

消解离子液体相后，测量 Ce(Ⅲ) 浓度可得饱和萃取后离子液体相中 Ce(Ⅲ)浓度 $C(\mathrm{Ce})_{\mathrm{ILs}}$，则离子液体相中与 Ce(Ⅲ) 结合的 DMDODGA 与离子液体相中 Ce(Ⅲ) 的物质的量之比为：

$$\frac{n(\mathrm{Ce}\cdot n\mathrm{DMDODGA})}{n(\mathrm{Ce})_{\mathrm{ILs}}} = \frac{V_{\mathrm{ILs}}C(\mathrm{Ce}\cdot n\mathrm{DMDODGA})}{V_{\mathrm{ILs}}C(\mathrm{Ce})_{\mathrm{ILs}}} = \frac{C(\mathrm{DMDODGA})_{\mathrm{ini}}}{C(\mathrm{Ce})_{\mathrm{ILs}}} \tag{4.28}$$

式中　$n(\mathrm{Ce}\cdot n\mathrm{DMDODGA})$ ——萃取平衡后离子液体相中与 Ce(Ⅲ) 相络合的 DMDODGA 的物质的量，mol；

$n(\mathrm{Ce})_{\mathrm{ILs}}$——萃取平衡后离子液体相中与 Ce(Ⅲ) 的物质的量，mol；

$C(\mathrm{DMDODGA})_{\mathrm{ini}}$——离子液体相中 DMDODGA 的总浓度，mol/L；

$C(\mathrm{Ce}\cdot n\mathrm{DMDODGA})$ ——萃取平衡后离子液体相中与 Ce(Ⅲ) 相络合的 DMDODGA 的浓度，mol/L；

$C(\mathrm{Ce})_{\mathrm{ILs}}$——离子液体相中 Ce(Ⅲ) 的总浓度，mol/L；

V_{ILs}——离子液体相的体积，L。

如图 4.16 所示，随着饱和萃取次数的增加，DMDODGA-BMIMPF$_6$体系中，DMDODGA 饱和萃取 Ce(Ⅲ) 后，测得离子液体相中与 Ce(Ⅲ) 相结合的 DM-

DODGA 的浓度与 Ce(Ⅲ) 的浓度之比趋近于4，这可能是在初始水相中硝酸浓度为 1mol/L 时 DMDODGA 对 Ce(Ⅲ) 的萃取作用较弱的原因，当初始水相中硝酸浓度为 1mol/L 时，Ce(Ⅲ) 被 DMDODGA 萃取的较少，离子液体相中Ce(Ⅲ)浓度约 6mmol/L，DMDODGA 浓度为 24mmol/L，此时有较多的 DMDODGA 分子可以与 Ce(Ⅲ) 进行络合，与初始水相中硝酸浓度为 0.1mol/L 时 Ce(Ⅲ) 的分配比相比，此时水相中硝酸对 Ce(Ⅲ) 的萃取反应的抑制作用大于 Ce(Ⅲ) 对萃取反应的促进作用和 DMDODGA 对萃取反应的促进作用的和，因此在此时即使初始水相中有足够的 Ce(Ⅲ) 可以被 DMDODGA 萃取，但由于硝酸的抑制作用，使得当初始水相中硝酸浓度为 1mol/L 时，DMDODGA 对 Ce(Ⅲ) 饱和后，仍旧不能形成 Ce(Ⅲ) 与 DMDODGA 物质的量之比为 1∶3 的络合物，而是形成物质的量之比 1∶4 的络合物。

4.3.7 反萃剂对 Ce(Ⅲ) 的反萃影响

在离子液体的萃取体系中，怎样把金属离子从离子液体中反萃出来一直是一个难题。从离子液体中分离出金属离子的方法主要有电化学沉淀法、超临界 CO_2 法和液液反萃法。

为了探究不同反萃剂对 DMDODGA-$BMIMPF_6$体系中 Ce(Ⅲ) 的反萃作用，将使用液液反萃法对离子液体中的 Ce(Ⅲ) 进行反萃研究。本书研究了以 H_2O、不同浓度的 HNO_3 溶液、不同浓度的 BMIC 溶液以及 HNO_3 和 BMIC 的混合溶液作为反萃剂时，对体积分数为 1%的 DMDODGA 萃取 0.3mol/L 的硝酸介质中的水相中 Ce(Ⅲ) 后的离子液体相的回收率。其结果如图 4.17~图 4.19 所示。

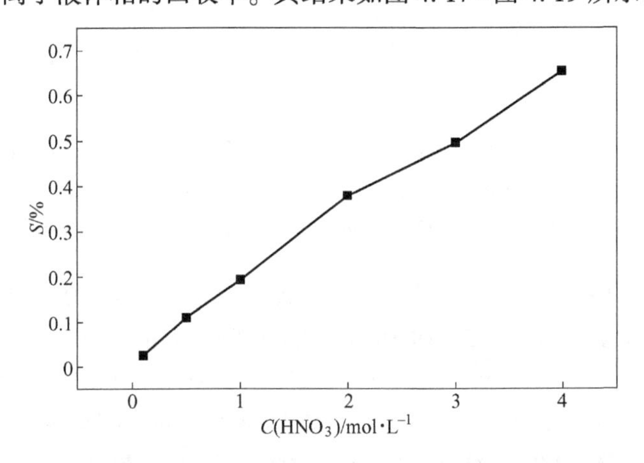

图 4.17 不同浓度硝酸对 DMDODGA-$BMIMPF_6$中 Ce(Ⅲ) 的反萃

($C(HNO_3)_{初始水相}$ = 0.3mol/L，C(DM) = 0.0240mol/L，

C(Ce(Ⅲ)) = 3.80mmol/L，$O∶A$ = 1∶4)

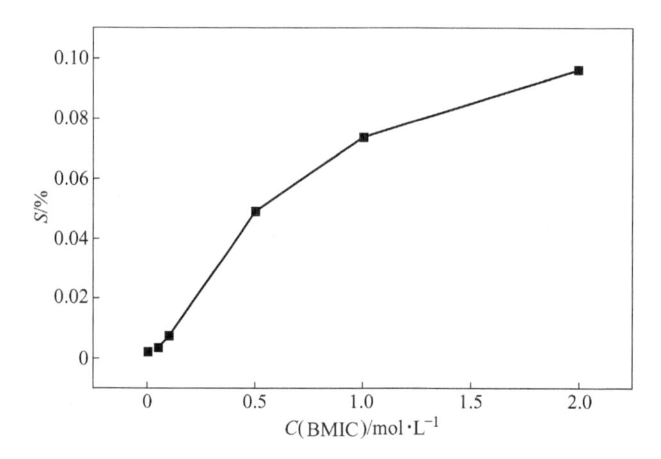

图 4.18　不同浓度 BMIC 对 DMDODGA-BMIMPF$_6$中 Ce(Ⅲ) 的反萃

($C(HNO_3)_{初始水相}$ = 0.3mol/L，C(DM) = 0.0240mol/L，C(Ce(Ⅲ)) = 3.80mmol/L，O : A = 1 : 4)

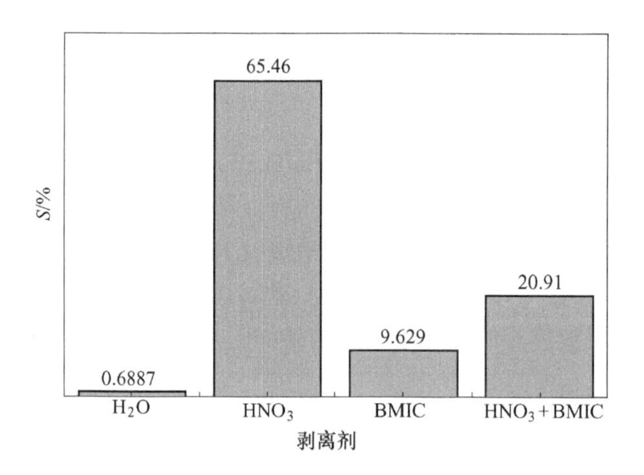

图 4.19　不同反萃剂对 DMDODGA-BMIMPF$_6$中 Ce(Ⅲ) 的反萃

($C(HNO_3)$ = 4mol/L，C(BMIC) = 2mol/L，$C(HNO_3)_{混合}$ = 1mol/L，

$C(BMIC)_{混合}$ = 0.0023mol/L，C(DM) = 0.0240mol/L，C(Ce(Ⅲ)) = 3.80mmol/L，O : A = 1 : 4)

如图 4.17~图 4.19 所示，使用不同浓度的硝酸溶液对 DMDODGA-BMIMPF$_6$体系中，体积分数为 1%的 DMDODGA 萃取 0.3mol/L 的硝酸介质中的Ce(Ⅲ)的离子液体相进行三次反萃后，对比不同浓度的 HNO_3 对 DMDODGA-BMIMPF$_6$中 Ce(Ⅲ) 的反萃结果发现，随着反萃硝酸浓度增加，回收率呈现出上升趋势，在反萃硝酸浓度为 4mol/L 处回收率约为 65.46%。这个趋势与图 4.12 相符，在图 4.12 中初始水相中硝酸浓度为 0.1mol/L 时 Ce(Ⅲ) 分配比最大，即在初始水相中硝酸浓度为 0.1mol/L 时 Ce(Ⅲ) 最容易被 DMODGA 萃入离子液体相中，此时

水相中的 Ce(Ⅲ) 最难大量存在，而在图 4.12 中初始水相中硝酸浓度为 4mol/L 时 Ce(Ⅲ) 分配比最小，即当初始水相中硝酸浓度为 4mol/L 时 Ce(Ⅲ) 进入离子液体相相对较为困难，使用 4mol/L 的硝酸溶液反萃 Ce(Ⅲ) 将会有较高的回收率。依照图 4.12 的趋势在初始水相中硝酸浓度为 0.1mol/L 时 Ce(Ⅲ) 的分配比具有最大值，初始水相中硝酸浓度低于 4mol/L 时 Ce(Ⅲ) 的分配比随着初始水相中硝酸浓度的增加而减少，初始水相中硝酸浓度高于 4mol/L 时 Ce(Ⅲ) 的分配比随着初始水相中硝酸浓度的增加而减少，那么使用不同浓度的硝酸溶液对萃取 Ce(Ⅲ) 后的离子液体相进行反萃则随着反萃硝酸浓度的增加，回收率应呈现出先增加后减少的趋势，这与图 4.12 中初始水相中硝酸浓度对 Ce(Ⅲ) 萃取的影响趋势一致。并且在反萃硝酸浓度为 4mol/L 时具有回收率的最大值，图 4.17 的确反映出了该趋势，并且图 4.19 的结果与该趋势相吻合，去离子水中不含有硝酸，可以认为去离子水中硝酸浓度为 0mol/L，此时相当于反萃硝酸浓度为 0mol/L，按照该趋势使用水对有机相进行反萃，其 Ce(Ⅲ) 的回收率应该比使用 0.1mol/L 硝酸反萃有机相时，Ce(Ⅲ) 的回收率更低，图 4.19 中使用去离子水作为反萃剂时，其回收率只有 0.688%，该值相比使用 0.1mol/L 硝酸作为反萃剂时的回收率 2.42%更低，这与该趋势相吻合。

对比 DMDODGA-40%正辛醇/煤油体系下，不同浓度的硝酸对 Ce(Ⅲ) 的反萃作用，可以发现硝酸对于 DMDODGA-$BMIMPF_6$体系中 Ce(Ⅲ) 的反萃明显不如对于 DMDODGA-40%正辛醇/煤油体系中 Ce(Ⅲ) 的反萃，这可能是因为在 DMDODGA-40%正辛醇/煤油体系中 Ce(Ⅲ) 的萃取机理为中性络合，会有大量的硝酸被有机相中的 DMDODGA 萃取，而在 DMDODGA-$BMIMPF_6$体系中 Ce(Ⅲ) 的萃取机理为阳离子交换，通过滴定萃取前后的离子液体相，发现酸度几乎没有改变，即在萃取过程中硝酸分子几乎不会被 DMDODGA 萃取进入离子液体相，硝酸对于 DMDODGA-$BMIMPF_6$体系中 Ce(Ⅲ) 的反萃的影响并不如对 DMDODGA-40%正辛醇/煤油体系中 Ce(Ⅲ) 的反萃影响大。

如图 4.18 所示，对 DMDODGA-$BMIMPF_6$ 体系中，体积分数为 1% 的 DMDODGA 萃取 0.3mol/L 的硝酸介质中的 Ce(Ⅲ) 的有机相，使用不同浓度的 BMIC 溶液进行多次反萃后，对比不同浓度的 BMIC 对 DMDODGA-$BMIMPF_6$ 体系中 Ce(Ⅲ) 的反萃结果发现，随着反萃 BMIC 浓度增加，回收率呈现出上升趋势，在 BMIC 浓度为 4mol/L 处回收率约为 9.629%。该趋势与图 4.14 相吻合，在图 4.14 中随着初始水相中 $[BMIM]^+$ 的浓度增加，抑制了离子液体相中 $[BMIM]^+$进入水相，从而抑制 Ce(Ⅲ) 通过阳离子交换进入离子液体相，导致 Ce(Ⅲ) 的分配比随着初始水相中 $[BMIM]^+$的浓度增加而降低，在图 4.18 中随着反萃相中的 $[BMIM]^+$的浓度增加提供了大量的游离 $[BMIM]^+$可以作为交换离子与离子液体相中的 Ce(Ⅲ) 交换，导致随着反萃相中的 $[BMIM]^+$的浓度增加回收率增加。对比图4.17和图4.18，发现在相同浓度条件下不同的反萃剂对于同一组成的离子液体相的回收效率不同，在相同反萃剂浓度的条件下，使用硝酸作为反萃剂时比使用BMIC作为反萃剂时回收率更高，这可能与H^+和$[BMIM]^+$对络合反应方向的影响程度不同所导致的。

对比使用水、HNO_3、BMIC、HNO_3和BMIC的混合物对于相同离子液体相中的Ce(Ⅲ)的反萃结果，发现回收率：HNO_3>HNO_3和BMIC的混合物>BMIC去离子水，使用4mol/LHNO_3作为反萃剂时，Ce(Ⅲ)的回收率较高，为65.46%，但低于DMDODGA-40%正辛醇/煤油体系中硝酸对于Ce(Ⅲ)的最高回收率。使用1mol/LHNO_3和0.0023mol/L BMIC的混合物作为反萃剂时其回收率略大于该浓度下的硝酸对Ce(Ⅲ)的反萃率和该浓度下的BMIC对Ce(Ⅲ)的反萃率之和，这表明相比使用单一反萃物作为反萃剂，混合反萃物作为反萃剂时对于DMDODGA-BMIMPF_6体系中的Ce(Ⅲ)具有更好的反萃作用；同时也表明HNO_3和BMIC对于DMDODGA-BMIMPF_6体系中的Ce(Ⅲ)的反萃具有协同作用。当使用去离子水作为反萃剂时，发现几乎不能反萃离子液体相中的Ce(Ⅲ)，这可能是因为在DMDODGA-BMIMPF_6体系中Ce(Ⅲ)的萃取机理阳离子交换，反萃Ce(Ⅲ)时需要反萃剂提供可以作为交换的阳离子或阳离子团与Ce(Ⅲ)交换，而当使用去离子水作为反萃剂时，反萃液中几乎不含有可用于交换的阳离子或阳离子团，而在使用HNO_3、BMIC或HNO_3和BMIC的混合物作为反萃液时，反萃液中都含有大量可被用于与离子液体交换的阳离子或阳离子团，同时反萃剂中有可以与被反萃进水相中的Ce(Ⅲ)进行配位的阴离子存在，故当使用HNO_3、BMIC或HNO_3和BMIC的混合物作为反萃液时，对于离子液体相中的Ce(Ⅲ)都具有不同程度的反萃作用，而使用去离子水作为反萃剂时反萃剂中即不含有可用于与Ce(Ⅲ)进行交换的阳离子，也不含有可由于与被反萃如水相中的Ce(Ⅲ)进行配位的阴离子存在，故当使用去离子水作为反萃剂时，Ce(Ⅲ)几乎没有被反萃，另外离子液体的强疏水性也可能是导致使用去离子水作为反萃剂时回收率极低的原因之一，由于离子液体的强疏水性使得反萃时只有极少部分的六氟磷酸根与Ce(Ⅲ)结合进入水相。

对比使用去离子水对DMDODGA-40%正辛醇/煤油体系中Ce(Ⅲ)的反萃作用与对DMDODGA-BMIMPF_6体系中Ce(Ⅲ)的反萃作用，去离子水对DMDODGA-40%正辛醇/煤油体系中Ce(Ⅲ)的回收率为94.86%而对DMDODGA-BMIMPF_6体系中Ce(Ⅲ)的回收率仅为0.688%，导致此巨大差异的原因为在两个体系中Ce(Ⅲ)的萃取机理不同，在DMDODGA-40%正辛醇/煤油体系中Ce(Ⅲ)的萃取机理为中性络合，而在DMDODGA-BMIMPF_6体系中Ce(Ⅲ)的萃取机理为阳离子交换，在对DMDODGA-40%正辛醇/煤油体系中的Ce(Ⅲ)进行反萃时仅要求反萃剂为极性溶剂可以溶解被反萃下来的硝酸Ce(Ⅲ)分子，但对

DMDODGA-$BMIMPF_6$体系中的 Ce(Ⅲ) 进行反萃 Ce(Ⅲ) 不仅要求反萃剂为极性溶剂，同时还要求萃取剂中需含有可供交换的阳离子以及可以和 Ce(Ⅲ) 形成稳定溶液或沉淀的阴离子。但去离子水只是极性溶剂，但并不含有大量可供交换的阳离子以及可以和 Ce(Ⅲ) 形成稳定溶液或沉淀的阴离子，不能较好的反萃 DMDODGA-$BMIMPF_6$体系中的 Ce(Ⅲ)，导致了用去离子水作为反萃剂时对两个不同体系中的 Ce(Ⅲ) 的反萃结果的巨大差异。

4.3.8 萃合物的结构表征

为了表征离子液体相中 DMDODGA 与 Ce(Ⅲ) 的结合方式，本书使用傅里叶红外光谱以对离子液体相中 DMDODGA 与 Ce(Ⅲ) 的络合物进行表征。选取纯 DMDODGA、纯 $BMIMPF_6$、DMDODGA 的体积分数为 1%的 DMDODGA-$BMIMPF_6$ 混合溶液、DMDODGA 的体积分数为 1%的 DMDODGA-$BMIMPF_6$混合液饱和萃取 Ce(Ⅲ) 后的溶液作为待测样，使用液膜法将待测样均匀地涂抹在压好的 KBr 片上制得待测样，将压好的 KBr 片的透过光谱作为本底，测得红外透过光谱如图 4.20 所示。

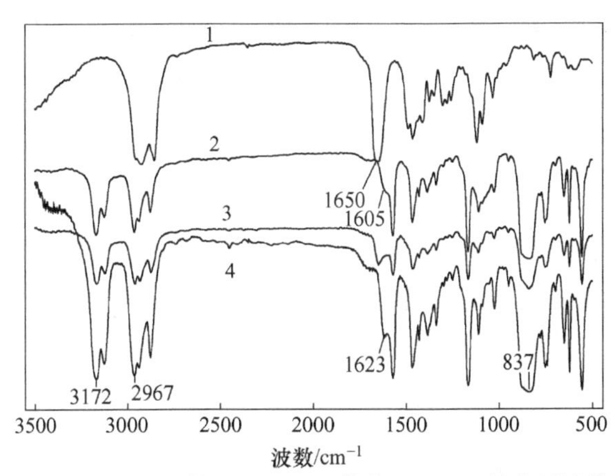

图 4.20 DMDODGA-$BMIMPF_6$中 DMDODGA 萃取 Ce(Ⅲ) 的离子液体相红外光谱图

1—DMDODGA；2—$BMIMPF_6$；3—DMDODGA-$BMIMPF_6$；

4—DMDODGA-$BMIMPF_6$-Ce(Ⅲ)

($C(HNO_3)$ = 1.0mol/L, C(Ce(Ⅲ)) = 3.28mmol/L, $O:A = 1:4$)

如图 4.20 所示，2967cm^{-1}处是烷基的 C—H 伸缩振动吸收峰；3172cm^{-1}处是芳香环的 C—H 伸缩振动吸收峰；837cm^{-1}处是 F—P 的强吸收峰。1650cm^{-1}处是 DMDODGA 中酰胺羰基的 C ═O 吸收峰。DMDODGA-$BMIMPF_6$ 体系中，DMDODGA 萃取 Ce(Ⅲ) 后酰胺羰基的 C ═O 吸收峰从 1650cm^{-1}处位移到了 1623cm^{-1}处。说明 DMDODGA 萃取 Ce(Ⅲ) 时通过酰胺羰基与 Ce(Ⅲ) 发生配

位。离子体系中 DMDODGA 的 C ═O 在 1650cm^{-1} 处的谱带的移动比在 DMDODGA-40%正辛醇/煤油体系中更显著，可能源于离子液体相中形成了阳离子络合物而有机相中形成了中性络合物。在离子相中，更多的负电荷被正电荷的 Ce(Ⅲ) 吸引到 C ═O 的氧原子上，使得 C ═O 的负电荷中心向氧原子方向发生较大偏移，导致酰胺羰基的 C ═O 键能降低，酰胺羰基的 C ═O 吸收峰向低波数方向移动。由于离子液体在 1100cm^{-1}处也有非常强的吸收峰，在加入离子液体后，DMDODGA 的烃基醚的 C—O 键的特征光谱变得不易观察，故无法通过红外光谱得到在 DMDODGA-BMIMPF$_6$体系中 DMDODGA 中的烃基醚的 C—O 键是否参与了配位，但 DMDODGA 作为三齿配体，当其与 Ce(Ⅲ) 络合的时候其烃基醚的 C—O 键仍会与 Ce(Ⅲ) 发生配位。同时由于 PF_6^-在 837cm^{-1}处的吸收峰十分的强，且宽，掩盖了 NO_3^- 中 N ═O 双键在 826cm^{-1}处的吸收峰，故无法通过红外光谱测得离子液体相中是否存在 NO_3^-，但根据测定离子液体相中酸度的结果，得到离子液体相中几乎不含有硝酸，则由电中性原理可知在 DMDODGA 萃取 Ce(Ⅲ) 后的有机相中 3 个 $[PF_6]^-$与 1 个 Ce(Ⅲ) 离子结合，形成电中性分子再与 DMDODGA 络合。

基于以上研究结果，提出了在 DMDODGA-BMIMPF$_6$体系中，推测 DMDODGA 对低浓度的硝酸介质中的 Ce(Ⅲ) 萃取过程，如图 4. 21 所示。

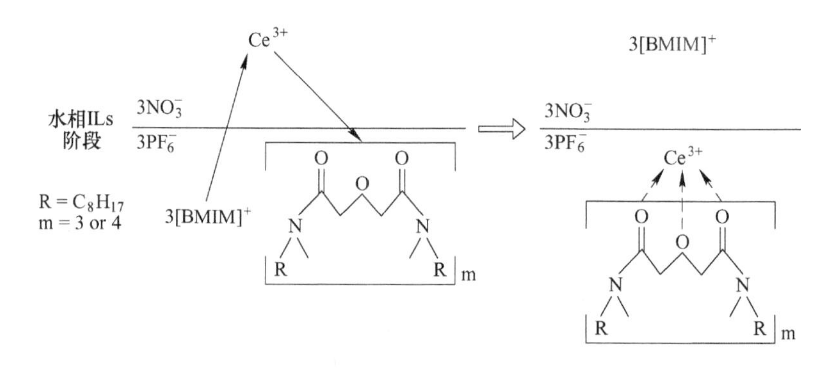

图 4. 21　DMDODGA-BMIMPF$_6$体系中 DMDODGA 对低浓度的硝酸介质中的 Ce(Ⅲ) 萃取过程

如图 4. 21 所示，在 DMDODGA-BMIMPF$_6$体系中，DMDODGA 对Ce(Ⅲ)的萃取过程是阳离子交换过程，离子液体相中三个 $[BMIM]^+$将初始水相中一个 Ce(Ⅲ) 交换如离子液体相，而自身进入水相与 NO_3^- 相结合，在离子液体相中，不同萃取条件下存在三个或四个 DMDODGA 分子通过 C ═O 双键与Ce(Ⅲ)进行配位，而离子液体相中失去 $[BMIM]^+$的三个阴离子 PF_6^-通过正负电荷作用与进入离子液体相中的 Ce(Ⅲ) 相结合，最终在离子液体相中 DMDODGA、Ce(Ⅲ)、

PF_6^-一同形成电中性的稳定络合物分子 $Ce(PF_6)_3 \cdot m$DMDODGA。

对比 DMDODGA-40%正辛醇/煤油体系中红外光谱，DMDODGA-BMIMPF_6体系中 DMDODGA 萃取 Ce(Ⅲ) 后酰胺基中的 C ═O 键从 1650cm^{-1}处向低波数方向移动到 1623cm^{-1}处，位移差值为 27 个波数，而在 DMDODGA-40%正辛醇/煤油体系中 DMDODGA 萃取 Ce(Ⅲ) 后酰胺基中的 C ═O 键在 1650cm^{-1}处的吸收峰的低波数方向的肩宽明显变宽。这两个体系在 1650cm^{-1}处的谱带移动差异可能源于离子液体相中形成了阳离子络合物和有机相中形成了中性络合物。在离子相中，更多的负电荷被正电荷的 Ce(Ⅲ) 吸引到 C ═O 的氧原子上。然而，在 40%正辛醇/煤油相中，C ═O 基团的氧原子与中性 $Ce(NO_3)_3$ 之间的电荷相互作用弱得多，并且被氧原子吸引的负电荷更少。因此，随着络合物的形成，离子体系中 DMDODGA 的 C ═O 在 1650cm^{-1}处的谱带的移动比在 DMDODGA-40%正辛醇/煤油体系中更显著，随着更多的负电荷被吸引到氧原子上，双 C ═O 键变得更弱，谱带向更低的波数移动。

参 考 文 献

[1] 杜宇. 离子液体和正辛醇/煤油中 DMDODGA 对硝酸介质中铈（Ⅲ）的萃取行为研究［D］. 哈尔滨：哈尔滨工程大学，2018.

[2] SASAKI Y，CHOPPIN R. Solvent Extraction of Eu，Th，U，Np and Am with N，N'-Dimethyl-N，N'-dihexyl-3-oxapentanediamide and Its Analogous Compounds. ［J］. Analytical Sciences，1996，12（2）：225-230.

[3] Nakashima K，Kubota F，Tatsuo M A，et al. Feasibility of Ionic Liquids as Alternative Separation Media for Industrial Solvent Extraction Processes［J］. Chemical Product and Process Modeling，2015，44（2）：4368-4372.

[4] Kubota F，Shimobori Y，Baba Y，et al. Application of Ionic Liquids to Extraction Separation of Rare Earth Metals with an Effective Diglycol Amic Acid Extractant［J］. Journal of Chemical Engineering of Japan，2011，44（5）：307-312.

[5] Yong Z，Yu L，Chen J，et al. The Separation of Cerium（Ⅳ）from Nitric Acid Solutions Containing Thorium（Ⅳ）and Lanthanides（Ⅲ）Using Pure［C8mim］PF6 as Extracting Phase［J］. Industrial and Engineering Chemistry Research，2008，47（7）：2349-2355.

[6] Liao W，Yu G，Yue S，et al. Kinetics of Cerium（Ⅳ）Extraction from H_2SO_4-HF Medium with Cyanex 923［J］. Talanta，2002，56（4）：613-618.

[7] Zhao J M，Li W，Li D Q，et al. Kinetics of Cerium（Ⅳ）Extraction with DEHEHP from HNO_3-HF Medium Using a Constant Interfacial Cell with Laminar Flow［J］. Solvent Extraction and Ion Exchange，2006，24（2）：165-176.

[8] Xu Y，Gao Y，Zhou Y，et al. Extraction behavior of strontium from nitric acid medium with N，N'-dimethyl-N，N'-dioctyldiglcolamide［J］. Solvent Extraction and Ion Exchange，2017，35（7）.

[9] Wang J. Extraction of Actinide (III, IV, V, VI) Ions and TcOby N, N, N′, N′-Tetraisobutyl-3-Oxa-Glutaramide [J]. Solvent Extraction and Ion Exchange, 2005, 23 (5): 631-643.

[10] Dozol J F, Dozol M, Macias R M. ChemInform Abstract: Extraction of Strontium and Cesium by Dicarbollides, Crown Ethers and Functionalized Calixarenes [J]. Journal of Inclusion Phenomena and Macrocyclic Chemistry, 2000, 38 (1-4): 1-22.

5 循环伏安法实验数据处理软件

5.1 循环伏安法实验数据处理程序的设计

Java 语言诞生于 1995 年，最初计划用于一些家用电器的控制与通信等。经过近十年的发展后，Java 语言日益完善，目前在互联网以及普通的程序中均有所应用。Java 语言与一般的 C++编程语言不同，Java 语言编写的源代码经过编译后，得到的字节码并不能直接在机器中执行，而需要在 Java 虚拟机中解释执行字节码。这样的设计方式使得 Java 程序具有了“一次设计，处处使用”的特点，在更换操作系统或者机器后，无需任何更改即可立即运行。虽然这样的处理使得程序具有了极高的可移植的优点，但是使得程序的执行速率有所降低。在机器更新发展迅速的今天，这些缺点显得不是那么重要。另外，相对于 C++与 C 的复杂，Java 语言更容易掌握与使用，学习成本更低，所以 Java 语言的普及与发展越来越迅速。

5.1.1 流程设计

（1）前期数据导出：从电化学工作站导出循环伏安法实验结果的文件，导出时文件名称设置为“其他-摄氏温度-速率-其他 . txt”的格式。其中，“其他”为使用者自己任意设定的名称；“摄氏温度”，为实验的温度，单位为℃；“速率”，为循环伏安曲线的扫描速度，单位为 V/s。

（2）数据输入：首先设置数据存储结构，本方法采用四层数据结构。读入数据前设置实验条件的相关参数，包括电极面积、反应电子数和浓度等。然后输入文件夹位置，查找给定文件夹位置中所有的符合上诉命名规则的数据文件，并读入到程序中。每一个 txt 文件中的每一行所包含的电流和电位信息生成一个点 p 对象，一个 txt 文件中的多个 p 点对象生成一个 dataInput 数据链对象。检查程序中已有的 dataGroup 数据组的温度，如果其中某个 dataGroup 数据组的温度与新生成的 dataInput 的温度相同，就将该 dataInput 存入该 dataGroup 数据组。如果未检查与新生成的 dataInput 的温度相同的 dataGroup，就新建一个 dataGroup，用以存储该 dataInput。

（3）数据预处理：读入完毕后开始进行数据预处理。逐一检查每一个数据链，通过比较各点电流值电位值大小找出氧化峰和还原峰以及换向电位点对应的

p 对象。然后根据 Nicholson 公式校正氧化峰电流值。再找到还原峰电流一半对应的点，用于后期数据的计算。

（4）图像生成：根据每一个数据组中电流最大值与电流最小值，确定电流范围；查找每个数据组中电位最大值与电位最小值，确定电位范围。根据所需生成图像的宽和高，用电流范围除以高确定画图所需纵坐标比例，再用电位范围除以宽得出横坐标比例。然后利用纵横比例与电流值电位值的关系，即可把各点在图像中画出。最后显示在指定区域。查找每一个数据组中扫描速率平方根的最大值与最小值，确定扫描速率平方根的范围；查找每一个数据组中电流最大值与最小值，确定电流范围。根据所需生成图像的宽和高，用电流值范围除以高确定画图所需的纵坐标比例，再用扫描速率平方根的范围除以宽得出横坐标比例。然后利用纵横比例与电流值、扫描速率平方根的关系，即可把各点在图像中画出。最后显示在指定区域。

（5）查找每一个数据组中扫描速率对数值的最大值与最小值，确定扫描速率对数值的范围；查找每一个数据组中电位最大值与最小值，确定电位范围。根据所需生成图像的宽和高，用电位值范围除以高确定画图所需的纵坐标比例，再用扫描速率对数值的范围除以宽得出横坐标比例。然后利用纵横比例与电位值、扫描速率对数值的关系，即可把各点在图像中画出。最后显示在指定区域。

（6）判断反应类型与计算：根据已经生成的图形判断反应类型，选择对应的计算方法。利用已经校正的氧化峰与还原峰的电流值和电位值进行计算。首先，根据同一个温度下的还原峰电流与扫描速率的平方根的数据进行直线拟合，求得直线斜率。如果为不可逆反应，利用公式 $I_{pc} = 0.496nF^{\frac{3}{2}}A(RT)^{-\frac{1}{2}}D_0^{\frac{1}{2}}cv^{\frac{1}{2}}(\alpha n_\alpha)^{\frac{1}{2}}$ 即可计算出 D_0；如果为可逆反应，利用公式 $I_{pc} = 0.6105AcD_0^{\frac{1}{2}}v^{\frac{1}{2}}(nF)^{\frac{3}{2}}(RT)^{-\frac{1}{2}}$ 即可计算出 D_0。重复上面的步骤，计算出所有温度下的 D_0。根据 $\mathrm{Ln}D_0$ 与 $1/T$ 数据进行直线拟合，求出直线斜率。利用公式 $\ln D = \ln D_0 - E_a/RT$ 即可求出反应活化能 E_a。根据上述计算的数据，利用公式 $k_s = 2.18[D_0(\alpha n_\alpha)vF/RT]^{1/2}\exp[(E_{pc} - E_{pa})\alpha^2 nF/RT]$，即可求得反应扩散常数 k_s。

（7）结果显示存储：计算完毕后，可以在结果显示区域显示扩散系数 D_0、反应活化能 E_a、速率常数 k_s 等数据。然后可以选择文件夹，将当前显示的图片存在所指定的位置。

5.1.2 功能模块设计及实现

本软件需要实现以下功能如图 5.1 所示：

（1）人机交互功能：为了使程序在人机交互方面具有良好的使用体验，需要使用图形化界面作为人机交互接口。用户进行的操作尽可能的简单。

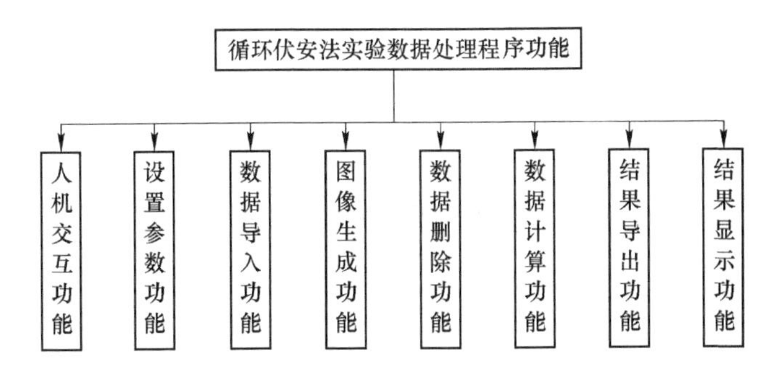

图 5.1 循环伏安法数据处理程序功能图

（2）设置参数功能：因为计算过程中涉及电极面积、反应电子数、浓度、温度、扫描速率这些参数，所以必须能够设置这些参数。因为电极面积、反应电子数、浓度这些参数在一次实验中不变，只有温度与扫描速率变化，所以，电极面积、反应电子数、浓度需要手动设置一次。每条循环伏安曲线的温度、扫描速率都不同，所以需要为每条曲线都设置这些参数。但是为了减少工作量，在从电化学工作站导出的时候，按照规定的文件名格式导出文件即可解决这个问题。另外，为了使软件具有通用性以及能够正确读取数据，需要设置从 txt 文件夹中读取的列的序号。本方法默认为电位值在第五列，电流值在第三列。

（3）数据导入功能：能够从外部导入结果 txt 数据文件，并且能够批量导入。即打开文件时可以选择单个文件或者一个文件夹，并且文件夹中可以包含其他文件夹。为了不把错误的数据文件导入，所以必须能够检查过滤文件格式，并给出错误信息。一次计算的过程中，可以分次添加文件。

（4）图像生成功能：在导入数据之后，能够生成每条循环伏安曲线图，每一个温度下不同扫描速率的循环伏安曲线汇总图，每一个温度下氧化峰与还原峰对应的电流值与扫描速率平方根的拟合直线，每一个温度下氧化峰与还原峰对应的电位值与扫描速率对数的拟合直线。

（5）数据删除功能：为了防止不理想的实验的数据结果代入进行计算，需要通过检查循环伏安曲线的方法删除错误数据，并且删除后，能够自动更新已经绘出的图像以及计算结果。

（6）数据计算功能：在数据导入后，能够根据公式计算结果。因为反应分为可逆与不可逆类型，每种类型都有不同的计算方法，所以需要为不同的反应类型设置不同的公式。根据用户使用软件时的判断，选择计算方法。这样软件既能计算不可逆反应，也可以计算可逆反应类型。

（7）结果显示功能：计算出数据结果后，能够在指定的区域显示结果，能够快速显示图像。在检查每条循环伏安曲线的详细信息时，能够显示出该曲线的氧化峰电流值与电位值，还原峰电流值与电位值，根据公式校正后的电位值。

（8）结果导出功能：计算完毕后，能够导出 PNG 格式的图片，图片名称自动命名，保存在指定的文件夹中。

实现方式如下：

（1）人机交互功能：因为人机交互功能需要图形化界面来实现，所以选用了 Java 的 Swing 包，最终的图形化界面如图 5.2 所示。

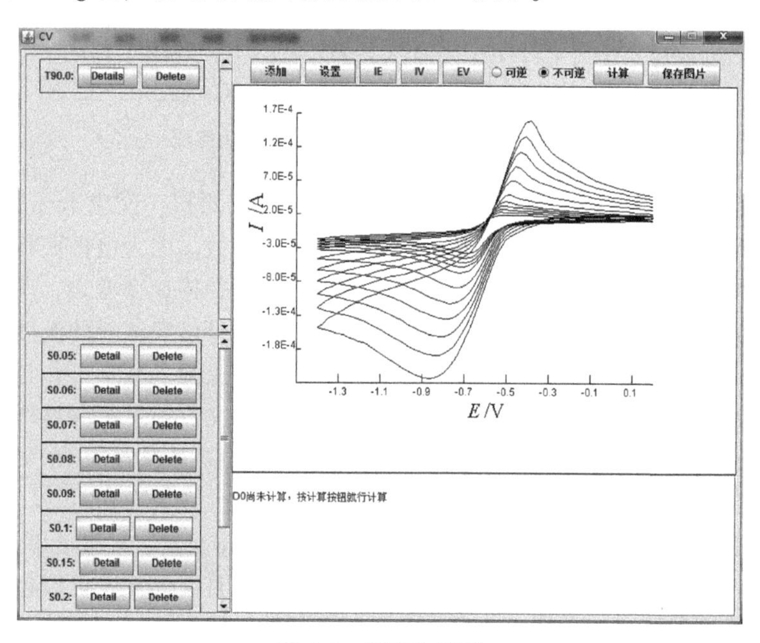

图 5.2 图形化界面

将图形化界面分为了 5 个区。分别为 A1、A2、B1、B2、B3。其中 A1 区用于放置所有的温度组的图形化组件 A2 区用于放置一个温度组内所有的循环伏安曲线的图形化组件。每一个图形组件都设置有两个按钮。B1 区是按钮区。设置有“添加”按钮、“设置”按钮、“IE”按钮、“IV”按钮、“EV”按钮、“可逆”与“不可逆”选择按钮、“计算按钮”、“保存图片”按钮。用户可以通过使用这些按钮向程序输入指令以便程序执行。“Detail”按钮调用 detail（）函数，该函数能够显示温度组或者循环伏安曲线的具体信息，包括氧化峰、还原峰的电流值与电位值。“Delete”按钮调用 delete（）函数，该函数能够删除当前图形化组件所代表的温度组或者循环伏安曲线。“添加”按钮调用 add（）函数，该函数能够添加向程序中输入数据。“设置”按钮调用 setPram（）函数，该函数设置程序计算所需的参数。“IE”按钮、“IV”按钮、“EV”按钮，可以调用同一个函数 displayImage（）函数，该函数在 B2 区域显示要显示的图片。“计算”按钮调用 calculate（）函数，该函数执行计算功能，计算出反应活化能与速率常数等化学反应参数。“保存图片”按钮调用 save（）函数，该函数执行保存命令，将当前显示在 B2 区的图片保存在指定的位置。

（2）参数设置功能：因数据的处理需要反应电子数、反应物浓度和电极面积的参数，在后续的数据存储过程中，需要将这些参数存入到所生成的数据结构对象中，所以在导入数据前就要求输入参数。参数的输入方式是新建一个对话界面接收用户的输入参数，具体界面如图 5.3 所示。

参数设置功能能够自动检测所输入的数据格式的准确性。如果输入的数据格式错误，就会给出警告并中断程序的执行，只有用户取消设置操作或者输入了正确的参数为止。“E 列序”代表了在 txt 文件中，所需读入的电位值所在列的序号。“I 列序”代表了在 txt 文件中，所需读入的电流值所在列的序号。

（3）数据导入功能：为了减少使用过程中输入参数的工作量，所以程序需要根据文件名称提取温度与扫描速率的信息，因此在从电化学工作站批量导出数据时要按照规定的格式命名。本文采用了“其他-摄氏温度-扫描速率-其他 . txt”的命名规则。其中“其他”为任意词。“摄氏温度”为得到该循环伏安曲线的实验温度，单位为“℃”；“扫描速率”为得到该循环伏安曲线时所设置的扫描速率，单位为“V/s”。为了能够对数据进行高效的存储与使用，程序需要一个合适的数据结构。本方法采用了四层结构的数据结构，如图 5.4 所示。

图 5.3 参数设置界面

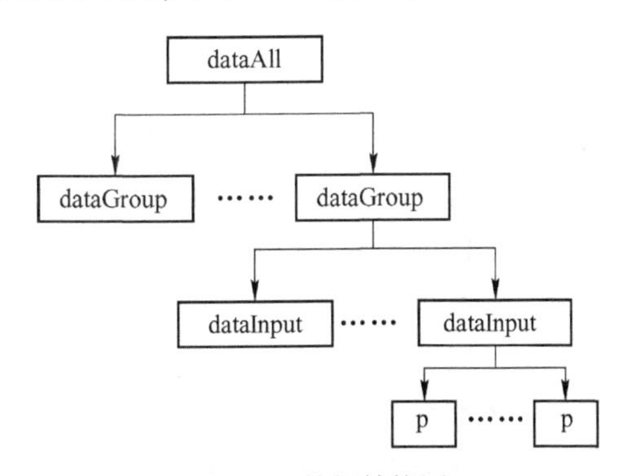

图 5.4 数据结构图

第一层为数据点 p，可以存储循环伏安曲线上每个点对应的电流值与电位值。第二层为数据链 dataInput，每一条循环伏安曲线组成一条数据链 dataInput，一条数据链 dataInput 存储该循环伏安曲线的所有数据点 p。第三层为数据组 dataGroup，一个数据组 dataGroup 存储有温度相同循环伏安曲线的数据，即所有的 dataInput 数据链。第四层为 dataAll 结构，存储所有的 dataGroup。

数据导入的功能主要通过调用 addFile（）函数实现。调用该函数时，首先生产一个新的 JDialog 对话框，用户通过该对话框选择一个文件或者文件夹。获取到文件句柄后，将其传递给 listFiles（）函数。listFiles（）首先检查收到的对象是否是文件夹，如果是文件夹，就取得该文件夹下所有的文件，依次传递给 listFiles（）函数本身，如果是单个文件，就将其传递给 inputData（）函数，从而通过递归调用完成文件夹下所有文件的读入。InputData（）收到文件后，获取文件名称，并检查是否符合命名规则，如果符合，就开始读入。将获得的文件名以“-”符号分解为三部分，第一部分为“其他”，该部分内容没有实际作用，所以直接丢弃。第二部分为“摄氏温度”，该部分代表了所读入文件的温度信息。第三部分为“扫描速率”，代表了所读入文件的扫描速率。第四部分为“其他”，没有实际意义所以直接舍弃。得到温度数据后，检查程序中已有的 dataGroup 数据组的温度，如果其中某个 dataGroup 数据组的温度与得到的温度相同，就可以返回该 dataGroup 用以存储将要生产的 dataInput。如果未检查出与新读入的温度相同的 dataGroup，就新建一个 dataGroup，用以存储将要生成的 dataInput。找到合适的 dataGroup 数据组后，开始执行文件中所含有数据的读入，生成 dataInput 对象。dataInput 创建时获得文件句柄，开始读入每一行。因为第一行是表格的标题，所以要将其舍弃。从第二行开始记录数据。读入一行字符串时，将字符串以空格或者制表符作为分隔符分解。按照上述已经设置的“I 列序”与“E 列序”参数读取电流值与电位值。每读入一对电流值与电位值，生成一个 p 对象。该对象拥有一个指针 next，指向下一个点。全部读入完毕后，形成一个 dataInput 数据链。dataInput 中有一个指针 next，指向下一个 dataInput。将 dataInput 数据链存储入与该文件温度相同的 dataGroup 中。dataGroup 含有一个 fist 用以存储第一个 dataInput，一个 last 指针存储最后一个 dataInput。一个 current 用以在遍历时存储当前查询的 dataInput。将 dataInput 存入 dataGroup 是通过 add（）函数实现的。首先将 last 指向的 dataInput 的 next 指向新加入的 dataInput。并将 last 转移指向该 dataInput 对象。

重复以上的步骤，即可完成对所有文件的读入。如果在导入数据的过程中，出现了数据文件错误或其他错误，就会给出警告，显示出错文件的名称。

（4）图像生成功能：为了使所生成的图片能够合适的显示在 B2 区，需要确定图片的大小。本书生成的图片大小与 B2 区的大小相同，为 600×450 像素。中间的 400×300 像素为绘制曲线的区域，其他区域为绘制坐标轴与坐标轴标题的区域。在生成图片的过程中，主要需要解决三个问题：1 比例尺的确定；2 坐标原点的确定；3 曲线的绘制与坐标轴的确定。以绘制循环伏安曲线电流电位图为例，说明具体的解决方法。

比例尺的确定：在数据导入的过程中，通过冒泡算法确定电流值 I 的最大值与最小值、电位值 E 的最大值与最小值。将各变量的最大值与最小值相减，确定变化范围。绘制循环伏安曲线电流与点位图时，横坐标为点位，纵坐标为电流。将电流值的范围与所要生成图像的高相除，确定纵比例尺；将电位值与图像的宽相除，确定横比例尺。

坐标原点的确定：本文将上述所得到的电流值的最大值确定在400×300像素区域的最右边，即在图像坐标体系中的横坐标为500像素的位置；电流值的最小值确定为图像坐标体系中横坐标为100像素的位置；电压值的最大值为图像坐标体系中纵坐标为75像素的位置；电压值的最小值为图像坐标体系中纵坐标为375像素的位置。已知四个坐标后，通过倒推的方法，确定了原点的坐标。

循环伏安曲线的绘制：用dataInput上的currrent所指向的点的电流值除以纵比例尺，得到了p点在图像中相对坐标原点的纵向距离；用p点的电位值除以横比例尺，得到了p点在图像中相对坐标原点的横向距离。确定之后，用同样的方法确定current的next所指向的点的坐标。用直线在图像中连接两个点。把next的值赋予current，完成了current的后向移动。依次使用上述的方法，即可完成一条循环伏安曲线的绘制。根据电流的最小值与电压值的最小值，确定了坐标轴的起始点；根据电流值的最大值与电位值的最大值分别确定了纵横坐标轴的终点。按照相同的方法，即可完成电流I与电位E关系图、电流I与扫描速率平方根v1/2关系图、电位E与扫描速率对数值log10 v关系图的绘制。本书生成的循环伏安曲线图像如图5.5所示。

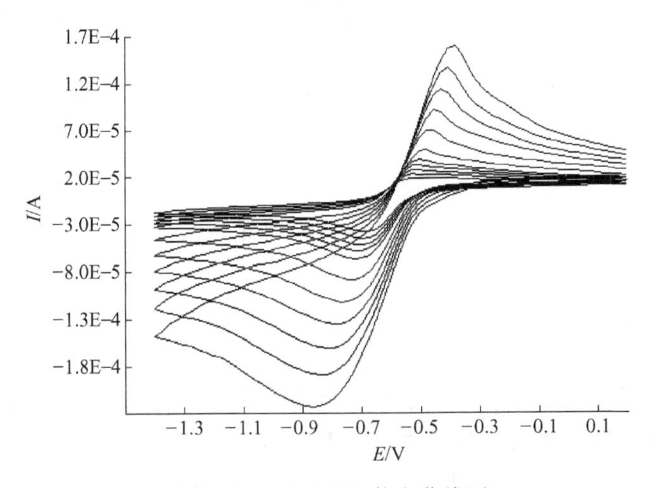

图5.5 生成的循环伏安曲线图

（5）数据删除功能：当需要删除某一个dataInput对象时，执行delete（）函数。该函数首先找到该dataInput对象的上一个dataInput对象，通过把上一个对象的next重新指向需要删除的对象的next所指向的对象，即完成了删除操作。删除后，再次执行图形生成函数，更新删除后的图形。同理，可以实现删除一个dataGroup对象，并在删除后立即更新图形。

（6）数据计算功能：首先，逐一检查每一个数据链，通过比较各点电流值电位值大小找出氧化峰和还原峰以及换向电位点对应的p对象。然后根据

Nicholson 公式校正氧化峰电流值。再找到还原峰电流一半对应的点。此时可以通过观察图形判断反应的类型为可逆反应还是不可逆反应。如果为不可逆反应，存在以下关系，$E_{pc/2} - E_{pc} = 1.857RT/(\alpha n_{\alpha} F)$，其中 $E_{pc/2}$ 表示与 I_{pc} 的半值 $I_{pc/2}$ 相对应的电位，F 为法拉第常数 96485C/mol；R 为标准气体常数 8.314J/(K · mol)；T 为体系绝对温度（K）；α 为传递系数，是能量对称性的度量；n_{α} 为控制步骤的反应电子数。直线拟合每个温度下的还原峰电流 I_{pc} 随扫速 v 平方根，求出斜率。并由不可逆反应的还原峰电流 I_{pc} 的表达式 $I_{pc} = 0.496nF^{\frac{3}{2}}A(RT)^{-\frac{1}{2}}D_0^{\frac{1}{2}}cv^{\frac{1}{2}}(\alpha n_{\alpha})^{1/2}$ 可以算出不同温度的扩散系数 D_0。如果为可逆反应，利用公式 $I_{pc} = 0.6105AcD_0^{1/2}v^{1/2}(nF)^{3/2}(RT)^{-1/2}$ 即可计算不同温度下的 D_0。利用最小二乘法对 $\ln D_0$ 与 $1/T$ 进行直线拟合，求出斜率。利用公式 $\ln D = \ln D_0 - E_a/RT$ 即可求出反应活化能 E_a。根据上述计算的数据，利用公式 $k_s = 2.18[D_0(\alpha n_{\alpha})vF/RT]^{1/2}\exp[(E_{pc} - E_{pa})\alpha^2 nF/RT]$，即可求得反应扩散常数 k_s。

（7）结果显示功能：为了使得数据结果能够方便地使用，本书将数据结果显示在 B3 区域的文本编辑框中。每当某一个对象的 showdetail（）函数被调用，该函数生成一个新的字符串，其中含有数据结果，然后将其附加在文本编辑框中。图片的显示是通过调用 displayImage（）函数实现。当要显示某一张图片时，将该图片传递给 B2 区域组件对象的 pic 成员。然后调用 B2 的 repaint（）函数，完成了图片的显示。

（8）图片导出功能：本文通过 save（）函数实现该功能。Save（）创建一个对话框，通过这个对话框，可以选择所需要保存的位置。图片的名称为图片类型与结果数据的集合。

5.2 软件使用说明

软件提供了数据导入、计算结果、生成图像、导出图像 4 个功能，以满足循环伏安法数据处理的需求。具体内容如下：

（1）数据导入：通过文件夹或者单个文件的方式，将以固定格式命名的文件导入到软件中。

（2）计算结果：设置参数完毕，当数据导入后，即可计算出数据结果并显示。

（3）生成图像：数据导入后，即可生成实验曲线图像。

（4）导出图像：得到符合要求的图片后，可以导出保存。

软件使用的步骤如下：

（1）打开软件：在装有 java 虚拟机的计算机中，双击 CV.jar，即可打开，软件界面如图 5.6 所示。

图 5.6 软件界面图

（2）设置参数：点击【设置】按钮，在弹出的对话框中输入实验参数，并输入在实验结果导出的 txt 文件中所需导入的列数，参数设计界面如图 5.7 所示。

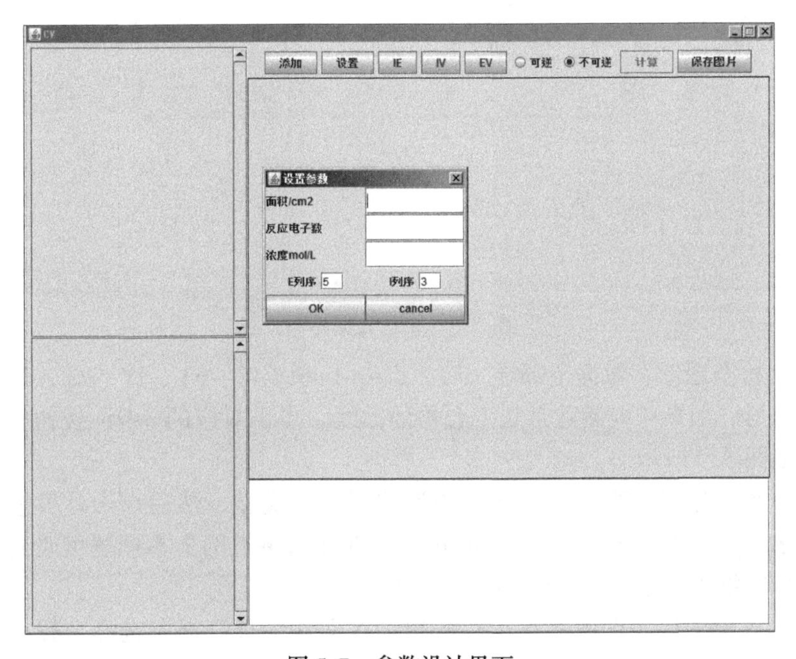

图 5.7 参数设计界面

相关提示：设置的参数必须注意格式，需要是正规的数字，不能有其他字符。

(3) 导入文件：点击添加按钮。选择实验数据结果所在的文件夹，导入数据界面如图 5. 8 所示。

相关提示：1）可以读入单个文件或者文件夹；2）实验的结果应该以 0. 2mol-1-90-0. 06-1. txt 格式命名，名称的最后需要是-温度-速率-其他 . txt。而且温度需要是摄氏温度，速率必须为 v/s；3）如果文件中出现未知错误，会弹出警告框。

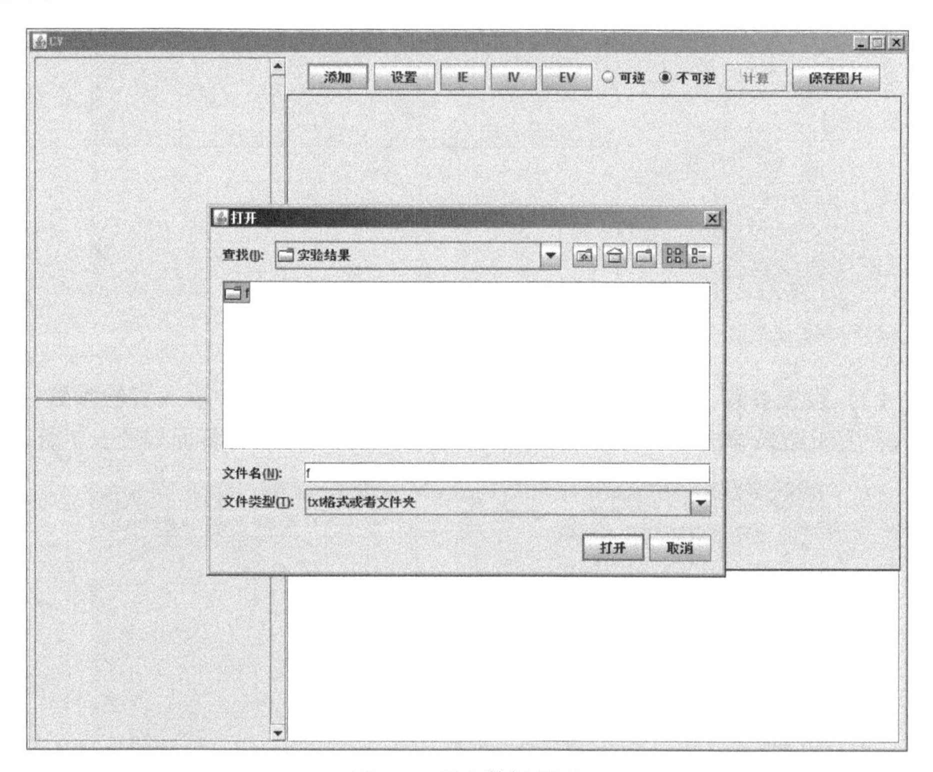

图 5. 8　导入数据界面

(4) 检查图形：数据全部导入后，点击 deatil、IE、EV、IV 按钮，即可看到对应的图形。如果需要删除某条不合格的曲线。点击对应的 delete 按钮，检查图形界面如图 5. 9 所示。

(5) 计算结果：当文件导入完毕后选择反应类型。然后点击计算按钮。即可计算出结果。再点击对应的 detail 按钮，即在右下方的文本框里可看到计算结果，计算结果界面如图 5. 10 所示。

(6) 导出图片：点击保存图片按钮，在文件夹选择框中选择位置，即可将当前显示的图像保存在指定的位置，数据保存界面如图 5. 11 所示。

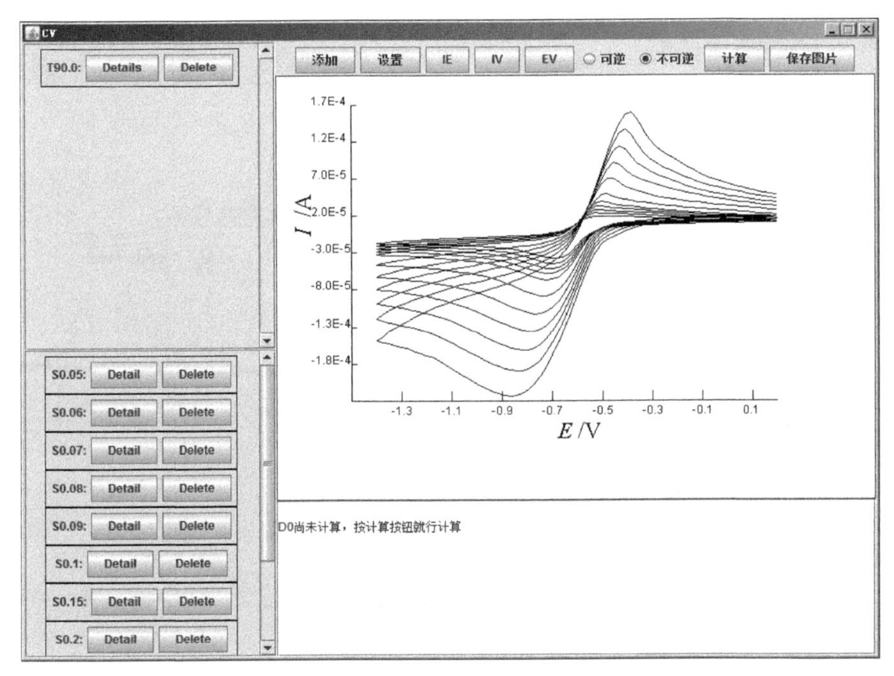

图 5.9 检查图形界面

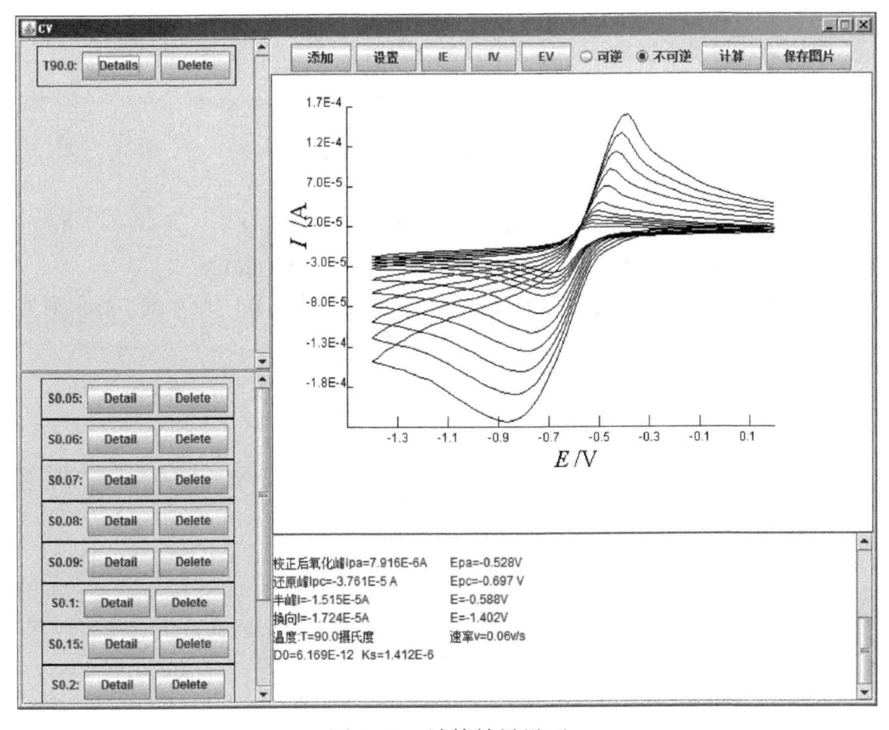

图 5.10 计算结果界面

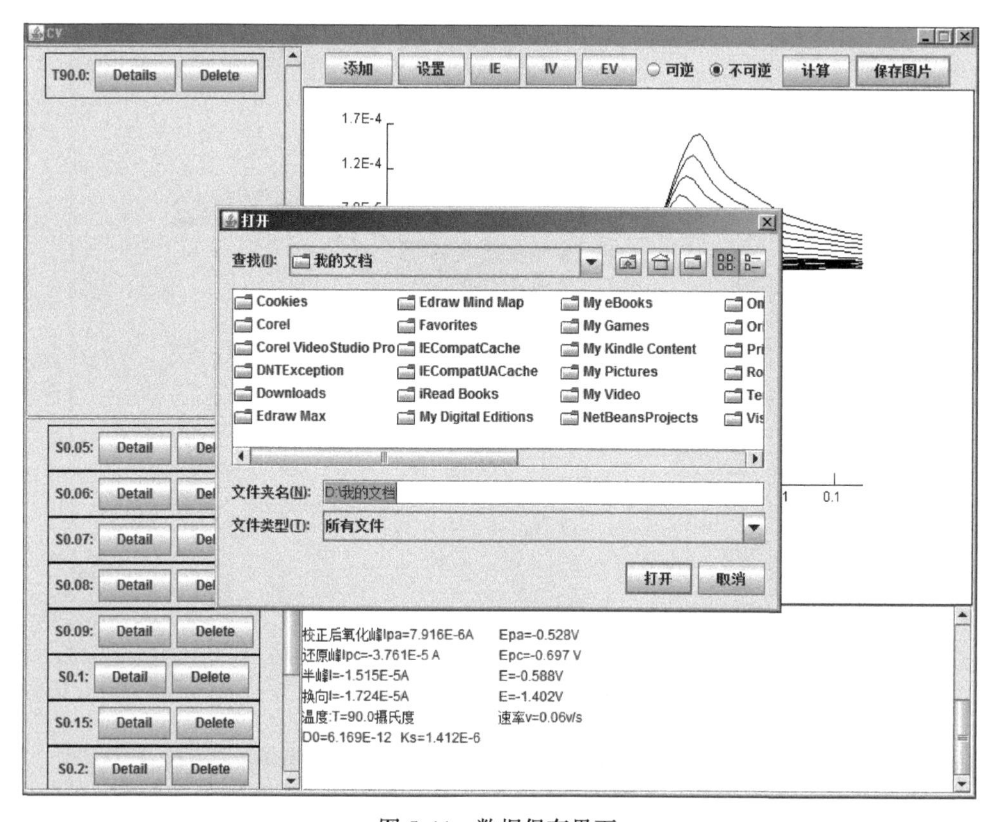

图 5.11　数据保存界面

参 考 文 献

[1] 一种电极反应参数的测定方法. 发明专利，ZL201410273179. 8.

[2] 循环伏安法实验数据处理软件. 计算机软件著作权，2014SR126136.

[3] 吴国强. 离子液体中钕电化学行为及数据处理程序研究 [D]. 哈尔滨：哈尔滨工程大学，2014.

附　　录

核电中长期发展规划（2005~2020年）

（国家发展和改革委员会，2007年10月）

一、核电发展的现状

（一）核电在世界能源结构中的地位

自20世纪50年代中期第一座商业核电站投产以来，核电发展已历经50年。根据国际原子能机构2005年10月发表的数据，全世界正在运行的核电机组共有442台，其中：压水堆占60%，沸水堆占21%，重水堆占9%，石墨堆等其他堆型占10%。这些核电机组已累计运行超过1万堆·年。全世界核电总装机容量为3.69亿千瓦，分布在31个国家和地区；核电年发电量占世界发电总量的17%。

核电发电量超过20%的国家和地区共16个，其中包括美、法、德、日等发达国家。各国核电装机容量的多少，很大程度上反映了各国经济、工业和科技的综合实力和水平。核电与水电、火电一起构成世界能源的三大支柱，在世界能源结构中有着重要的地位。

（二）我国核电发展取得的成绩

我国是世界上少数几个拥有比较完整核工业体系的国家之一。为推进核能的和平利用，20世纪70年代国务院做出了发展核电的决定，经过三十多年的努力，我国核电从无到有，得到了很大的发展。自1983年确定压水堆核电技术路线以来，目前在压水堆核电站设计、设备制造、工程建设和运行管理等方面已经初步形成了一定的能力，为实现规模化发展奠定了基础。

1. 核电建设和运营取得良好业绩

自1991年我国第一座核电站一秦山一期并网发电以来，我国有6座核电站共11台机组906.8万千瓦先后投入商业运行，8台机组790万千瓦在建（岭澳二期、秦山二期扩建、红沿河一期）。截至目前，我国核电站的安全、运行业绩良好，运行水平不断提高，运行特征主要参数好于世界均值；核电机组放射性废物产生量逐年下降，放射性气体和液体废物排放量远低于国家标准许可限值。秦山一期核电站已安全运行 14 年，最近一个燃料循环周期还创造了连续安全运行 400 天的新纪录。大亚湾核电站近年的运行水平与核能发达国家的水平相当，运行业绩进入了世界先进行列。我国投运和在建核电项目情况见表 1。

表 1 我国投运和在建核电机组情况 （单位：万千瓦）

序号	机组名称	容量	投运时间	备 注
1	秦山一期 1 号	30	1991. 4	
2	秦山二期 1 号	65	2002. 4	
3	秦山二期 2 号	65	2004. 3	
4	秦山三期 1 号	70	2002. 12	
5	秦山三期 2 号	70	2003. 11	
6	大亚湾 1 号	98. 4	1994. 2	
7	大亚湾 2 号	98. 4	1994. 5	
8	岭奥 1 号	99	2002. 5	
9	岭奥 2 号	99	2003. 1	
10	田湾 1 号	106	2007. 5	
11	田湾 2 号	106	2007. 8	
12	岭奥二期 1 号	108	在建	2005 年 12 月开工建设，预计 2010 年投运
13	岭奥二期 2 号	108	在建	
14	秦山二期扩建 1 号	65	在建	2006 年 4 月开工建设，预计 2001 年投运
15	秦山二期扩建 2 号	65	在建	
16	红沿河 1 期	4×111	在建	
合计		1696. 8		

2. 我国已具备积极推进核电建设的基础条件

经过各有关部门的共同努力，我国已具备了积极推进核电建设的基础条件。

在工程设计方面，我国已经具备了 30 万千瓦级、60 万千瓦级压水堆核电站自主设计的能力；部分掌握了百万千瓦级压水堆核电站的设计能力。

在设备制造方面，自 20 世纪 70 年代即具有一定的研制能力。目前，可以生产具有自主知识产权的 30 万千瓦级压水堆核电机组成套设备，按价格计算国产化率超过 80%；基本具备成套生产 60 万千瓦级压水堆核电站机组的能力，经过努力，自主化份额可超过 70%；基本具备国内加工、制造百万千瓦级压水堆核电机组的大部分核岛设备和常规岛主设备的条件。

在核燃料循环方面，目前已建立了较为完整的供应保障体系，为核电站安全稳定运行提供了可靠的保障，可以满足目前已投运核电站的燃料需求。

在核能技术研发方面，实验快中子增殖堆和高温气冷实验堆等多项关键技术取得了可喜进展。

在核安全法规及核应急体系建设方面，结合国内核电的实际情况，我国目前已经初步建立了与国际接轨的核安全法规体系；制订了核设施监管和放射性物质排放等管理条例，建立了中央、地方、企业的三级核电厂内、外应急体系。

二、发展核电的重要意义

（一）有利于保障国家能源安全

一次能源的多元化，是国家能源安全战略的重要保证。实践证明，核能是一种安全、清洁、可靠的能源。我国人均能源资源占有率较低，分布也不均匀，为保证我国能源的长期稳定供应，核能将成为必不可少的替代能源。发展核电可改善我国的能源供应结构，有利于保障国家能源安全和经济安全。

（二）有利于调整能源结构，改善大气环境

我国一次能源以煤炭为主，长期以来，煤电发电量占总发电量的80%以上。大量发展燃煤电厂给煤炭生产、交通运输和环境保护带来巨大压力。随着经济发展对电力需求的不断增长，大量燃煤发电对环境的影响也越来越大，全国的大气状况不容乐观。2004年，燃煤发电厂二氧化硫排放约1200万吨，占全国排放总量的53.2%。2005年，我国发电用煤已达10.75亿吨，如果保持现在的煤电比例，2010年、2020年电煤需求将分别突破17亿吨和20亿吨。电力工业减排污染物，改善环境质量的任务十分艰巨。

核电是一种技术成熟的清洁能源。与火电相比，核电不排放二氧化硫、烟尘、氮氧化物和二氧化碳。以核电替代部分煤电，不但可以减少煤炭的开采、运输和燃烧总量，而且是电力工业减排污染物的有效途径，也是减缓地球温室效应的重要措施。

（三）有利于提高装备制造业水平，促进科技进步

核电工业属于高技术产业，其中核电设备设计与制造的技术含量高，质量要求严，产业关联度很高，涉及上下游几十个行业。加快核电自主化建设，有利于推广应用高新技术，促进技术创新，对提高我国制造业整体工艺、材料和加工水平将发挥重要作用。

三、核电发展的指导思想、方针和目标

（一）指导思想和发展方针

贯彻“积极推进核电建设”的电力发展基本方针，统一核电发展技术路线，注重核电的安全性和经济性，坚持以我为主，中外合作，以市场换技术，引进国外先进技术，国内统一组织消化吸收，并再创新，实现先进压水堆核电站工程设计、设备制造、工程建设和运营管理的自主化。形成批量化建设中国品牌先进核电站的综合能力，提高核电所占比重，实现核电技术的跨越式发展，迎头赶上世界核电先进水平。

在核电发展战略方面，坚持发展百万千瓦级先进压水堆核电技术路线，目前按照热中子反应堆—快中子反应堆—受控核聚变堆“三步走”的步骤开展工作。积极跟踪世界核电技术发展趋势，自主研究开发高温气冷堆、固有安全压水堆和快中子增殖反应堆技术，根据各项技术研发的进展情况，及时启动试验或示范工程建设。与此同时，自主开发与国际合作相结合，积极探索聚变反应堆技术。

坚持安全第一的核电发展原则，在核电建设、运营、核电设备制造准入，堆型、厂址选择，管理模式等工作中，贯彻核安全一票否决制。

（二）发展目标

根据保障能源供应安全，优化电源结构的需要，统筹考虑我国技术力量、建设周期、设备制造与自主化、核燃料供应等条件，到2020年，核电运行装机容量争取达到4000万千瓦；核电年发电量达到2600亿~2800亿千瓦时。在目前在建和运行核电容量1696.8万千瓦的基础上，新投产核电装机容量约2300万千瓦。同时，考虑核电的后续发展，2020年末在建核电容量应保持1800万千瓦左右。核电建设项目进度设想见表2。

表2　核电建设项目进度设想　　（单位：万千瓦）

项　目	五年内开工规模	五年内投产规模	结转下个五年规模	五年末核电运行总规模
2000年前规模				226.8
“十五”期间	346	468	558	694.8
“十一五”期间	1244	558	1244	1252.8
“十二五”期间	2000	1244	2000	2496.8
“十三五”期间	1800	2000	1800	4496.8

注：因单机容量有变化，实际开工和完工核电容量数有变化。

在核电自主化方面，实现先进百万千瓦级压水堆核电站的自主设计、自主制

造、自主建设和自主运营，全面建立与国际先进水平接轨的建设和运营管理模式，形成比较完整的自主化核电工业体系。

在运行业绩及核安全方面，确保已投运核电站安全可靠运行，主要运行指标达到世界核电运行组织（WANO）先进水平。2020年以前新开工核电站的主要设计指标接近或达到美国核电用户要求文件（URD）或欧洲核电用户要求文件（EUR）的同等要求。

在工程建设方面，通过引入竞争机制，全面实施招投标制和合同管理制，提高项目管理水平，进一步降低工程造价。

在经济性方面，在确保安全性和可靠性的基础上，降低运行成本，实现核电上网电价与同地区的脱硫燃煤电厂相比具有竞争力。

在核电法规和技术标准方面，在核安全、核设施管理、核应急、放射性废物管理，以及工程设计、制造、建设、运营等方面，建立起完整的符合中国国情并与国际接轨的核电法规和标准体系。

四、规划的重点内容与实施

（一）核电发展技术路线

通过国际招标选择合作伙伴，引进新一代百万千瓦压水堆核电站工程的设计和设备制造技术，国内统一组织消化吸收，并再创新，实现自主化，迎头赶上世界压水堆核电站先进水平。“十一五”期间通过两个核电自主化依托工程的建设，全面掌握先进压水堆核电技术，培育国产化能力，力争尽快形成较大规模批量化建设中国品牌核电站的能力。与此同时，为使核电建设不停步，在三代核电技术完全消化吸收掌握之前，以现有二代改进型核电技术为基础，通过设计改进和研发，仍将自主建设适当规模的压水堆核电站。

（二）核电设计自主化

“十五”末及“十一五”初期，充分利用秦山二期和岭澳一期已有技术，并加以改进，建设秦山二期扩建和岭澳二期等核电工程，使国内企业具备自主设计第二代改进型60万千瓦和百万千瓦级压水堆核电站的能力。

“十一五”期间，通过对外合作，引进新一代先进核电技术，建设浙江三门一期和山东海阳一期核电工程，在消化吸收的基础上，进一步优化改进，提高核电的安全性和经济性。工程设计工作可以先从中外联合设计起步，逐步过渡到由国内企业自主完成设计，形成中国先进压水堆核电站品牌和批量化建设的设计能力。为尽快提高核电比重，广东台山采取引进国外技术设备建设三代核电机组。采用消化吸收的二代改进型技术，开工建设辽宁红沿河等核电站。

（三）核电设备制造自主化

核电主设备制造以国内三大设备制造厂家为骨干，同时发挥其他相关企业的专业优势，逐步实施技术改造和产业升级，共同建立起较完整的核电设备制造体系。“十一五”期间要形成不低于每年 200 万千瓦的核电成套设备生产能力，2010 年以后形成每年 400 万千瓦的生产能力。

有关核电关键设备生产的技术引进工作要按照国家总体部署，结合自主化依托项目的建设，统一组织对外招标，协调好国内各方力量，采取有效措施，做好消化吸收工作。对于我国目前尚不能生产的关键设备，要按照以我为主、引进技术、实现国产化的原则开展工作。对于已引进的技术，加快消化吸收进程，尽快转化为设备制造企业的生产能力。

在设备采购方式上，对于国内已经基本掌握制造技术的设备，原则上均在国内厂家中招标采购。对于少数没有掌握制造技术，且国际市场供应充足、稳定的非关键设备，经论证确定后，可对外招标采购。对于一些关键设备，要通过“市场换技术”方式，或者对外引进技术，或者与国外制造商成立合资、合作企业提供设备。

在国家核电自主化工作领导小组的统一组织下，国内制造企业协调一致，分工合作，引入竞争，提高效率，要以秦山二期扩建和岭澳二期、辽宁红沿河、浙江三门和山东海阳等核电项目为依托，不断提高设备制造自主化的比例，最大限度地掌握制造技术，努力实现核电设备制造业的战略升级。

（四）核电厂址选择和保护

经过多年努力，我国已储备了一定规模的核电厂址资源。除已建和在建工程外，在沿海地区开展前期工作已较充分的厂址还有 5000 多万千瓦，具体厂址资源开发与储备情况见表 3。

表 3 我国沿海核电厂址资源开发与储备情况 （单位：万千瓦）

省份	名称	规模	备　注
浙江	秦山二期扩建厂址	2×56	已核准
	三门（健跳）厂址	6×100	一期工程已批准项目建议书
	方家山厂址	2×100	已完成复核
	三门扩塘山厂址	4×100	已完成复核
江苏	田湾扩建厂址	4×100	已完成复核
广东	岭澳二期厂址	2×108	已批准
	阳江厂址	6×100	一期工程已批准项目建议书（原方案）
	腰古厂址	6×100	已完成复核

续表 3

省份	名称	规模	备　注
山东	海阳厂址	6×100	已完成复核
	乳山红石顶厂址	6×100	需要进一步研究厂址
辽宁	红沿河厂址	6×100	一期 4 台机组已核准
福建	宁德厂址	6×100	已完成复核
广西	防城港或钦州厂址	4×100	已完成初步审查
合计	13 个厂址	5946	

注：表中建设规模系按原单机容量考虑，由于三代和二代改进型单机容量都有所增加，实际建设规模将大于表中所列数据。

此外，2004 年以来，在广东粤东（田尾厂址）地区、浙江浙西地区、湖北、江西、湖南等地都开展了核电厂址普选工作，进一步增加了核电厂址储备。

从厂址条件看，到 2020 年，表 3 所列核电厂址容量可以满足运行 4000 万千瓦、在建 1800 万千瓦的目标。结合我国能源资源和生产力布局情况，从现在起到 2020 年，新增投产 2300 万千瓦的核电站，将主要从上述沿海省份的厂址中优先选择，并考虑在尚无核电的山东、福建、广西等沿海省（区）各安排一座核电站开工建设。

除沿海厂址外，湖北、江西、湖南、吉林、安徽、河南、重庆、四川、甘肃等内陆省（区、市）也不同程度地开展了核电厂址前期工作，这些厂址要根据核电厂址的要求、依照核电发展规划，严格复核审定，按照核电发展的要求陆续开展工作。

（五）核电工程建设安排

根据核电发展目标，考虑核电项目前期工作、技术引进、消化吸收、设备制造自主化和工程建设工期等因素，在 2005 年开工建设的岭澳二期核电项目 2×108 万千瓦和秦山二期扩建 2×65 万千瓦的基础上，“十一五”保持合理开工规模，“十二五”开始批量化发展。

考虑核电厂址保护和电网布局，以及调整各地能源结构的需求，在核电厂址开发进度和次序上，统筹安排老厂址扩建和新厂址的开发。新的核电厂址要一次规划，分期建设，逐步实现群堆管理。

“十一五”期间，利用已有技术，并加以改进的秦山二期扩建和广东岭澳二期两个项目可以投产。与此同时，要在引进国外技术、消化吸收的基础上，开工建设浙江三门一期和山东海阳一期两个自主化依托工程，并开工建设辽宁红沿河、广东阳江和福建宁德等核电站。

“十二五”期间，“十一五”开工的 5 个核电项目均可投产。在核电实现标准化、批量化的基础上，“十二五”期间安排一批新开工建设核电项目，可选择的项目有：广东腰古、粤东（田尾）、江苏田湾二期、浙江三期、广东阳江二期、山东海阳二期、辽宁红沿河二期、福建宁德二期、广西核电站以及华中地区核电项目等。“十三五”期间，上个五年开工的核电机组均可投产，到“十三五”末（2020年），全国核电装机容量将实现规划目标，同时，为2020年以后核电投产打好基础工业，“十三五”期间需开工建设不低于1800万千瓦的核电容量。

在“十三五”和“十四五”期间开工建设的核电厂址，可在沿海省份的厂址中选择，也可在一次能源缺乏的内陆省份的厂址中选择，陆续开工建设。

（六）核燃料保障能力

坚持核燃料闭合循环的技术路线，坚持内外结合，合理开发国内资源、积极利用国外资源的原则，适度超前发展核燃料产业，建立国内生产、海外开发、国际铀贸易三渠道并举的天然铀资源保障体系。

（七）放射性废物处理

在核电项目建设的同时，同步建设中低放射性废物处置场，以适应核电发展不断增加的中低放射性废物处理的需要。2020年前建成高放射性废物最终处置地下实验室，完成高放射性废物最终处置场规划。

（八）投资估算

按照15年内新开工建设和投产的核电建设规模大致估算，核电项目建设资金需求总量约为4500亿人民币，其中，15年内项目资本金需求量为900亿元，平均每年要投入企业自有资金54多亿元。

此外，核燃料配套资金需求量较大，包括天然铀资源勘探与储备、乏燃料后处理等。资金筹措原则上按企业自筹资本金，银行提供商业贷款方式运作。

五、保障措施和政策

（一）推进体制改革和机制创新

核电企业要按照社会主义市场经济的总体要求，建立健全现代产权制度，规范企业法人治理结构，推进体制改革和机制创新。通过规划内核电项目的建设，逐步推进现有国内技术力量和设备制造企业重组，以适应大规模核电建设的需要。核电项目建成后要参与市场竞争，上网电价与脱硫煤电相比要具有竞争力。按国家电价改革的方向和有关规定，核电企业可与电力用户签订购售电合同，自行协商电量与电价。与核电发展相关的科研、设计、制造、建设和运营等环节也要建立以市场为导向的发展机制。在核燃料供应环节，建立核燃料生产和后处理的专业化公司，形成与世界核燃料市场接轨的价格体系，为核电发展提供可靠的燃料保障和后处理等相关服务。

（二）加大设备研发力度

成立国家核电技术公司，负责统一引进技术、消化吸收和创新，在国内企业实现技术共享；做好核电自主化与科技中长期规划重大专项的结合，统筹协调先进核电工程设计和设备研制工作；将核电设备制造和关键技术纳入国家重大装备国产化规划，形成设备的成套能力。对关键的设备，包括大型铸锻件，集中力量，重点突破。

（三）完善核电安全保障体系，加快法律法规建设

坚持“安全第一、质量第一”的原则。依法强化政府核电安全监督工作，加强安全执法和监管。加大对核安全监管工作的人、财、物的投入，培育先进的核安全文化，积极开展核安全研究，继续加强核应急系统建设，制定事故预防和处理措施，建立并保持对辐射危害的有效防御体系。在现有法律框架下，“十一五”期间继续开展核电行业标准的研究工作，“十一五”开始，随着核电堆型与技术方案的确定，要逐步建立和完善我国自己的核电设计、设备制造、建造、运行管理标准体系，为批量化发展核电创造条件；在核电标准化与安全体系完善以前，国家将对参与核电建设、运营和管理的企业资质适当予以控制。

完善核电安全法律法规，尽快完成《原子能法》及配套法规的立法工作；制定和完善有关核电与核燃料工业的科研、开发与建设、核安全等方面的管理办法；健全铀矿资源的勘探和开采的市场准入制度；强化核燃料纯化、转化、浓缩、元件加工、后处理、三废治理、退役服务等领域的生产服务业务的市场准入制度或执业资质制度。

（四）加强运行与技术服务体系建设，加快核电人才培养

按照社会化、市场化和专业化的思路，重点围绕核电站的开发、设计、建造、调试、运行、检修、人员培训、安全防护等方面，进行相应的科研和配套条件建设，建立和完善核电专业化运行与技术服务体系，全面提高核电站的安全、稳定运行水平，为更多企业投资建设核电站创造条件。

我国核电的大规模发展需要大量与核电有关的专业人才。发展核电既是国家战略，同时又为相关行业和专业人员提供了广阔的市场空间和施展才华的机会。为实现2020年核电发展目标，国家、企业和高等院校科研院所要抓住机遇，在

科研、设计、燃料、制造、运行和维修等环节，及核电设计、核工程技术、核反应堆工程、核与辐射安全、运行管理等专业领域，大力加强各类人才的培养工作，提高待遇，做好人才储备。重点在清华、上海交大、西安交大设置核电专业，编撰修改核电教材，培养核电人才。

（五）税收优惠及投资优惠

（1）国家确定的核电自主化依托项目和国内承担核电设备制造任务的企业，按照《国务院关于加快振兴装备制造业的若干意见》的规定，实施进口税收政策；核电投产后，对核电企业销售环节增值税，采用现行办法，先征后返。由财政部会同有关部门制定实施细则。

（2）国内承担国家核电设备制造自主化任务的企业，进口用于核电设备生产的加工设备和材料，核电工程施工所需进口的材料、施工机具，免征进口关税和进口环节增值税。由财政部会同有关部门研究后确定。

（3）核电自主化依托工程建设资金筹措以国内为主，原则上不使用国外商业贷款及出口信贷。国家根据可能，对自主化依托项目建设所需资金，从预算内资金（国债资金）中给予适当支持。支持符合条件的核电企业采用发行企业债券、股票上市等多种方式筹集建设资金。

（4）规范核电项目投资行为，对核电项目所需资本金，均以企业自有资金出资，按工程动态总投资不少于20%筹集。

（六）核燃料保障、乏燃料后处理及核电站退役基金

（1）为保证核燃料的安全稳定供应，要建立天然铀资源保障体系，并制定方案征收乏燃料后处理基金。“十一五”期间启动有关研究工作，争取在2010年前开始实施。

（2）为保证今后核电站“退役”顺利进行，电站投入商业运行开始时，即在核电发电成本中强制提取、积累核电站退役处理费用。在中央财政设立核电站退役专项基金账户，在各核电站商业运行期内提取。有关费用征收标准和执行办法由国家发展改革委会同财政部、国防科工委研究确定。